高职高专数字媒体系列精编教材

Animate CC 2019 二维动画制作

罗 曼 齐 济 主 编
陈幼芬 张志强 邓云青 副主编

清华大学出版社
北 京

内容简介

本书从专业实用的角度出发，全面系统地讲解了 Animate CC 的各项功能、使用方法及实战技巧，在案例设计方面注重贴近实际，并配以详细的步骤说明、精巧的图示和详尽的视频教学，使学习过程变得更加轻松。

全书共分 10 章，内容包括二维动画制作基础，初识 Animate CC 2019，绘制图形，对象的编辑与修改，元件、实例与库，简单动画效果制作，高级动画效果制作，声音与视频，交互动画制作，动画的导出与发布，其中重要章节又可分为基础知识、实战案例、知识延伸和能力拓展 4 个模块。

本书内容翔实、结构清晰、实战案例丰富、图文并茂，既可作为初中级用户和网页设计人员的实用工具书，也可作为大专院校相关专业或社会培训机构的教材，对初次接触 Animate 的读者也是一本很好的启蒙教材。

图书在版编目(CIP)数据

Animate CC 2019 二维动画制作/罗曼，齐济主编. —北京：清华大学出版社，2021.6（2022.8 重印）
高职高专数字媒体系列精编教材
ISBN 978-7-302-57563-4

Ⅰ. ①A… Ⅱ. ①罗… ②齐… Ⅲ. ①动画制作软件—高等职业教育—教材 Ⅳ. ①TP391.414

中国版本图书馆 CIP 数据核字(2021)第 028942 号

责任编辑：刘翰鹏
封面设计：傅瑞学
责任校对：李 梅
责任印制：丛怀宇

出版发行：清华大学出版社
网 址：http://www.tup.com.cn，http://www.wqbook.com
地 址：北京清华大学学研大厦 A 座 **邮 编**：100084
社 总 机：010-83470000 **邮 购**：010-62786544
投稿与读者服务：010-62776969，c-service@tup.tsinghua.edu.cn
质量反馈：010-62772015，zhiliang@tup.tsinghua.edu.cn
课件下载：http://www.tup.com.cn，010-83470410
印 装 者：三河市龙大印装有限公司
经 销：全国新华书店
开 本：185mm×260mm **印 张**：17 **字 数**：408 千字
版 次：2021 年 6 月第 1 版 **印 次**：2022 年 8 月第 2 次印刷
定 价：48.00 元

产品编号：088766-01

前　言

Animate CC 是影像处理软件公司 Adobe 最新推出的二维动画制作软件，其前身是 Flash。Animate CC 除了继续支持 Flash 格式动画的制作外，也全面支持 HTML5、SVG 和 WebGL 等更安全、前瞻性更好的视频动画格式。

编者从事二维动画一线教学多年，积累了丰富的教学经验和实践总结，逐步形成了一套行之有效、特点突出的课程教学模式，并在此基础上经过多轮总结和提炼编写本书。本书内容甄选符合高职、应用型本科等层次学生的认知规律。

全书共 10 章，内容涵盖了 Animate CC 动画设计制作的各个方面，以“功能讲解＋实战案例＋知识拓展＋能力拓展”的形式，帮助读者系统全面地完成整个学习过程。

第 1 章　二维动画制作基础，介绍了二维动画制作的基础理论知识。

第 2 章　初识 Animate CC 2019，介绍了软件界面的构成和文档基础操作。

第 3 章　绘制图形，讲解了动画中图形绘制的相关操作和技巧，以及文本的使用。

第 4 章　对象的编辑与修改，讲解了对象的基本编辑操作和技巧。

第 5 章　元件、实例与库，讲解了元件的概念及实例和库的使用方法。

第 6 章　简单动画效果制作，讲解了帧和图层的概念，以及基础的动画制作方法：逐帧动画、传统补间动画、形状补间动画和补间动画，附带讲解了动画预设和动画编辑器的使用。

第 7 章　高级动画效果制作，讲解了引导层动画、遮罩层动画、骨骼动画、父级视图、模拟摄像头动画和 VR 动画的制作。

第 8 章　声音与视频，讲解了在动画中使用声音和视频的方法与技巧。

第 9 章　交互动画制作，讲解了交互式动画、交互式 HTML5 Canvas 动画、交互式 VR 动画、移动设备手势响应动画和特效动画的制作。

第 10 章　动画的导出与发布，讲解了导出动画及不同类型动画文档的发布方法。

本书的讲解方式清晰细腻，同时随书提供了大量的学习资源，其中包括本书所有案例的教学视频、源文件和素材文件，扫描书中二维码即可获得这些资源的下载并观看。同时本书也是编者主持的广东省精品开放课程配套教材，该课程网站已经进驻超星学习通平台多年，读者可以通过课程网站进行学习，网站中收录了全课程教学视频及完备的配套学习资源，并且可以在网站上和编者进行交流。

对于初次接触 Animate 的读者，本书是一本很好的启蒙教材和实用工具书，通过一个个生动的实战案例，读者可以一步一步地了解 Animate CC 2019 的各项功能，学会使用 Animate CC 2019 的各种创作工具，掌握 Animate CC 2019 的创作技巧。对于已经使用过之前 Flash 版本的创作人员来说，本书将为他们尽快掌握 Animate CC 2019 的各项新功能助一臂之力。

本书由罗曼、齐济担任主编，陈幼芬、张志强、邓云青担任副主编，余方、周键雄、姜春莲、曾爱林参编。

由于编者水平有限，书中难免存在疏漏之处，敬请广大读者批评指正，并提出宝贵意见和建议。

编　者

2021 年 3 月

目 录

第 1 章　二维动画制作基础

1.1　认识动画

动画是一门综合艺术，它是一种集绘画、电影、摄影、音乐、文学等众多艺术门类于一体的艺术表现形式。

1.1.1　动画的发展史

动画在字面上的理解就是会动的画，而事实也是如此，动画通过将不同的画面组合起来，形成一段会动的影像。

人类很早就试图记录和表现“动作”，远古时代各种形式的图像记录就已经显示出人类在潜意识中要表现物体动作及这个动作的时间过程的欲望。早在 2.5 万年前的石器时代洞穴画上，就有系列的野牛奔跑图，如图 1-1 所示，这是人类试图捕捉凝结动作的尝试。在埃及贝尼哈桑陵墓中，发现了一幅壁画，上面画有一系列短暂更替的图像，这幅壁画大概有四千年的历史，展示了年轻战士在训练摔跤和格斗的情景，如图 1-2 所示。

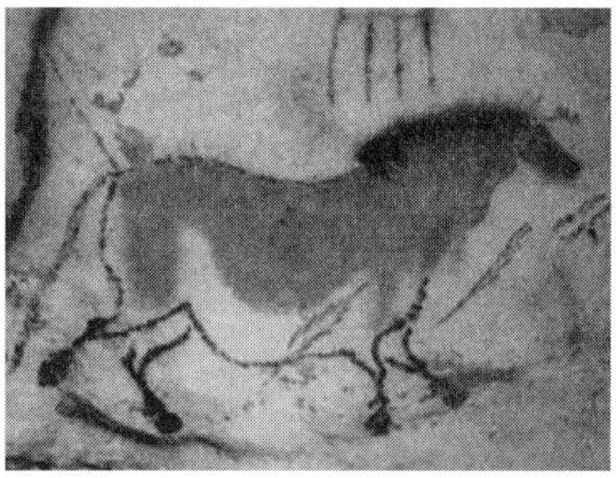

图 1-1　石器时代洞穴中的野牛奔跑图

图 1-2　贝尼哈桑陵墓中的摔跤壁画

动画最早发源于 19 世纪上半叶的英国，兴盛于美国，它是一门年轻的艺术，也是唯一有确定诞生日期的艺术。1892 年 10 月 28 日，埃米尔・雷诺首次在巴黎著名的葛莱凡蜡像馆向观众放映光学影戏，标志着动画的正式诞生。同时，埃米尔・雷诺也被誉为“动画之父”。

1906 年，在爱迪生实验室工作的布雷克顿制作了《滑稽脸的幽默相》，这也是世界上第一部动画影片。此后，来自法国的埃米尔・科尔进一步发展了动画片的拍摄技巧，并且先后制作了 250 余部动画短片。同时，他也是第一个利用遮幕摄影的方法，将动画和真人表现结合起来的先驱者。正是因为科尔对于动画片发展的杰出贡献，他也被誉为当代“动画片之父”。

另一位对早期动画发展产生重要影响的是美国漫画家温瑟·麦凯。1914 年，麦凯推出了一部剧情动画片《恐龙葛蒂》。这部动画片的推出，改变了此前动画作品的纯艺术倾向，它把故事、角色和真人表演等组织成互动式的情节，取得了相当好的效果。

在第二次世界大战后的美国动画界，迪士尼公司的霸主地位无人能及。整个 20 世纪 50 年代，迪士尼公司先后推出了《仙履奇缘》《小飞侠》《爱丽丝梦游仙境》等童话题材作品，不但延续了迪士尼动画的口碑，而且取得了良好的票房业绩。不过，迪士尼并没有因成功而陶醉，反而不断摸索创新。他们先后推出了以现实社会作为动画场景的《小姐与流氓》，以动物角色为主角的《101 忠狗》，还有改编自历史传奇的《石中剑》等，如图 1-3 所示。

图 1-3　迪士尼动画

中国动画起源于 20 世纪 20 年代，早期动画的《大闹画室》和《铁扇公主》为中国动画走向国际做了很好的铺垫。从 20 世纪 60 年代开始，一批才华横溢的中国动画艺术家开始尝试将中国传统绘画技法运用到动画制作中，中国画中最具特色的水墨画法成了突破点。在此后的若干年内，被称为水墨动画的动画片破茧而出，《小蝌蚪找妈妈》《山水情》等一批水墨动画艺术短片令人耳目一新。《大闹天宫》《黑猫警长》《九色鹿》等一批优秀动画片的横空出世，令国际动画界刮目相看，于是“中国学派”的称谓应运而生，如图 1-4 所示。

图 1-4　中国动画

早期的动画制作主要通过传统的制作方式完成，即把图像绘制在赛璐珞片上，然后使用摄影机对其进行拍摄，最后剪辑成片。不难看出，早期的动画制作是比较复杂的，相当耗费人力和物力，但是随着计算机动画技术的发展，动画制作逐渐在技术层面变得简洁起来。

1.1.2　动画制作原理

动画在英文里被称为 Animation，也就是说动画与运动是分不开的。世界著名的动画艺术家英国人约翰·哈拉斯曾指出“运动是动画的本质”。比如，当人们在电影院里看电影或在家里看电视时，会感到画面中人物和动物的运动是连续的。但是如果仔细看一段电影胶片，就会看到所有的画面并不是连续的。这是因为电影胶片通过一定的速率投影在银幕上才有了运动的视觉效果，这种现象可以通过法国人皮特·罗杰特提出的视觉暂留原理来解释。

视觉暂留就是客观事物对眼睛的刺激停止后，它的影像还会在眼睛的视网膜上存在一刹那，有一定的滞留性。比如晚上看着灯光，当灯灭后，在黑暗中眼中还有个亮点；把一个钱币在桌上旋转，看到的不再是薄片，而是灰白色的球体；用链条拴个燃烧的火球抡圆圈，看到的不是一个火球，而是一个火的圆环。视像在眼前消失之后，仍然能够在视网膜上保留 0.1s 左右的时间，视觉暂留是人类眼睛的一种生理机能。

视觉暂留原理的发现为电影的产生提供了必要的条件。电影把外界事物的影像和声音摄制在胶片上，然后用放映机放出来，在银幕上形成活动的画面。

动画同样基于视觉暂留原理，特别是动画中的逐帧动画，与传统动画中的核心几乎一样，同样是通过一系列连贯动作的图形快速放映而形成。当前一帧播放后，其影像仍残留在人的视网膜上，这让观赏者产生了连续动作的视觉感受。在起始动作与结束动作之间的过渡帧越多，动画的效果越流畅。如图 1-5 所示的一连串画面在同一个区域展示时，就会出现人物跑步的动画效果。

图 1-5　人物跑步动作图解

1.1.3　动画表现形式

在动画片发展的早期，由于动画表现形式简单，动画片的分类也很简单。随着动画领域的不断发展壮大，对动画片的分类方法也就越来越多，以下几种分类方式。

1. 按照视觉形式类型可以分为平面动画、立体动画

1）平面动画

平面动画也就是二维动画，它是相对于三维立体动画而言的。这种类型的动画又分传统手绘为主要方式的动画和计算机二维动画。平面动画作为动画的一种表现形式，有很多优秀的代表作品为大家熟知和喜爱，如美国的《狮子王》《熊的传说》、日本的《千与千寻》、中国的《大闹天宫》《女娲补天》《九色鹿》等，如图 1-6 所示。

图 1-6　平面动画片举例

2）立体动画

立体动画即三维立体动画，它包括传统的木偶动画和计算机三维立体动画。传统木偶动画的表现模式带有很强的假定性，面部表情不变，形体动作非常机械和夸张，强调戏剧性。如我国的《夜半鸡叫》《阿凡提的故事》《大盗贼》等，都是传统木偶动画的代表。计算机三维动画通过计算机强大的运算能力来模拟现实，需要完成建模、动作、渲染等步骤。其代表作有《马达加斯加》《功夫熊猫》《怪物史莱克》等，如图 1-7 所示。

图 1-7　立体动画片举例

2. 按照传播途径可以分为电影动画、电视动画、网络动画

1）电影动画

电影动画就是用动画制作的电影，通常动画结构规范，遵循影视语言法则，一般长度和电影长度相同。其画面影像质量、动作设计、声音处理等工艺精度有严格的技术要求。生产周期较长，人才与资金的投入较多，制片风险较大。

2）电视动画

电视动画相对于电影动画来说制作工艺较粗糙，动作设计和背景制作都相对简单，采用平涂、晕染较多，描线上色随意化，色彩只求鲜艳醒目不求逼真自然。电视动画叙事结构简单，分集叙述故事，一般集数较多，但每集时间相对较短，有 10min、20min、30min 等长度。

3）网络动画

网络动画通过互联网传播，由各种网络终端设备（如计算机、手机、PAD 等）远程读取数据，并在经过浏览器（或特定播放器）编译后，按照观众的交互指示而呈现出动态影像。具有较短的制作周期、宽泛的创作题材、因为体积及运算量的限制而导致的较低帧频、频繁地平移动画、简化的造型和色彩等特点。

3. 根据播放时长可以分为动画片长片、动画片短片

1）动画片长片

通常指超过 1 小时以上的动画片。世界电影大奖奥斯卡奖规定提名动画片必须是长片，而且长度必须超过 70 分钟。动画片长片的优点是商业价值高，能体现制作方和发行商的实力，具有代表性的动画片长片有《梁山伯与祝英台》《宝莲灯》《海底总动员》《狮子王》《人猿泰山》等优秀作品，如图 1-8 所示。

图 1-8　动画片长片举例

2）动画片短片

通常指放映时间在 1 小时以内或更短的动画片。因为播放时间短，所以制作成本相对较低，制作周期短、风险小、容易出成绩，具有代表性的动画片短片有《三个和尚》《小鲤鱼跳龙门》《小蝌蚪找妈妈》《曹冲称象》等，一般都在 20 分钟左右，如图 1-9 所示。

图 1-9　动画片短片举例

1.1.4 动画制作常用软件

随着对媒体技术的广泛使用,采用计算机来制作动画变得越来越普遍。图形图像制作软件的介入极大地方便了动画的绘制,降低了成本消耗,减少了制作环节,提高了制作效率。对于二维的平面动画,创作时可以使用 Animate 等软件;对于三维的立体动画,创作时可以使用 3ds Max、Maya、C4D 等软件。下面介绍几种常用的动画制作软件。

1. Gif Animator

Gif Animator 是一款专门用于平面动画制作的软件,其操作和使用都十分简单,比较适合非专业人士使用。这款软件提供"精灵向导",使用者可以根据向导的提示一步一步地完成动画的制作,同时,它还提供了众多帧之间的转场效果,可以快速实现画面间的特色过渡。Gif Animator 软件的主要输出类型是 Gif,因此主要用来做一些个性的 Gif 动画。

2. TVPaint Animation

TVPaint Animation 是一款功能强大、实用并且简单易操作的二维动画软件。它是一种基于绘画的动画软件,充分发挥了位图格式的优点,可以制作风格各异的动画作品,能够最大限度地帮助使用者实现预期视觉效果。TVPaint Animation 虽然是一款位图格式的软件,但它吸取了矢量格式软件的优点,并加入了功能强大且丰富的网格变形特效,可以用处理矢量图形的方式对位图的每一个部位进行随意变形,在加入关键帧后还能自动生成中间动画。

3. Animate

Animate 是 Adobe 公司出品的集动画、游戏、Web 网站开发等功能于一体的优秀软件,也是目前最流行的二维矢量动画制作软件,不但风靡于互联网,而且广泛应用于传统媒体(如电视、电影)。Animate 以快速流畅的工作环境,简明清晰的用户界面,高级视频工具及与相关软件的惊人集成,为开发者提供了创作平台,使他们能结合个人的创意做出有声有色的动画作品及互动商业网站作品。

4. 3D Studio Max

3D Studio Max(简称 3Ds Max)是 Autodesk 公司出品的一款三维动画制作软件。该软件功能强大,普遍用于建筑动画、室内外装修等领域。它在光线、色彩渲染等方面出色,制作出的造型丰富细腻。3Ds Max 采用关键帧的操作概念,通过起始帧和结束帧的设置,自动生成中间的动画过程,使用非常广泛。

5. Maya

Maya 是 Autodesk 公司出品的另一款三维动画制作软件,对计算机的硬件配置要求比较高,普遍用于动画片制作、电影制作、电视栏目包装、电视广告、游戏动画制作等领域。Maya 软件主要分为 Animation(动画)、Modeling(建模)、Rendering(渲染)、Dynamics(动力学)、Live(对位模块)、Cloth(衣服)六个模块,有很强大的动画制作能力,在许多影视作品中都能看到 Maya 制作的绚丽视觉效果。

6. C4D

C4D 全名 Cinema 4D,由德国 MAXON 公司研发。它是一款易学、易用、高效且拥有电影级视觉表达能力的 3D 软件。C4D 由于其出色的视觉表达能力、强大的渲染效果及独具特色的制作工具,已经成为视觉设计师首选的三维软件,在广告、电影、工业设计等方面都有出色的表现。

1.1.5　动画文件格式

在现今的网络时代,动画随处可见,下面介绍几种比较常见的动画文件格式。

1. GIF 格式

GIF 的原意是“图像互换格式”,是 CompuServe 公司在 1987 年开发的图像文件格式。GIF 文件的数据是一种基于 LZW 算法的连续色调的无损压缩格式,目前几乎所有相关软件都支持该格式。GIF 格式的特点是在一个 GIF 文件中可以存多幅彩色图像,如果把存于一个文件中的多幅图像数据逐幅读出并显示到屏幕上,就可构成一个最简单的动画。

2. SWF 格式

SWF 是 Adobe 公司的动画设计软件 Animate 的专用格式,是一种支持矢量和点阵图形的动画文件格式,被广泛应用于网页设计、动画制作等领域,SWF 文件通常也称为 Flash 文件。SWF 文件可以用 Adobe Flash Player 来播放,而在浏览器中播放则必须安装 Adobe Flash Player 插件。

3. HTML5 格式

HTML5 格式的动画使用 HTML5 中的 Canvas 元素来制作动画,基于 CSS3、JavaScript 和 jQuary,可以直接在浏览器中播放而不需要浏览器插件支持,Android 和 iOS 移动设备及桌面浏览器都能很好地支持。

4. FLC/FLI 格式

FLC/FLI(Flic 文件)是 Autodesk 公司在其出品的 2D、3D 动画制作软件中采用的动画文件格式,Flic 是 FLC 和 FLI 的统称。FLI 是最初的基于 320×200 分辨率的动画文件格式,Autodesk 公司出品的 Autodesk Animator 和 3DSudio 等动画制作软件均采用了这种彩色动画文件格式。FLC 文件是 FLI 文件的进一步发展,它采用更高效的压缩技术,且分辨率也不再局限于 320×200。

5. MOV 格式

MOV 即 QuickTime 影片格式,它是 Apple 公司开发的一种音频、视频文件格式,用于存储常用数字媒体类型。当选择 QuickTime(*. mov)作为“保存类型”时,动画将保存为 . mov 文件。

1.2　动画中的图形

本节介绍一些图形图像方面的基本概念,理解这些概念不但对熟练地掌握 Animate 的操作技巧有益,对于使用其他的图形图像处理软件也有很大的帮助。

1. 图形与图像

计算机中表示图像主要有两种方式:一种称为矢量图形或几何图形,简称图形(Graphics);另一种称为点阵图像或位图图像,简称图像(Image)。

矢量图形使用数学方法描述几何形状,包括线宽、填充颜色等。通常,矢量图形通过直线和曲线等基本元素来描述,这些基本元素称为矢量。每条直线和曲线都有自己的属性,包括位置信息、颜色信息等。修改矢量图形,实际上是修改直线和曲线的属性。矢量图形可以任意移动、缩放、变形或者改变色彩,而不会影响图形的质量,且与位图相比,矢量图形小得多，所以把矢量图形应用到网页上可以大幅加快浏览的速度。

位图使用一系列的彩色像素点描述图像，它将图像中每一个像素的颜色值都保存在文件中。像素是以栅格的状态排列的，一幅位图由有限个像素点构成，所以位图具有一定的分辨率。如果将位图过度放大，将会导致图像失真。

2. 亮度、色调和饱和度

只要是色彩都可以用亮度、色调和饱和度来描述，人眼看到的任一色彩都是这 3 个特征的综合效果。那么亮度、色调和饱和度分别指什么呢？

1）亮度

亮度指照射在景物或图像上光线的明暗程度。图像亮度增加时，就会显得耀眼或刺眼；亮度减小时，图像就会显得暗沉。

2）色调

色调是各种图像色彩模式下原色的明暗程度，级别范围值为 0～255，共 256 级色调。例如灰度图像，当色调级别为 255 时，就是白色，当级别为 0 时，就是黑色，中间是各种程度不同的灰色。在 RGB 模式中，色调代表红、绿、蓝三种原色的明暗程度，比如绿色就有淡绿、浅绿、深绿等不同的色调。

3）饱和度

饱和度（又称彩度）指颜色的纯度，它表示色相中灰色分量所占的比例，使用从 0（灰色）至 100%（完全饱和）的百分比来度量。

3. 分辨率

分辨率是影响位图质量的重要因素，常用的有屏幕分辨率、图像分辨率和物理分辨率。在处理图像时要理解这三者的区别。

1）屏幕分辨率

屏幕分辨率是指在某一种显示方式下，以水平像素点数和垂直像素点数来表示计算机屏幕上最大的显示区域。例如，VGA 方式的屏幕分辨率为 640×480，SVGA 方式的屏幕分辨率为 1024×768，现在的大屏幕显示器的屏幕分辨率甚至能达到 2560×1440。

2）图像分辨率

图像分辨率是指数字化图像的大小，以水平和垂直的像素点表示。当图像分辨率大于屏幕分辨率时，屏幕上只能显示图像的一部分或缩小显示。

3）物理分辨率

物理分辨率是指显示屏显示的图像原始分辨率，也叫标准分辨率或真实分辨率。物理分辨率在 LED 液晶板上通过网格来划分液晶体，一个液晶体为一个像素点，像素点之间的距离称为点距。同样的屏幕尺寸，点距越小，可显示的像素点就越多，其物理分辨率就越高。通常用物理分辨率来评价显示屏的性能。

4. 图像色彩深度

图像色彩深度是指图像中可能出现的不同颜色的最大数目，它取决于组成该图像的所有像素的位数之和，即位图中每个像素所占的位数。例如，图像深度为 24，则位图中每个像素有 24 个颜色值，可以包含 2^{24} 即 16777216 种不同的颜色，称为真彩色。

生成一幅图像的位图时要对图像中的色调进行采样，调色板随之产生。调色板是包含不同颜色的颜色表，其颜色数依图像深度而定。

1.3　动画制作流程

要制作一个出色的动画作品，需要用心把握每个环节，下面以使用 Animate 软件制作《龟兔赛跑新说》动画片为例，叙述其制作流程。

1. 前期策划

在制作动画之前，应首先明确动画的制作目的、动画最终要达到的效果、动画的整体风格、动画的表现形式等基本要素。在制订了一套完整的方案后，就可以为要制作的动画作初步策划，包括动画剧情的设计，动画中出现的人物、背景、音乐的设计，动画分镜头的制作手法和动画片段的过渡等构思。

《龟兔赛跑新说》根据传统的《龟兔赛跑》故事改编：在龟兔的第三次比赛中兔子又输了，兔子觉得很冤枉，自己只是被陷阱害成这样的，于是就去找隐居深山的龟爷爷申冤报仇，然后龟兔职业生涯中的第四次比赛又开始了。

场地：山坡上，终点站在山坡下。

过程：发令枪一响，兔子向前一溜烟地飞奔而去，不断地自语说："这回我一定会注意陷阱了，这次是下坡路，我一定能成为第一！"而乌龟则缩着头，蜷着身子向前滚动。

结果：乌龟先到终点站，兔子又输了。

启示：想成功必须利用自己的优势。

2. 搜集素材

完成了前期策划之后，开始对动画中所需素材进行搜集与整理。搜集素材时应注意不要盲目地搜集很多，而是要根据前期策划的风格、目的和形式有针对性地搜集素材，这样才能有效地节约制作时间。

在《龟兔赛跑新说》动画片中，角色的设计是根据剧本来设定的。为了增加系列动画故事的逻辑性和趣味性，根据剧本创作设计了少年的兔子与乌龟爷爷（龟爷）角色。在创作设计的过程中，根据剧情去设计角色性格，使剧情更具有喜剧性。其中龟爷的创作过程，参考了龙珠里的龟仙人设计，性格特征为智慧型，体型就是一副老骨头。如图 1-10 所示左边为参考的龟仙人形象，右边为最终设计的龟爷形象。

图 1-10　龟爷形象设计

3. 制作动画

创作动画最关键的步骤就是动画制作，前期策划和素材的搜集都是为动画制作过程而做准备。要将之前的想法完美地表现出来，就需要作者细致地进行制作。动画的最终效果很大程度上取决于动画的制作过程，在这个过程中需要对角色、分镜头、场景、人物动作、镜头运动等一一进行制作。如图 1-11 所示为龟兔赛跑动画制作部分的截图。

图 1-11　龟兔赛跑动画制作部分的截图

4. 后期调试与优化

动画制作完毕后，为了使整个动画效果更加流畅、紧凑，必须对动画进行调试与优化。调试动画主要是针对动画对象的细节、分镜头和动画片段的衔接、声音与动画播放是否同步等进行调整，以保证动画作品的最终效果。

《龟兔赛跑新说》在场景中加音效与背景音乐时，所加配音有时会和原先做好的动画长度不一致，这就需要边配音边修改已做好的动画长度，特别是人物说话时，音效要对准口型。音频处理界面如图 1-12 所示。

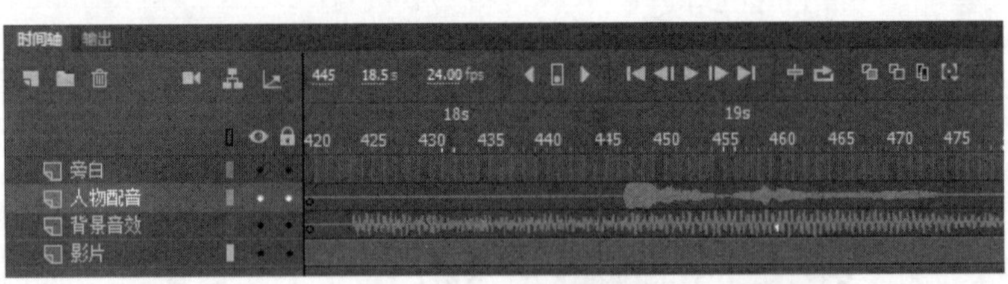

图 1-12　音频处理界面

5. 发布动画

Animat 动画制作的最后一步就是发布动画。在进行动画发布设置时，用户应根据动画的用途和使用环境等对动画的格式、画面品质和声音等进行设置，以免过度增加文件的大小而影响动画的传输与播放。

第2章　初识 Animate CC 2019

2.1　Animate CC 2019 概述

Animate 的前身是 Adobe 公司的 Flash Professional CC,更名后加强了对 HTML5 和 WebGL 的支持。

2.1.1　关于 Animate CC

提到 Flash 软件,相信很多读者都不会陌生,这是一款功能十分强大的二维动画制作软件,其前身是 Future Wave 公司的 Future Splash,是世界上第一款商用二维矢量动画编辑软件,在 1996 年年底被 Macromedia 公司收购后改名为 Flash,又于 2005 年年底被 Adobe 公司收购,至今已有 20 多年历史。

Flash 在制作网页动画和游戏的应用中曾经获得巨大的成功,成为互联网上炙手可热的宠儿。但在过去的 10 年中,Flash 却在走下坡路,甚至逐渐走向消亡。Flash 的衰落很大程度上由于其动画在网页中播放时需要安装播放器插件,而这个插件具有较大的性能问题及安全隐患,招致苹果、谷歌等大公司产品的抵制。

随着互联网技术的更新和进步,HTML5 动画逐渐成为 Flash 动画的替代产品,从各个方面来看,HTML5 都是一个更好的选择,同时也是一个开放的标准。为顺应这一技术的变革,Adobe 公司于 2015 年宣布将动画创作软件 Flash Professional CC 更名为 Animate CC,全面支持 HTML5、SVG 和 WebGL 等更安全的视频动画格式。除此之外,鉴于目前 Flash 动画仍在网络中被广泛应用,且 HTML5 和其他网页标准尚未足够成熟,Adobe 也将继续与业界伙伴如微软等合作,以加强现有 Flash 内容的兼容性和安全性,并继续对使用 Animate 创作 Flash 内容提供支持,但同时鼓励用户在创作动画时优先使用 HTML5 格式。

2.1.2　Animate 动画特点

Animate 动画之所以被广泛应用,与其自身的特点密不可分。

从组成来看,Animate 动画主要由矢量图形组成,矢量图形具有存储空间小、缩放时不会失真的优点,这就使缩放播放窗口不会影响动画画面的清晰度。

从动画发布来看,在导出动画的过程中会压缩、优化动画组成元素,进一步减少了动画的存储容量,使其更方便通过网络传输。

从动画播放来看,发布后的影片具有流媒体的特点,可以在网络上边下载边播放,用户体验效果好。

从交互性来看,可以通过为 Animate 动画添加脚本使其具有交互性,这是传统动画所无法比拟的。

从制作手法来看，Animate 动画制作方法比较简单，动画爱好者只要具备一定的软件知识，拥有一台计算机和一套软件就可以进行制作。

从制作成本来看，用 Animate 制作的动画可以大幅度降低制作成本，同时其制作时间也比传统动画大幅缩短了。

2.1.3 Animate 动画应用领域

如今 Animate 动画的应用领域越来越广泛，从原来的单一网络动画逐步扩展到更多领域，例如在移动设备上的播放。人们在家看电视、上网，以及出门在公交地铁上都能经常看到利用 Animate 制作的二维动画片或广告，其播放频率越来越高，甚至超过了真人拍摄的视频。

1. 网络领域

为达到一定的视觉冲击力，很多企业网站往往在进入主页前播放一段使用 Animate 软件制作的欢迎页。此外，很多网站的 Logo 和 Banner 都是 Animate 动画。当需要制作一些动态效果更强的网站时，还可以使用 Animate 来制作整个网站，以达到更强的视觉效果。

2. 影视领域

由于 Animate 动画大幅降低了动画的制作成本，因此深受影视行业的欢迎。一些在电视、地铁及移动设备等播放的广告，可以很方便地用 Animate 软件制作出来。

3. 音乐领域

许多人都喜欢把自己制作的 Animate 音乐动画发布到网络中供其他网友欣赏。实际上，也正是因为网络动画的流行，从而使用 Animate 软件制作歌曲 MV 在网络上形成了一种文化。

4. 游戏领域

由于 Animate 动画能够实现强大的交互功能，因此它在游戏领域也占有一席之地，通过 ActionScript 或者 JavaScript 语言的使用，开发人员能够更加灵活地制作出游戏画面和游戏效果，有效地发挥了 Animate 互动性强、体积小、便于网络传输的特点。这也是很多网页游戏使用 Animate 制作开发的原因。

5. 教育领域

使用 Animate 制作出的课件不仅有较好的画面效果，而且生动灵活，具有很好的互动性，使课堂内容表现形式更丰富，尤其是在课件运用于网络教学时更能体现它的优势。

2.1.4 Animate CC 2019 新特性与新功能

Animate CC 较之前的 Flash 版本，无论在功能上还是在工作效率上都有很大的提高。特别是在继续支持 Flash swf 格式的同时，加强对 HTML5 和 WebGL 的支持，并能通过可扩展架构去支持包括 SVG 在内的几乎任何动画格式。而在其他方面的变化主要还有矢量艺术画笔、360°旋转画布、改进的铅笔和笔刷、更简单的音频同步、更快的色彩变化、Adobe Stock 海量素材库、云端图形与笔刷库、4K 视频导出、自定义分辨率导出、OAM 支持等。

本书使用的软件版本是 Animate CC 2019，下面介绍这个版本有哪些新增加的功能。

1. 自动对口型(由 Adobe Sensei 支持)

角色动画师在使用 Animate 制作动画时，对口型始终是一个费时费力的工作。现在使用 Adobe Sensei 支持的 Animate 版本，可以让口型与声音语调自动同步。

自动对口型功能基于所选择的音频层，在时间轴上更轻松、快捷地放置适当的口型。这一功能可以利用现有口型列表(在图形元件中绘制)及给它们标记相应的视位来实现。当在一个图形元件上应用自动对口型功能时，在分析了指定音频层后，将在不同位置自动创建关键帧，以匹配音频视位。如果需要，可以使用常规工作流程和帧选择器进行进一步调整，如图 2-1 所示。

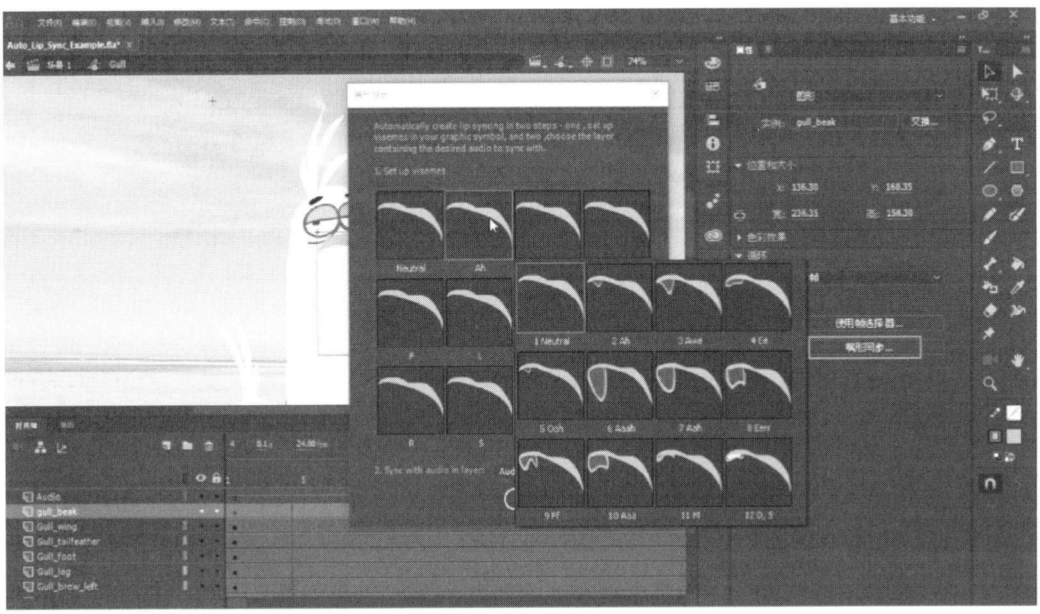

图 2-1　自动对口型功能界面

2. 虚拟现实(VR)创作和发布

2D 游戏开发人员、教育者或 Web 开发人员，可以使用 Animate 中的 2D 技能集导出全景或 360°虚拟现实动画。新版本的 Animate 现在引入了 VR 360 和 VR 全景文档类型，可以方便地创作这种互动内容。此外，还可以使用虚拟现实文档类型将 3D 模型内容(.glb 文件)导入 Animate 项目中，并与 VR 输出交互。Animate 还允许使用 API 在运行时管理虚拟现实动画，例如可以通过用户单击按钮在 360°虚拟现实环境中引入一些对象，如图 2-2 所示。

3. 用于矢量和栅格内容的雕刻资源

用户可以使用【资源变形工具】轻松地将复杂的矢量形状和栅格形状变形，创建动画而不必在每个帧上重新绘制资源。使用对象上显示的弯曲手柄，可以调整特定对象区域或扭曲特定对象区域，同时使其他区域保持不变。用户可以使用【选择工具】选择多个对象，然后选择【资源变形工具】，在其上创建弯曲手柄。在创建第一个弯曲手柄时，将对所有选定对象进行分组。此【资源变形工具】使用户能够在复杂的形状或位图图像上，创建逐帧动画和补间动画，如图 2-3 所示。

图 2-2　虚拟现实(VR)创作界面

图 2-3　资源变形工具应用

4. 与 AfterEffects 的集成

作为动画制作人员，经常需要在 Animate 中创建动画并将其导入 AfterEffects 以进行后期处理。现在，Animate 通过为 AfterEffects 提供一个插件来优化此工作流。用户可以将 Animate FLA 文件导入 AfterEffects，以将它们合成视频或将其作为视频进行渲染，从而取得更有创造性的效果。Animate 的图层层次结构在 AfterEffects 中可继续保持。AfterEffects 可以使用该插件与 Animate 交互，如图 2-4 所示。

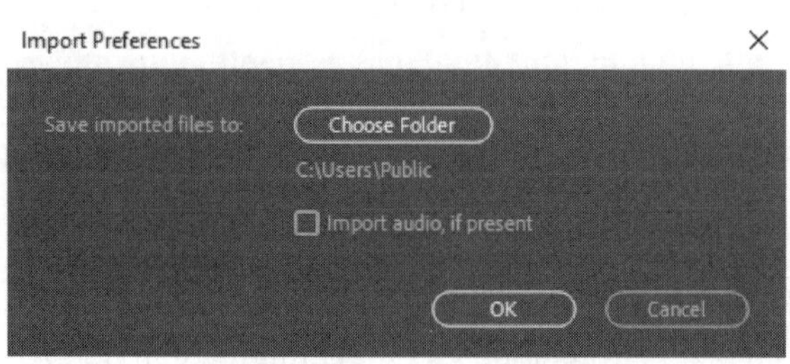

图 2-4　与 AfterEffects 的集成

5. 新建主屏幕

动画制作人员可以更加快速地开始使用 Animate。当用户为任何目的的动画选择目标格式时，Animate 都能提供预设格式。从屏幕顶部的选项卡，如“角色动画”“社交”“游戏”“教育”“广告”Web 和“高级”中选择目标，再为每个目标选择相应的预设，然后单击【创建】按钮开始创建动画，如图 2-5 所示。

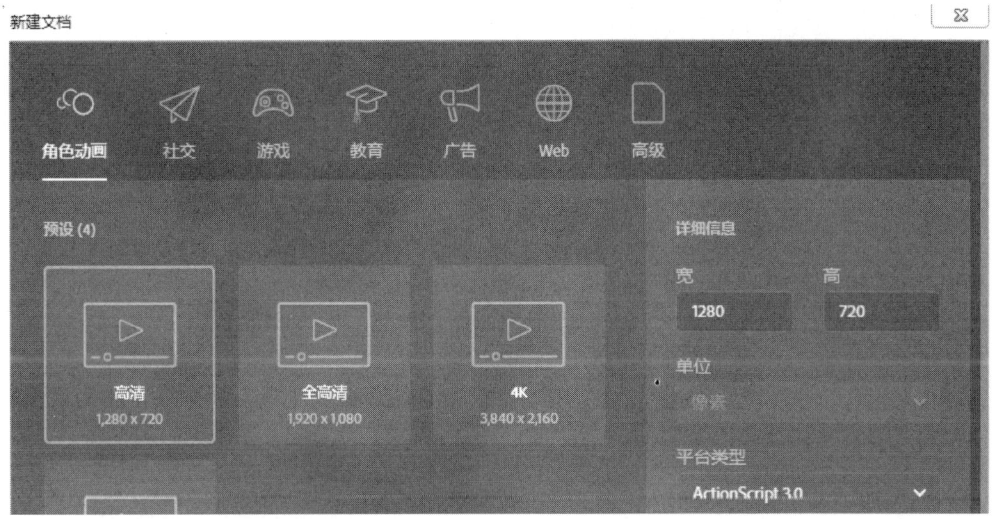

图 2-5　全新的新建文档对话框界面

6. 用于已提升性能的纹理发布

作为动画师现在可以继续以矢量格式创作内容，并以矢量或栅格格式导出以用于 HTML5 平台。单击【文件】|【发布设置】。如果“将整个动画作为纹理发布”在【基本】选项卡中处于启用状态，则【图像设置】选项卡中会显示“纹理发布”选项。在默认情况下，在纹理发布中包含所有元件。要选择性地为纹理选择元件，请单击【更改】按钮，如图 2-6 所示。

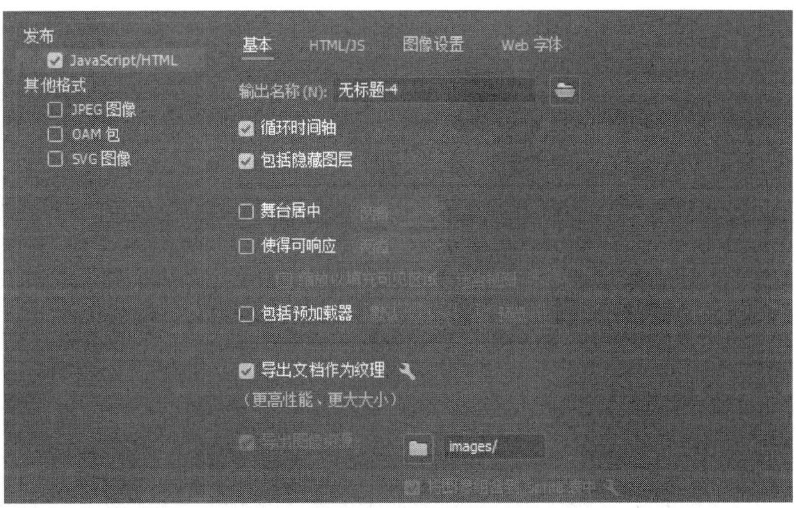

图 2-6　将动画作为纹理发布界面

7. 图层分类和图层效果

现在通过在父子图层中组织资源，可以轻松地在姿势之间进行动画处理。当父图层上的对象移动时，子图层自动地随它一起移动。将淡色和筛选器添加到图层，淡入淡出播放及已存档的深度等，用户可以在不更改舞台上的对象的情况下进行这些调整，如图 2-7 所示。

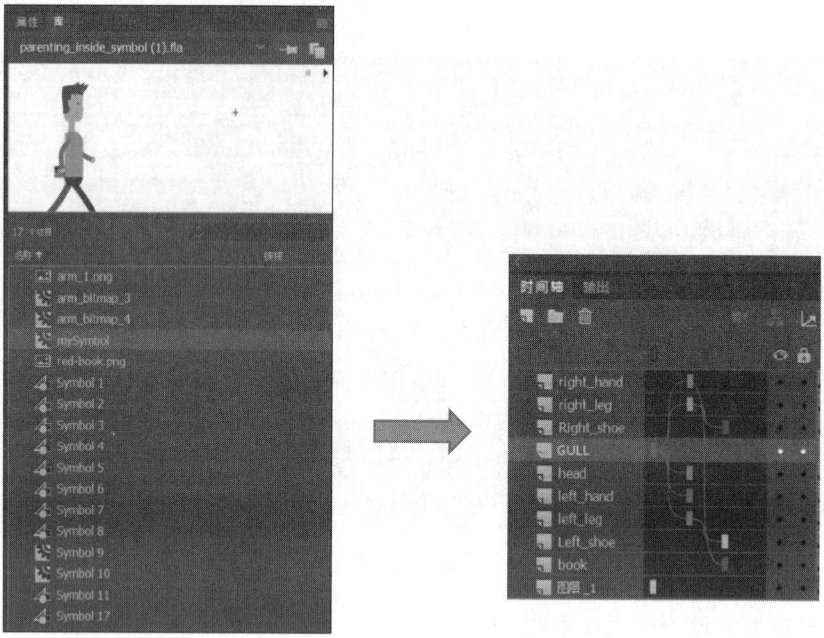

图 2-7　图层分类和图层效果界面

2.2　Animate CC 2019 工作界面

用户要高效地使用 Animate CC 2019 制作动画，首先需要熟悉软件的工作界面及其基本功能。进入 Animate CC 2019 后，可以看到其工作界面由菜单栏、舞台、时间轴面板、工具箱、面板集等区域组成，如图 2-8 所示。

图 2-8　Animate CC 2019 工作界面

1. 欢迎屏幕

默认情况下启动 Animate CC 2019 后，可以看到如图 2-9 所示欢迎屏幕，通过它可以快速进行下列操作。

(1) 打开最近曾经打开过的文档。

(2) 新建包括角色动画、社交、游戏等预设模板文档。

(3) 观看并打开示例文档。

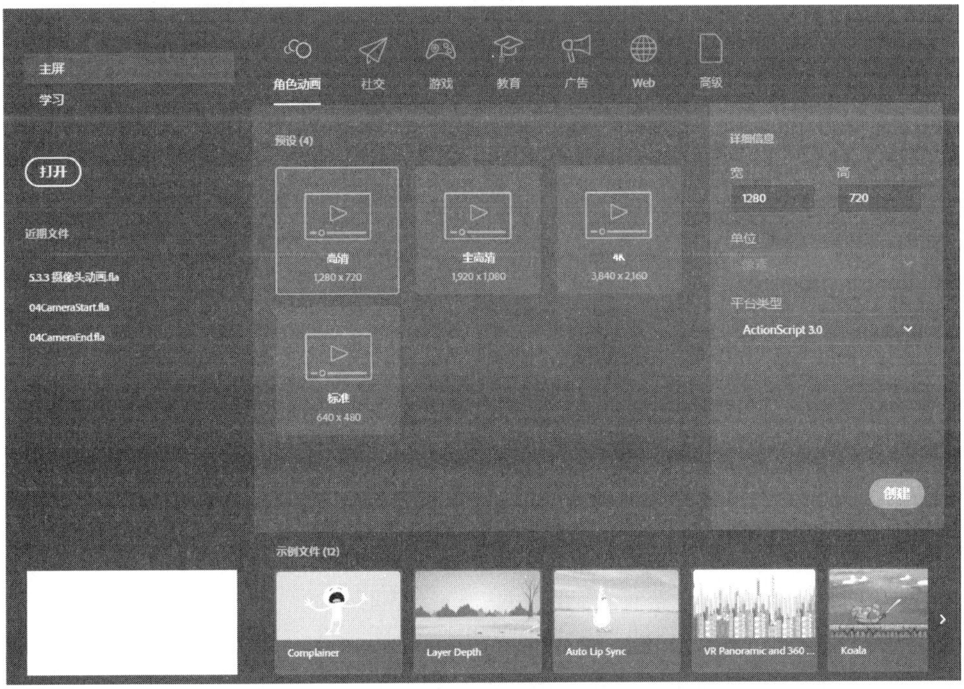

图 2-9 欢迎屏幕

2. 菜单栏

菜单栏中的各菜单选项提供了图形处理和动画编辑的主要功能，包括【文件】【编辑】【视图】【插入】【修改】【文本】【命令】【控制】【调试】【窗口】和【帮助】11 个菜单项，如图 2-10 所示。

图 2-10 菜单栏

3. 工具箱

工具箱是 Animate 中重要的面板，包含绘制和编辑矢量图形的各种操作工具，主要由绘画工具、绘画调整工具、颜色工具和工具选项区等六部分组成。其中一些工具按钮的右下角有小三角标志，表示该工具包含一组同类型工具，在该工具按钮上按住鼠标左键并停留片刻，即可打开隐藏的同组工具，如图 2-11 所示。

4. 时间轴面板

时间轴是动画编辑的基础，用于创建不同类型的动画效果和控制动画的播放预览。时

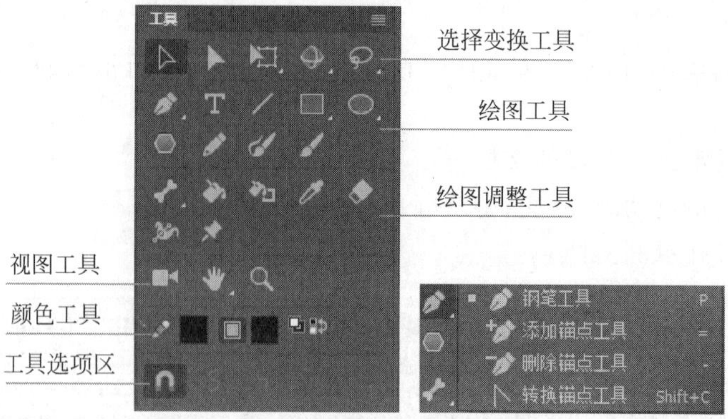

图 2-11　工具箱界面

间轴上的每一个小格称为帧，是动画的最小时间单位。连续的帧中包含保持相似变化的图像内容，便形成了动画。

【时间轴】面板分为左右两个部分，左侧为图层控制区，右侧为帧控制区，如图 2-12 所示。其中 1、0.0 和 24.00fps 分别代表当前帧、运行时间和帧速率。

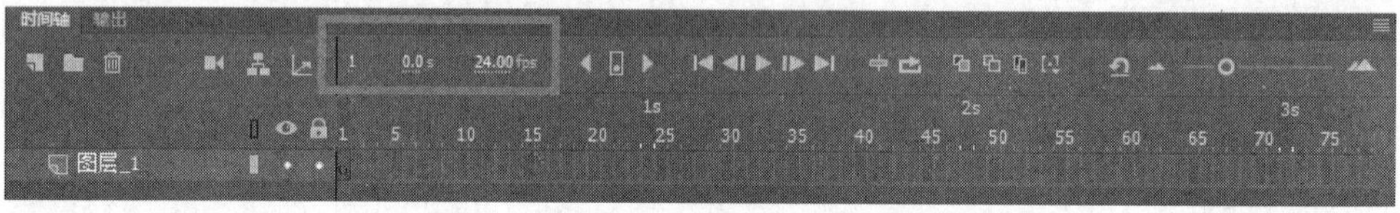

图 2-12　【时间轴】面板

5. 舞台和工作区

舞台是用户进行创作的主要区域，图形的创建、编辑和动画的创作及显示，主要都是在该区域中进行，如图 2-13 所示。工作区中的白色空白部分就是舞台。

图 2-13　舞台界面

工作区上方是编辑栏，其中各个按钮的功能如下。

：返回主场景。

：当前场景的名称。

：编辑场景，在各场景之间进行切换。

：编辑元件，在各元件之间进行切换。

：舞台居中。

：将位于舞台范围以外的内容裁切掉。

：在该下拉列表中设置舞台的显示比例。

6. 浮动面板

浮动面板由各种不同功能的面板组成，如【库】面板、【属性】面板、【颜色】面板等，如图 2-14 所示。通过设置各面板的显示、隐藏、组合、摆放，可以自定义工作界面。

7. 预设工作区布局

在动画制作的过程中，不同岗位的工作人员和不同的工作步骤对软件界面布局的需求是不一样的，比如调试人员在进行动画测试时就不需要使用绘图工具。Animate 中提供了七种预设的工作布局，执行【窗口】|【工作区】菜单命令，或单击界面右上角的下拉列表来进行选择，如图 2-15 所示。

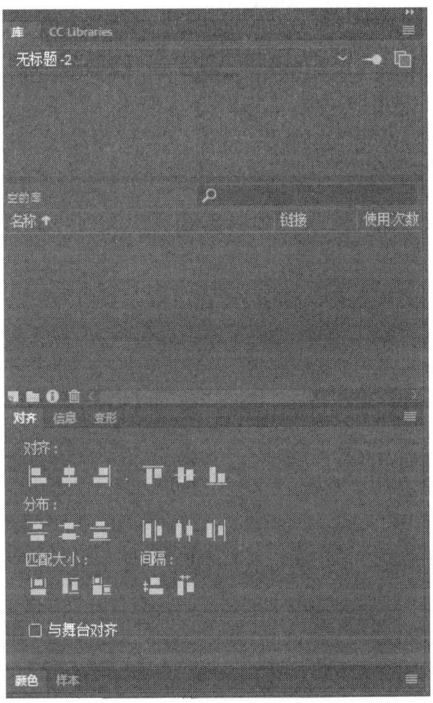

图 2-14 浮动面板

图 2-15 预设工作布局

下面分别介绍这七种预设工作区布局。

(1) 动画：动画设计工作区布局。

(2) 传统：如果对新的用户界面不习惯，可以使用传统工作区布局。

(3) 调试：如果要对创建中的动画进行调试，可以使用调试工作区布局。

(4) 设计人员：如果用户是动画设计人员，可以使用设计人员工作区布局。

(5) 开发人员：如果是代码开发人员，可以使用开发人员工作区布局。

(6) 基本功能：Animate 默认的工作布局，第一次进入软件看到的就是这个布局。

(7) 小屏幕：以小屏幕方式布局，是最简洁的布局方式。

8. 实战案例：自定义工作布局

虽然 Animate 系统提供了七种预设工作区布局让有不同需求的用户选择，但用户依然可以按照自己的喜好来设计自己用起来更顺手的布局方式，比如用惯了早期的 Flash 版本，可能会更喜欢时间轴在舞台上方、工具箱在舞台左方的布局方式，在 Animate 里都可以根据自己的喜好进行调整。

接下来就设计一个既兼顾早期版本的使用习惯，也兼顾动画设计人员常用面板的工作布局。

步骤 1 将界面切换到【设计人员】布局模式。

步骤 2 将鼠标指针放在【属性】面板的面板标签上，按住鼠标左键拖动，移动到【库】面板的右边后松开，效果如图 2-16 所示。

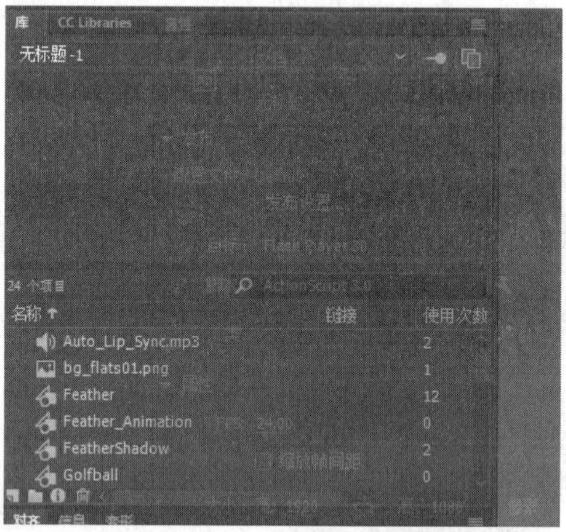

图 2-16 移动【属性】面板的位置

步骤 3 调整工具箱的宽度，使其一行并排两列工具，最终得到的工作布局如图 2-17 所示。

步骤 4 可以将该工作布局保存下来，以便日后快速恢复。打开工作区“选择”一栏的下拉列表，单击【新建工作区】命令，然后在打开的【新建工作区】对话框中为自己的工作区起一个名字，如图 2-18 所示。以后它就会出现在工作区选择列表中，以便随时切换到这个工作区布局模式。

9. 知识延伸：如何定义快捷键

使用快捷键可以使制作动画的过程更加流畅，提高工作效率。默认情况下 Animate 使用的是专用的内置快捷键方案，用户也可以根据自己的需要和习惯自定义快捷键方案，方法是执行【编辑】|【快捷键】菜单命令，打开【键盘快捷键】对话框，就可以在【命令】选项区域中设置具体操作对应的快捷键，如图 2-19 所示。

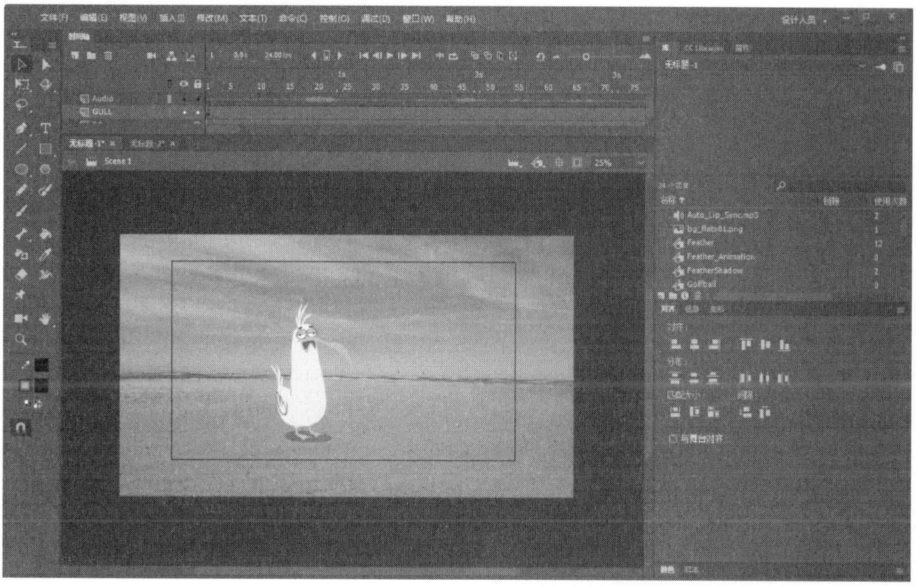

图 2-17　自定义工作布局

图 2-18　为新建工作区命名

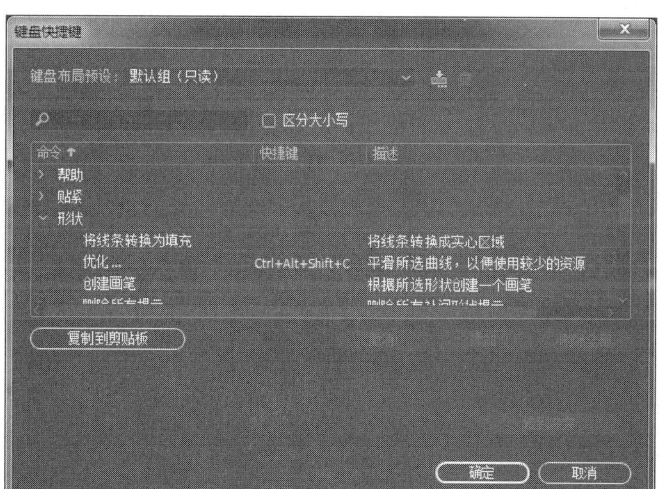

图 2-19　自定义快捷键界面

2.3 文档基础操作

了解了 Animate CC 的工作界面之后，接下来介绍使用 Aniamte CC 进行文档处理的一些基本操作，包括文档的新建、保存、打开、文档设置等。

2.3.1 新建文档

要在 Animate CC 中进行文档的处理操作，首先需要先创建一个新文档。

1. 可以创建的文档类型

在 Animate 中，用户可以创建多种文档类型，每种文档类型的用途各不相同。

- HTML5 Canvas：通过在 Animate 或者最终发布的文件中插入 JavaScript 脚本来添加交互性。
- ActionScript 3.0：需要通过 FlashPlayer 播放的动画文件格式，使用 ActionScript 脚本来为动画添加交互性。
- WebGL：对纯动画素材选择 Web GL 方式，以充分利用硬件图形加速功能支持。
- AIR for Android/iOS：能够在安卓或者苹果移动设备中播放的动画文件格式。
- AIR for Desktop：Windows 或者 Mac 的桌面程序格式。
- VR Panorama/360：虚拟现实动画格式。

2. 新建空白文档

用户可以执行【文件】|【新建文档】命令，或者按下 Ctrl＋N 组合键，打开【新建文档】对话框进行文档的新建操作。

新建文档的格式可以根据创建动画的类型及对尺寸的需求，从【角色动画】【社交】【游戏】【教育】【广告】【Web】中选择相应的格式，如图 2-20 所示；也可以按照技术的需求从【高级】中选择相应的格式，如图 2-21 所示。

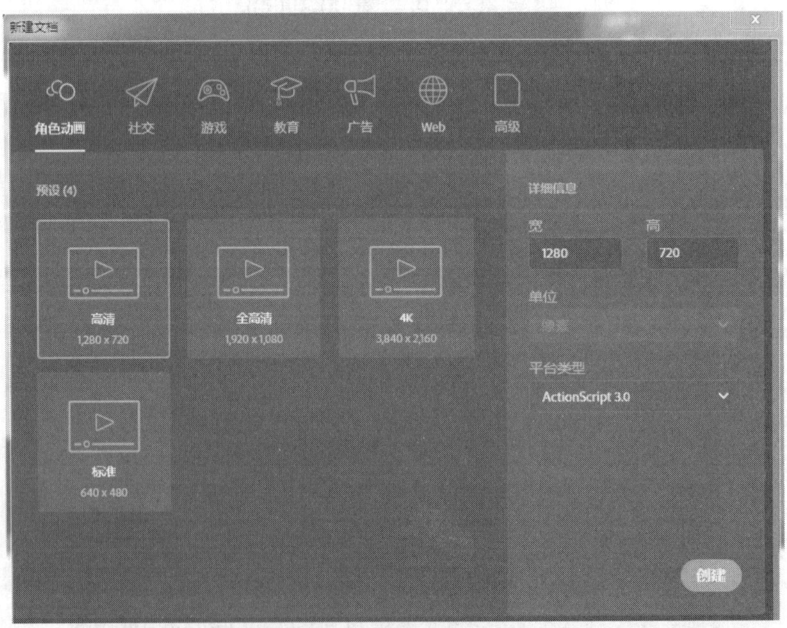

图 2-20 新建预设文档界面

图 2-21　新建高级文档界面

2.3.2　保存文档

在新建的文档中进行相应的编辑操作后，执行【文件】|【保存】命令，或者按下 Ctrl+S 组合键，即可打开【另存为】对话框，对文档的存储位置、名称和保存类型进行设置后，单击【保存】按钮保存文档，如图 2-22 所示。保存后的文档其扩展名为 fla，是可以在 Animate 中再次打开并进行编辑的动画源文件。

图 2-22　保存文档界面

2.3.3 打开文档

执行【文件】|【打开】命令，或者按下 Ctrl+O 组合键，打开【打开】对话框，在对话框中选择需要打开的文档，如图 2-23 所示。也可以直接双击要打开的动画源文件来打开文档。

图 2-23　打开文档界面

Animate 是个多文档编辑的软件，可以同时打开多个文档，通过文档选项卡进行切换，如图 2-24 所示。

图 2-24　多文档切换

2.3.4 设置文档属性

在制作动画时，动画的尺寸、播放速度及背景颜色是非常重要的参数，单击工作区空白位置，然后在【属性】面板中“属性”一栏里可以修改这些参数，也可以通过单击【高级设置】按钮打开【文档设置】对话框做进一步设置，如图 2-25 所示。

在【文档设置】对话框中各项设置说明如下。

单位：舞台大小的度量单位。

舞台大小：用于设置舞台宽度与高度值。

缩放：如果调整了舞台的大小，“缩放内容”这一选项决定舞台上的内容是否按比例缩放。

锚记：如果调整了舞台大小，并且舞台内容保持原始尺寸不作缩放，通过“锚记”来设置舞台裁剪或者扩展时的方向。

舞台颜色：单击右侧的色块，在弹出的调色板中进行选择，可以设置舞台的背景颜色。

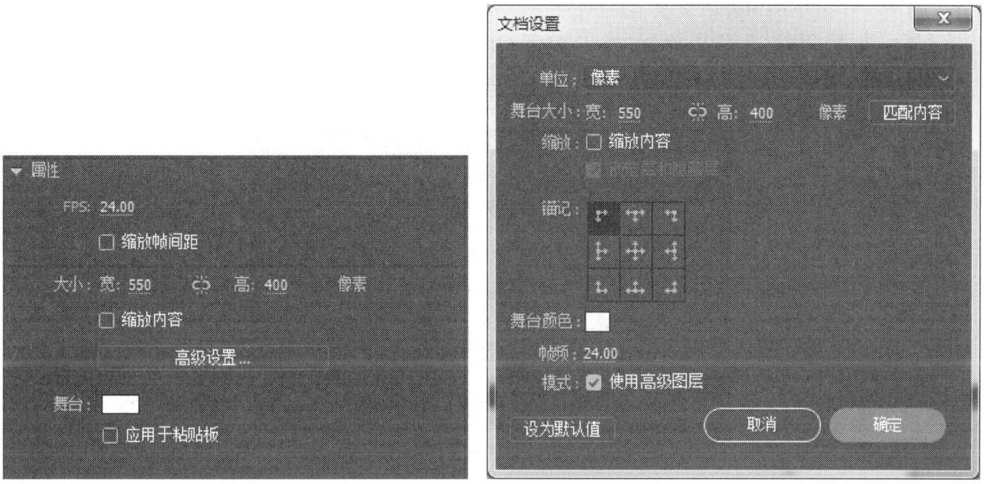

图 2-25　设置文档属性界面

帧频：用于设置动画的播放速度，其单位为 fps，即每秒动画播放的帧数，值越大播放速度越快，同时画面也越流畅。默认的帧频值为 24fps。

2.3.5　转换文档类型

可以将一种类型的文档转换为其他类型，例如，将早期制作的 ActionScript 类型的旧动画转换为 HTML5 动画。通过【文件】|【转换为】命令，将当前文档转换为任一其他文档类型，如图 2-26 所示。

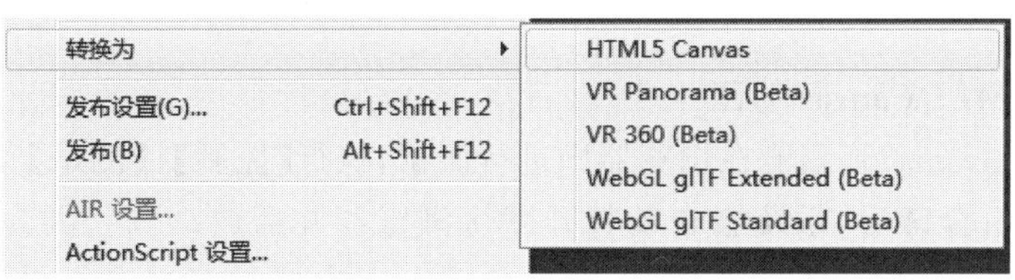

图 2-26　转换文档类型界面

不同类型的文档支持的动画特性有所不同，并非所有的文档都支持所有的特性。HTML5 Canvas 文档类型不支持多个场景，将任何多场景文档转换为 HTML5 Canvas 文档类型时，所有场景均保存为单独的文件。如果想在一个单独的文档中使用多场景，可将所有场景放在单独的元件中。

对于 HTML5 Canvas 文档类型不支持的内容在转换时会被删除，例如会删除 3D 转换。注释掉 ActionScript 代码，删除视频。转换为 HTML5 Canvas 文档时还会将不支持的内容修改为默认的支持效果，例如：不支持叠加混合模式，将改为标准模式；不支持虚线，将改为实线。转换完成后需查看未成功移植的效果，然后单独进行修改。

2.3.6　测试动画

不同的文档格式，在进行测试时会有所不同。

1. 测试 ActionScript 3.0 动画

执行【控制】|【测试】菜单命令,或者按下 Ctrl+Enter 组合键,可以测试 ActionScript 3.0 动画,系统会生成 SWF 格式的影片文件,并打开 SWF 播放器播放动画,如图 2-27 所示。

图 2-27 测试 ActionScript 3.0 动画

如果该 ActionScript 3.0 文档包含多个场景,也可以打开对应场景后执行【控制】|【测试场景】菜单命令,或者按下 Ctrl+Alt+Enter 组合键,即可仅测试当前场景。

如果希望测试在浏览器中进行,而不是在播放器中进行,可以执行【控制】|【测试影片】|【在浏览器中】菜单命令,如图 2-28 所示。

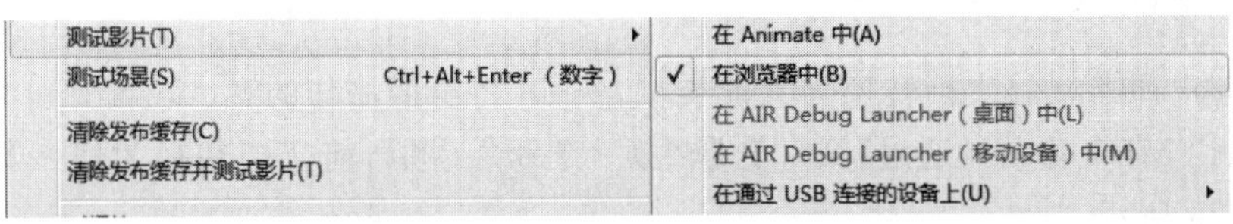

图 2-28 在浏览器中测试动画

2. 测试 HTML5 Canvas 动画

HTML5 Canvas 动画只能在浏览器中进行测试,执行【控制】|【测试】菜单命令,或者按下 Ctrl+Enter 组合键后,系统会自动打开默认浏览器并播放动画。因为 HTML5 Canva 动画不能在 Animate 内部进行测试,所以在 Animate 中播放菜单命令是灰色不可用。此外,HTML5 Canva 不支持多场景,因此【控制】|【测试场景】菜单命令也是灰色不可用。

2.3.7 实战案例:改变动画大小以适用不同需求

当创建了舞台并做好动画之后,客户可能会需要不同尺寸大小的动画来适应不同的布局。例如客户需要一个更小的、具有不同长宽比的版本作为横幅广告,或者他们需要一个运行在 AIR 或者 Android 设备上的、具有不同大小的版本,这时就要在做出最少改动的情况下改变现有动画尺寸的大小。

下面就来修改一个现成的动画尺寸,将一个 800×600 的 HTML5 Canvas 动画修改为正方形尺寸 600×600,如图 2-29 所示。

步骤 1 打开素材文件"孔雀.fla",单击舞台空白地方,在属性面板中单击【高级设置】按钮,打开【文档设置】对话框。

步骤 2 修改舞台大小为 600×600,将【缩放内容】一项选中。

图 2-29　修改动画尺寸

步骤 3　单击【舞台颜色】旁边的颜色按钮，出现吸管后将其移到孔雀脚下深绿色的背景上单击取色，如图 2-30 所示。

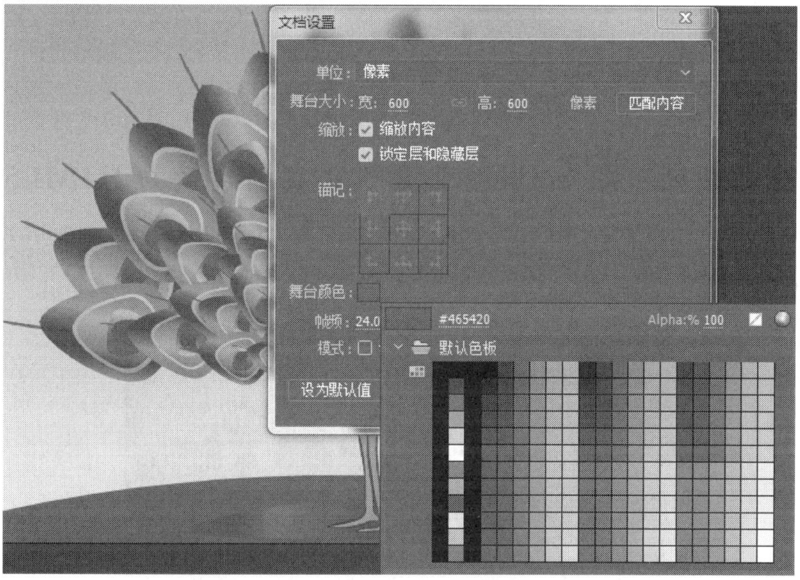

图 2-30　设置文档属性面板

步骤 4　测试动画，可以看到动画已经变成正方形尺寸，且孔雀图案及动画内容完整。

2.3.8　知识延伸：设置首选参数

执行【编辑】|【首选参数】菜单命令可以打开【首选参数】对话框，其中包括【常规】【代码编辑器】【脚本文件】【编辑器】【文本】和【绘制】5 个选项卡，可以对软件的一些参数选项进行设置，如图 2-31 所示。

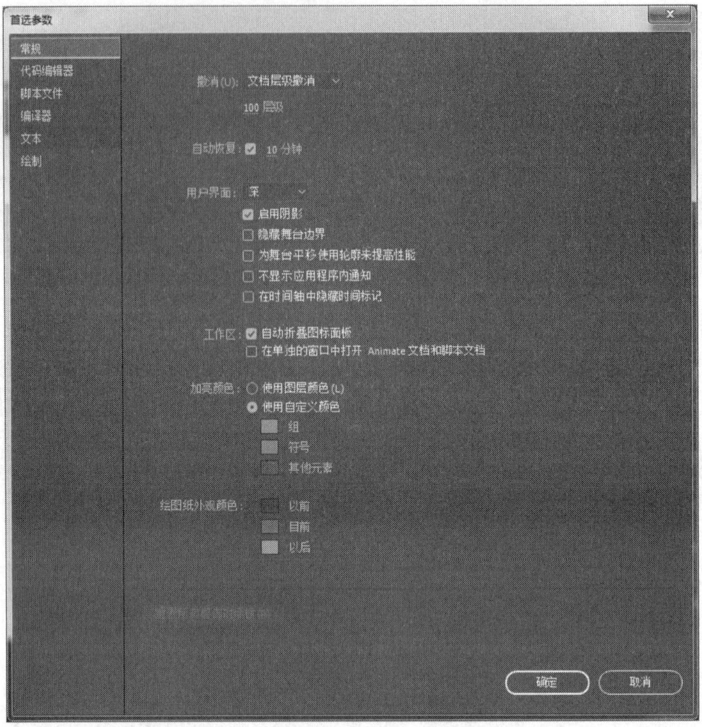

图 2-31　设置首选参数对话框

2.3.9　能力拓展：将 ActionScript 3.0 文档转换为 HTML5 文档

打开素材文件“谍影重重.fla”，将它转为 HTML5 文档，并对比转换前后效果的不同，如图 2-32 所示。

图 2-32　素材文件“谍影重重”画面

第3章　绘制图形

3.1　对象的选择

在学习 Animate 中的绘图工具及绘图操作之前，先要介绍选择操作，因为对绘制出来的对象进行编辑时，都需要先选中对象。Animate 中提供了多种选择对象的工具，包括【选择工具】【部分选取工具】【套索工具】【多边形工具】和【魔术棒工具】。

1．选择工具

【选择工具】是进行动画制作时最常用的工具，当用户需要选中单个或者多个对象时，就可以单击工具箱中的【选择工具】，或者按下快捷键 V 进行选择。

1）对象选中状态

使用【选择工具】选中对象时，若被选择的对象是分离的矢量图形，则对象外围轮廓线变粗，整个图形上出现均匀密集的点；若被选择的对象是组合、元件和绘制对象，则对象的周边会出现不同颜色的矩形边框，如图 3-1 所示。

分离的矢量图形　　绘制对象　　组合　　元件

图 3-1　不同对象的选中状态

2）多种选择方式

不同的对象类型有不同的选择方式，具体可以分为以下 4 种，如图 3-2 所示。

第 1 种：选择轮廓线。用【选择工具】在对象的轮廓部位单击，可以选择一段轮廓；在对象的轮廓部位双击，可以选择相连的所有轮廓。

第 2 种：选择填充。在对象的填充上单击，可以选中这一块填充区域；在填充上双击，可以同时选中这一块填充区域和它的轮廓线。

第 3 种；选择多个对象。按住 Shift 键的同时，单击多个对象，可以同时选中多个对象。

第 4 种：鼠标拖动框选对象。在对象上按下鼠标左键并拖动，可以选中拖曳出来的矩形选取框中的对象。

原图　　选择轮廓线　　选择填充　　选择填充和轮廓　　选择多个对象　　框选对象

图 3-2　不同选择方式

3）选择工具的变形操作

使用【选择工具】也可以对选中的对象进行变形操作，变形的方法有 3 种。

第 1 种：平滑、伸直对象。在选择【选择工具】之后，在工具箱的下方工具选项位置有如下几个选项：。其中右边两个分别为平滑与伸直操作，对如图 3-3(a)图所示手绘曲线分别使用这两个操作，依次可以得到图 3-3(b)和图 3-3(c)所示两种曲线效果。

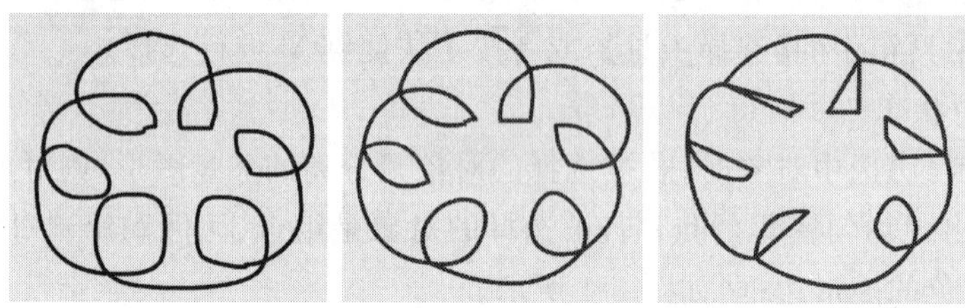

(a)　　(b)　　(c)

图 3-3　平滑、伸直对象示例

第 2 种：修改线条弯曲程度。在选择【选择工具】之后，将鼠标指针靠近对象边缘(这个对象不能处于选中状态)，会看到鼠标指针变成弯曲的小弧线形状，这时按住鼠标左键拖动，可以修改线条的弯曲程度，如图 3-4 所示。

第 3 种：改变节点位置。在选择【选择工具】之后，将鼠标指针靠近对象的节点位置(这个对象不能处于选中状态)，会看到鼠标指针变成小直角形状，这时按住鼠标左键拖动，可以改变这个节点的位置，如图 3-5 所示。

图 3-4　修改线条弯曲程度示例

图 3-5　改变节点位置示例

第 4 种：增加节点。在选择【选择工具】之后，将鼠标指针靠近对象边缘(这个对象不能处于选中状态)，会看到鼠标指针变成弯曲的小弧线形状，这时同时按下 Ctrl 键和鼠标左键，并拖动，可以在线条的这个位置增加一个新的节点，如图 3-6 所示。

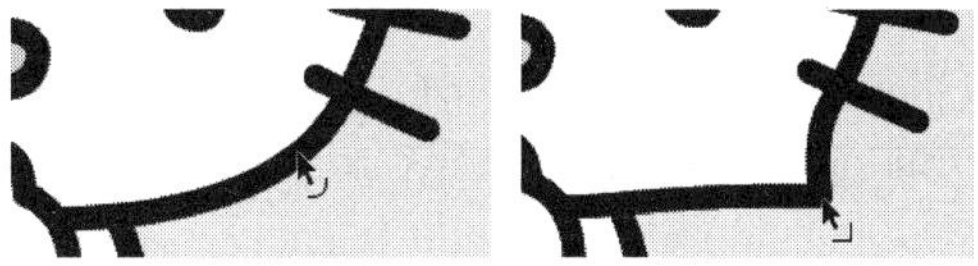

图 3-6　增加节点示例

2. 部分选取工具

【部分选取工具】用于选择线条和节点，以及编辑节点等。使用【部分选取工具】或按下快捷键 A 选中一个对象后，对象的轮廓线上将显示多个节点，此时将鼠标指针移动到线条上方，指针形状变为，按住鼠标左键并拖动，可以移动线条及其内部填充的位置，如图 3-7 所示。

图 3-7　使用部分选取工具选中并移动线条示例

将鼠标指针移动到节点上方，指针形状变为，这时按住鼠标左键并拖动，可以改变该节点的位置，如图 3-8 所示。

图 3-8　使用部分选取工具改变节点位置示例

使用【部分选取工具】单击曲线节点，在节点左右两侧会出现两个控制手柄，将鼠标指针移动到手柄上方，指针形状变为，这时按住鼠标左键拖动其中一个手柄，节点另一侧的手柄也会随之调整，可以调节曲线的弯曲程度。若是在拖动手柄时同时按住 Alt 键，则对曲线形状的调整只作用在这一侧的手柄上，另一侧的手柄不会受影响，如图 3-9 所示。

图 3-9　使用部分选取工具调节曲线形状示例

3. 套索工具

使用【套索工具】可以进行不规则区域的选择，在选择了【套索工具】之后，按住鼠标左键在图形上拖动，可以选中不规则的区域，如图 3-10 所示。

图 3-10 套索工具使用示例

4. 多边形工具

使用【多边形工具】也可以进行不规则区域的选择，在选择了【多边形工具】之后，通过多次单击来建立不规则选区，如图 3-11 所示。

图 3-11 多边形工具使用示例

5. 魔术棒工具

【魔术棒工具】可以用来选择颜色相近区域，它只能使用在分离后的位图上，不能使用在普通矢量图形上。在选择【魔术棒工具】后，在【属性】面板中会出现两项属性设置："阈值"用于设置相近颜色值的色宽范围，设置的数值越高，选中的颜色范围就越广；"平滑"用来设置选定区域的平滑程度。如图 3-12 所示，在将阈值设置为 80 后，单击选中了小熊耳朵上的圆形区域。

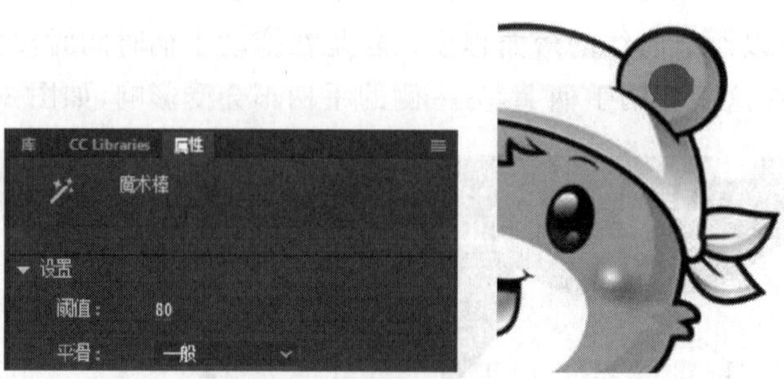

图 3-12 魔术棒工具使用示例

6. 实战案例：修改旗帜的形状

在这个案例中，利用【选择工具】和【部分选取工具】将卡通人物手上的旗帜由矩形调整为流线型，如图 3-13 所示。

图 3-13　修改旗帜的形状

步骤 1　选择【选择工具】，按住 Ctrl 键的同时，在旗帜的两个长线条上按住鼠标左键轻微拖动，增加两个新节点，如图 3-14 所示。

步骤 2　按快捷键 Shift+C 选择【转换锚点工具】，在增加的两个节点上按住鼠标左键拖动，将节点两侧的线条调整为曲线，如图 3-15 所示。

步骤 3　选择【部分选取工具】，单击选中增加的新节点，按住鼠标左键拖动调整节点两侧的控制手柄，直到满意旗帜的形状为止，如图 3-16 所示。

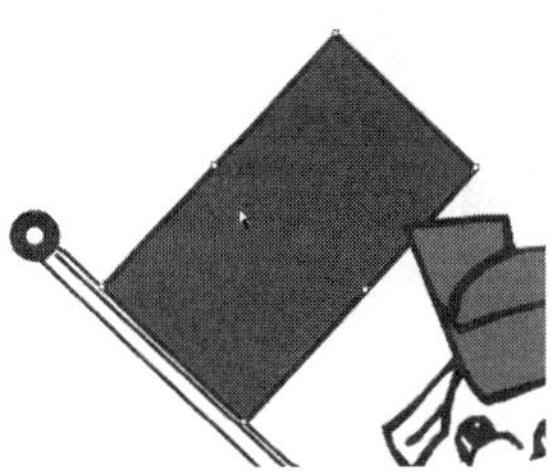

图 3-14　增加新节点操作示例

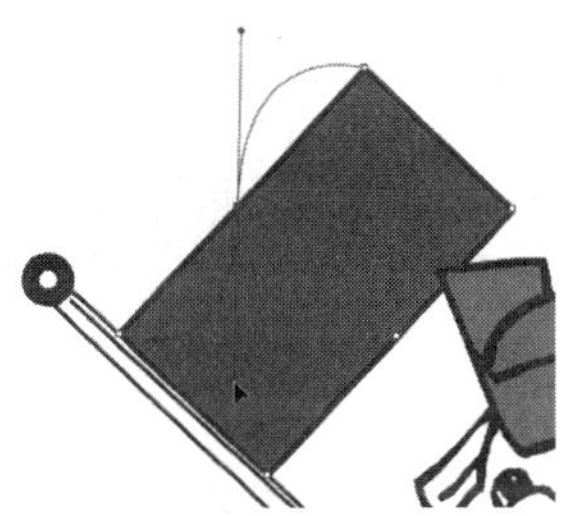

图 3-15　将直线转为曲线操作示例

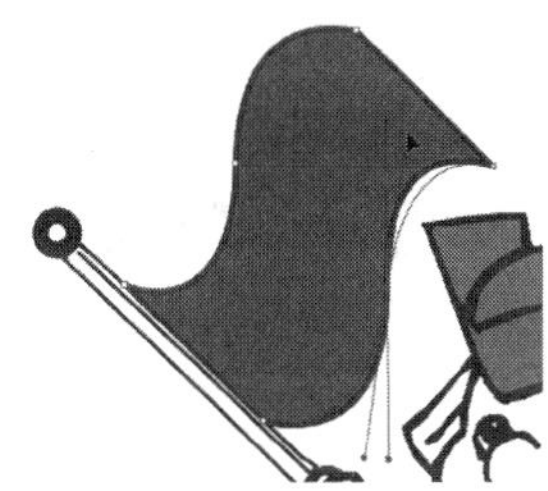

图 3-16　调节形状操作示例

7. 知识延伸：多边形工具如何快速封闭选区

在使用【多边形工具】时，需要多次单击来设置选区边界，大家可能会发现这个操作没完没了，就算回到起点位置单击都不会自动结束，一直处于工具的在用状态。这是因为此时选区还没封闭起来。这时只要在舞台上双击鼠标，就可以在单击的最后一个点和第一个点之间建立连接，从而形成封闭区域，结束【多边形工具】的操作。

3.2　绘制线条

图形绘制是动画制作的基础，而线条是构成矢量图形的最基本元素。在 Animate CC 中，矢量线条绘制工具主要包括【线条工具】【铅笔工具】和【钢笔工具】。

3.2.1 线条工具

【线条工具】用于绘制直线线段，快捷键为 N。在【工具箱】中选择【线条工具】，将光标移动到舞台上，会显示为十字形状，按住鼠标左键拖动就可以在舞台中绘制出任意方向的线条。按住 Shift 键，然后按住鼠标左键向左或者向右拖动，可以绘制水平线段；按住 Shift 键，然后按住鼠标左键向上或者向下拖动，可以绘制垂直线段。

选中【线条工具】后打开【属性】面板，可以在面板中设置线条的笔触颜色、样式、粗细等参数，如图 3-17 所示。

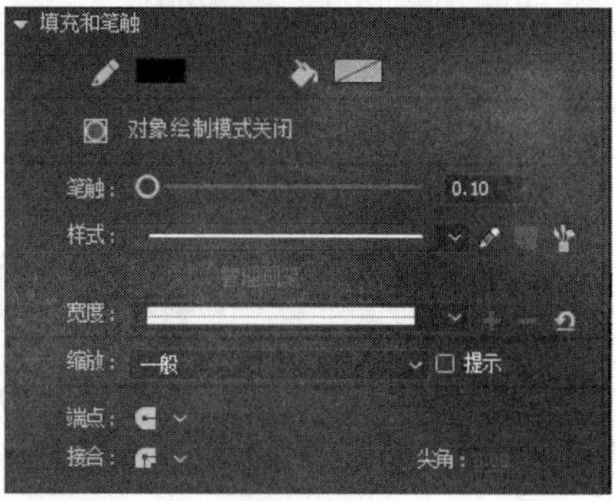

图 3-17　线条工具属性设置面板

笔触颜色：用于设置线条的颜色。

笔触：拖动滑块可以设置线条的粗细程度。

样式：设置线条的样式，如虚线、点状线等。

宽度：设置线条的宽度，Animate 提供了 7 种宽度选择，使线条不再局限于均匀粗细，而是可以有粗细变化，如图 3-18 所示。

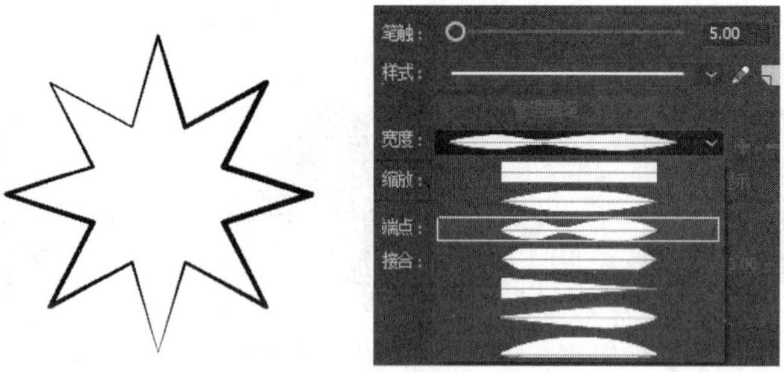

图 3-18　线条宽度设置举例

缩放：限制动画中线条的笔触缩放，以防止出现线条模糊，该项包括一般、水平、垂直和无四种选项。

端点：设置线条的端点样式，可以选择无、圆角或者方形端点样式。

结合：设置两条线段相结合的位置即拐角的端点形状，包括尖角、圆角和斜角样式选择。

3.2.2 铅笔工具

使用【铅笔工具】可以绘制出任意线条，绘制过程具有很大的灵活性，快捷键为 Shift+Y。选择工具箱中的【铅笔工具】，将光标移动到舞台，按住鼠标左键拖动，【铅笔工具】就会沿着鼠标移动的方向绘制线条，达到绘制效果后释放鼠标即可完成绘制。

【铅笔工具】有三种绘制模式，选择【铅笔工具】后，在工具箱底部单击【铅笔模式】按钮进行设置，如图 3-19 所示。

伸直：可以对绘制线条进行自动修正，具有很强的线条形状识别能力，将线条自动规整为几何形状。

平滑：可以自动平滑曲线，减少抖动造成的误差，使线条更加平滑。

墨水：不对绘制出的线条做调整，保持线条的原始状态，线条更随意。

分别采用三种铅笔模式绘制波浪线条，绘制效果如图 3-20 所示。

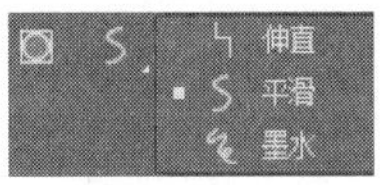

图 3-19 铅笔工具的三种绘制模式

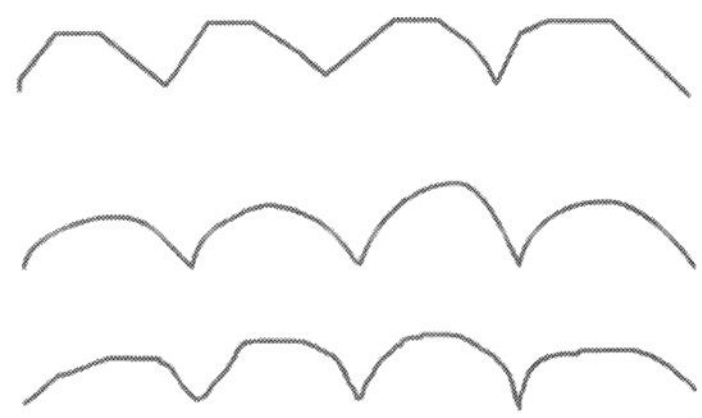

图 3-20 三种铅笔模式绘制的波浪线条

3.2.3 画笔工具(Y)

在 Animate CC 的工具箱中有两种画笔，分别是【画笔工具】(Y)和【画笔工具】(B)，这两种画笔的使用有很大不同，我们分开介绍。【画笔工具】(B)将在图形的填充部分讲解。

【画笔工具】(Y)与【铅笔工具】类似，都可以用来绘制线条，只是【画笔工具】(Y)绘制出来的可以是轮廓线条，也可以是填充线条画笔工具，还可以使用画笔库中的笔触图案。

先来看一下【画笔工具】(Y)和【铅笔工具】的属性设置，如图 3-21 所示，左边是【画笔工具】(Y)，右边是【铅笔工具】。

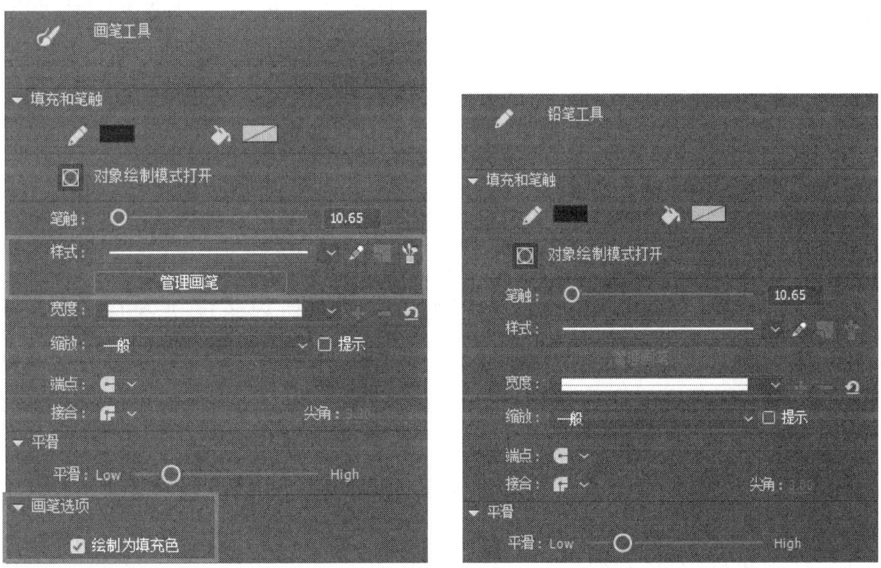

图 3-21 【画笔工具】(Y)和【铅笔工具】属性设置界面

可以看到和【铅笔工具】相比，【画笔工具】(Y)可以利用【画笔库】变换更多的笔触图案，绘制出特殊图案的线条，如图 3-22 所示。

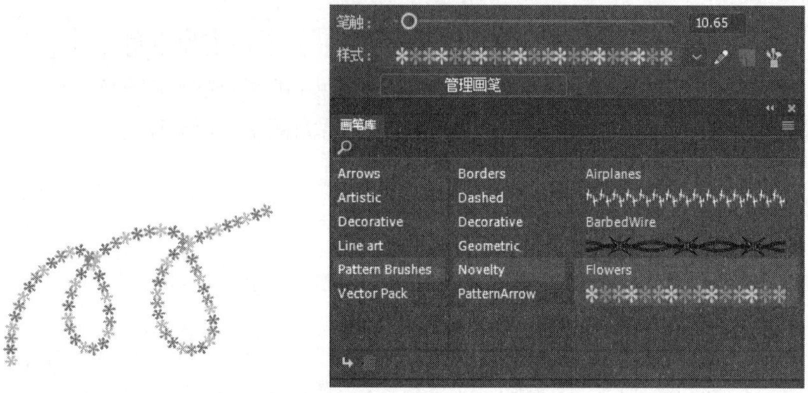

图 3-22　绘制特殊图案的线条举例

除此之外，使用【画笔工具】(Y)也可以使绘制的线条成为填充色而不是轮廓，只需要将“绘制为填充色”一项选中。

3.2.4　钢笔工具组

【钢笔工具】常用于绘制比较复杂、精确的曲线，单击【钢笔工具】并停留两秒，可以打开【钢笔工具】组，其中包含【钢笔工具】【添加锚点工具】【删除锚点工具】和【转换锚点工具】，如图 3-23 所示。

1.【钢笔工具】的绘制操作

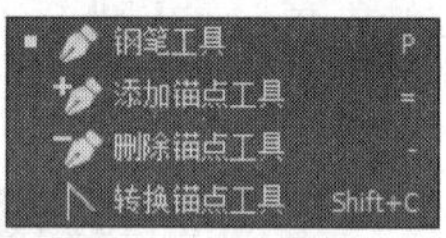

图 3-23　钢笔工具组

绘制直线：使用【钢笔工具】在舞台上单击确定第一个锚点，然后将鼠标指针移动到另一个位置单击鼠标左键确定第二个锚点，两个锚点之间就绘制出一条直线线段。

绘制曲线：使用【钢笔工具】在舞台上先确定起始锚点，确定结束锚点时按住鼠标左键拖动并调整弧度，两个锚点之间就绘制出一条曲线线段。

添加锚点：使用【添加锚点工具】在线条上需要添加锚点的位置单击，即可在此处添加一个锚点。

删除锚点：使用【删除锚点工具】在线条上需要删除的锚点上单击，即可将该锚点删除。

转换锚点：使用【转换锚点工具】在现有锚点上单击，可以将该锚点两侧连接的线条转为直线；使用【转换锚点工具】在现有锚点上按住鼠标左键拖动，可以将该锚点两侧连接的线条转为曲线，并调整曲线的弯曲弧度。

2.【钢笔工具】不同形态的鼠标指针含义

在使用【钢笔工具】时，鼠标指针的形态在不停地变化，不同形态的鼠标指针代表不同的含义，具体含义如下。

：初始锚点指针，是选择【钢笔工具】后在舞台上看到的第一个指针形状，单击即可创建第一个锚点。

：连续锚点指针，钢笔工具绘制过程中的指针形状，每次单击创建一个新锚点。

：指示在线条上单击将添加一个锚点。

：指示在锚点上单击将删除该锚点。

：在现有线条的某个锚点上单击，将以此锚点为起始锚点开始绘制，且绘制的新线条和原有线条在此锚点处连接起来。

：在现有曲线的某个锚点上单击，将使该锚点左右连接的两条曲线转为两条直线。

：指示在此点单击将使绘制的线条成为封闭图形。

3.2.5　实战案例：绘制蓝鲸

使用钢笔工具绘制如图 3-24 所示蓝鲸图案。

图 3-24　蓝鲸图案

步骤 1　新建一个 ActionScript 3.0 文档，设置舞台大小为 620 像素×360 像素。

步骤 2　选择【钢笔工具】，从蓝鲸的嘴部位置开始绘制蓝鲸背部，回到起始锚点单击封闭图形，如图 3-25 所示。

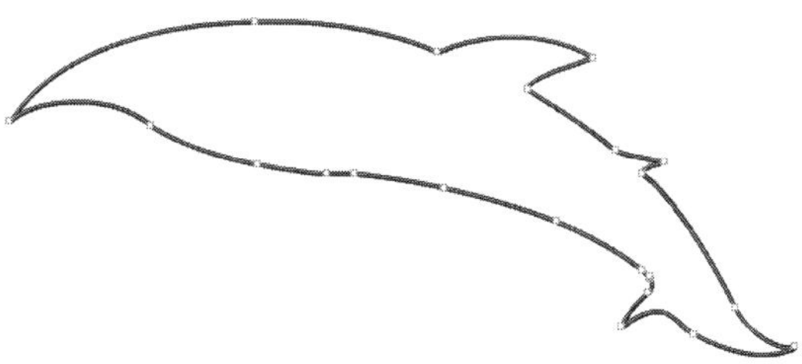

图 3-25　绘制蓝鲸背部

步骤 3　接着绘制蓝鲸的身体和鳍，如图 3-26 所示。

图 3-26　绘制身体和鳍

步骤 4　接着绘制蓝鲸腹部的线条，如图 3-27 所示。

步骤 5　删除多余的线条。并使用【椭圆工具】绘制两个椭圆形状作为蓝鲸的眼睛。如图 3-28 所示。

图 3-27　绘制腹部线条

图 3-28　绘制眼睛

步骤 6　修改线条的颜色和粗细，并为蓝鲸的身体填充颜色，这个蓝鲸图案就绘制完成了。

3.2.6　知识延伸：【钢笔工具】使用小技巧

【钢笔工具】是所有绘图工具中使用起来最难掌握的，但是这并不代表它有多高深的技术含量。要熟练地运用【钢笔工具】绘制图形，不仅需要一定的造型能力，更重要的是要不断地练习总结。

在使用【钢笔工具】绘制图形的过程中，需要注意以下几点。

第一，在开始绘制之前，要分析线条弧度的走向，确定一个大致的绘制方向。

第二，在绘制过程中注意转折的位置，在转折位置可以通过删除手柄来达到转折的效果。

第三，在绘制过程中试着一边绘制一边调整，这样有助于下一个锚点的准确定位。

3.2.7　能力拓展：绘制卡通形象阿狸

综合应用【线条工具】【铅笔工具】和【钢笔工具】绘制如图 3-29 所示的卡通形象阿狸。

图 3-29　卡通形象阿狸

3.3　绘制几何图形

在 Animate 中使用【工具面板】里提供的几何形状工具可以轻松地绘制几何图形，这些工具包括【矩形工具】【基本矩形工具】【椭圆工具】【基本椭圆工具】【多角星形工具】。

3.3.1　矩形工具组

【矩形工具】组包括【矩形工具】和【基本矩形工具】，快捷键为 R。

1. 矩形工具

选择【矩形工具】，在【属性】面板中设置好线条及填充的效果后，在舞台上按住鼠标左键拖动，即可绘制出矩形。若在拖动绘制时同时按住键盘上的 Shift 键，还可以绘制出正方形，如图 3-30 所示。

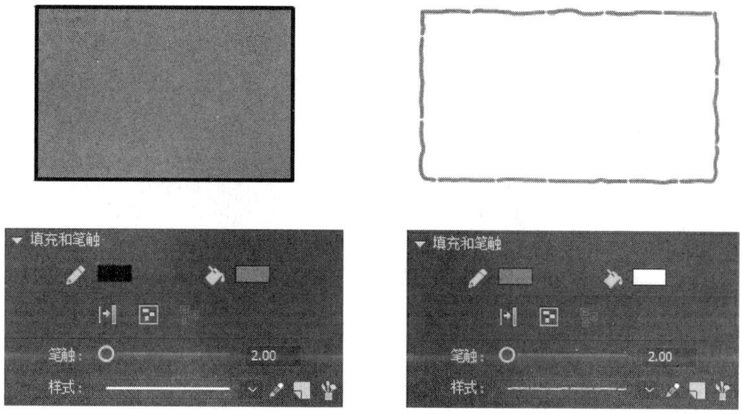

图 3-30　绘制矩形

2. 基本矩形工具

使用【基本矩形工具】绘制出来的矩形图案，和普通的【矩形工具】相比，在其属性面板中会有【矩形选项】这一项参数设置，通过拖动改变这一项的值，可以将矩形绘制为圆角矩形，如图 3-31 所示。

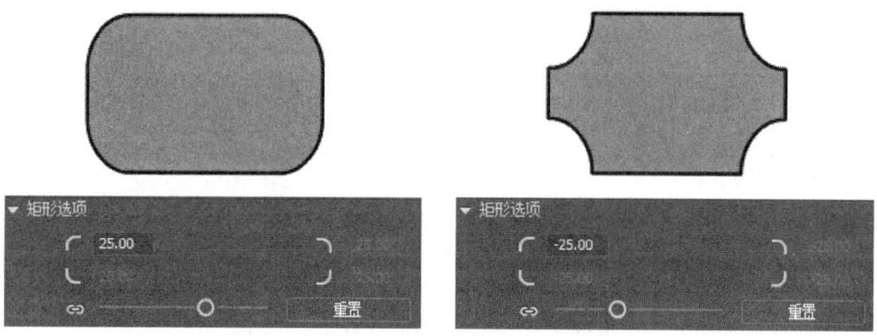

图 3-31　绘制基本矩形

使用【基本矩形工具】绘制出来的矩形处于选中状态时，可以看到该对象的 4 个角会出现 4 个控制点，将鼠标指针放在任一控制点上按住鼠标拖动，可以将矩形修改为圆角矩形，如图 3-32 所示。

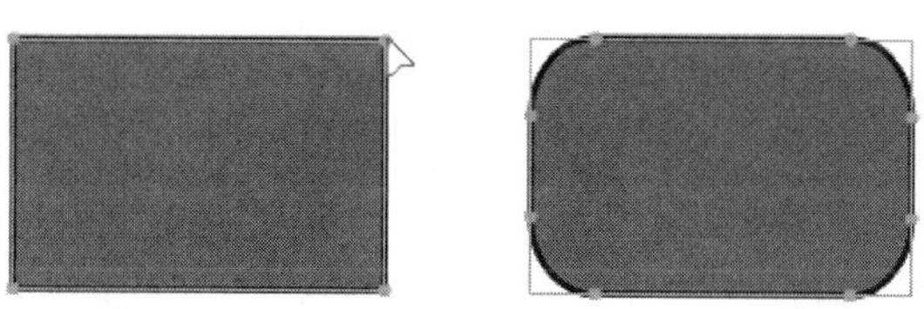

图 3-32　修改基本矩形

3.3.2　椭圆工具组

“椭圆工具组”包括【椭圆工具】和【基本椭圆工具】，快捷键为 O。

1. 椭圆工具

选择【椭圆工具】,在【属性】面板中设置好边线及填充的效果后,在舞台上按住鼠标左键拖动,即可绘制出椭圆。若在拖动绘制的同时按住 Shift 键,还可以绘制出正圆形,如图 3-33 所示。

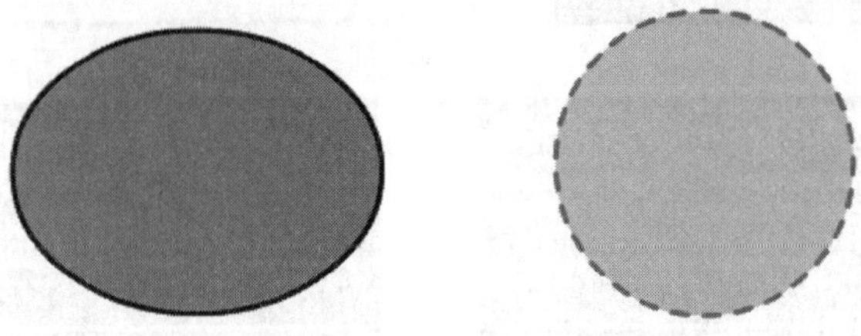

图 3-33 绘制椭圆

2. 基本椭圆工具

使用【基本椭圆工具】绘制出来的椭圆图案,和普通的【椭圆工具】相比,在其属性面板中会有【椭圆选项】这一项参数设置。通过修改开始角度和结束角度的值,可以将椭圆绘制为饼形;通过修改内径的值,可以将椭圆绘制为圆环;如果两项参数的值都加以修改,可以将椭圆绘制为带缺口的圆环,如图 3-34 所示。

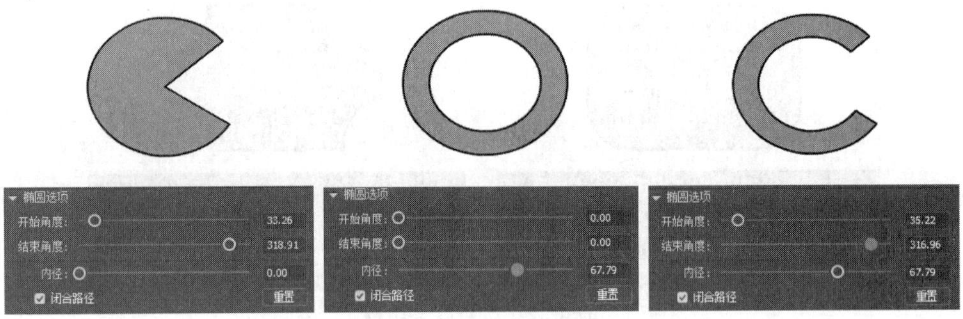

图 3-34 绘制基本椭圆

使用【基本椭圆工具】绘制出来的椭圆处于选中状态时,该对象上会有两个控制点。将鼠标指针放在外侧控制点上,按住鼠标上下拖动,可以将椭圆修改为饼形;将鼠标指针放在内侧控制点上,按住鼠标左右拖动,可以将椭圆修改为环形,如图 3-35 所示。

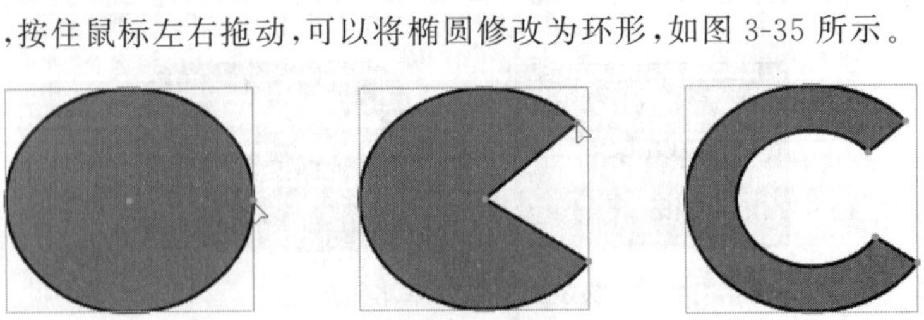

图 3-35 修改基本椭圆

3.3.3 多角星形工具

使用【多角星形工具】可以绘制多边形或者星形。选择【多角星形工具】,在【属性】面板中设置好参数后，在舞台上按住鼠标左键拖动，即可绘制出相应的图形，如图 3-36 所示。

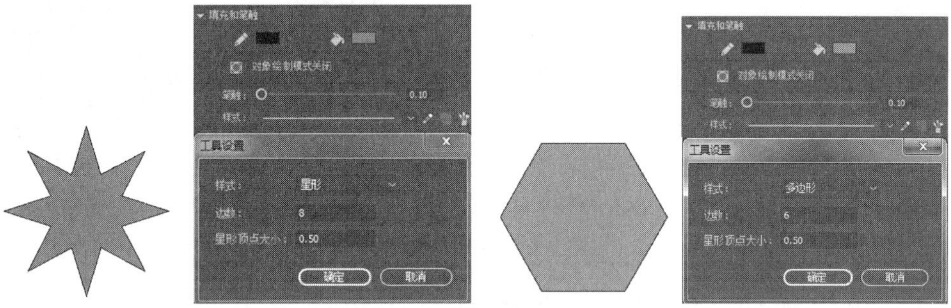

图 3-36　绘制多角星形

【工具设置】参数说明如下。

样式：设置绘制的图形为多边形或者星形。

边数：设置图形的边数(多边形)或者角数。

星形顶点大小：设置顶角度数，即顶点的尖锐程度，如图 3-37 所示。

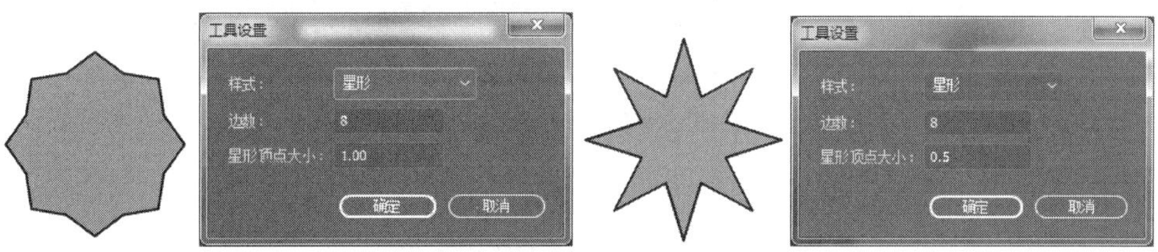

图 3-37　设置顶角度数

3.3.4　实战案例：绘制愤怒的小鸟

在 Animate 中绘制图形时，除了常用的勾勒线条的方法，还有一种方法也经常使用，那就是几何拼凑法。这种绘制方法是将我们要绘制的图形先分解为一些最基本的几何图形，再对这些图形进行调整和修改，得到最终的形状。

下面就来完成一个几何拼凑法的案例。绘制一个愤怒的小鸟图案，如图 3-38 所示，这个图案看起来是比较规则工整的，可以考虑用几何拼凑法来绘制。

图 3-38　愤怒的小鸟图案

步骤 1　对这个图案进行分析。我们可以把它分解成一些基本图形，主要是椭圆、矩形和三角形，如图 3-39 所示。基本几何图形的绘制方法很简单，此处就不再重复过程，只需要注意在绘制时按下【对象绘制】按钮，就可以很容易得到这个拼凑出来的简单图形了。

步骤 2　使用【选择工具】的变形操作和【部分选取工具】调整曲线弯曲程度，调整图形如图 3-40 所示。

步骤 3　给各个几何图形填充如图效果的颜色，如图 3-41 所示。

步骤 4　删除多余的线条，得到最终效果，如图 3-42 所示。

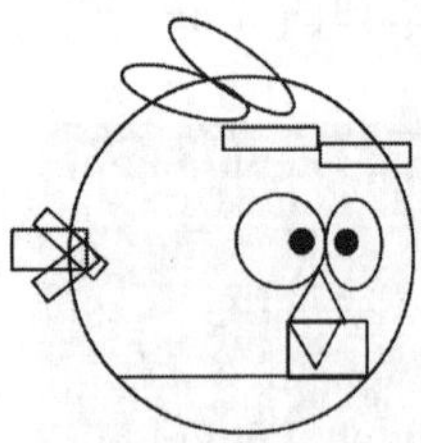
图 3-39　拼凑图形

图 3-40　调整形状

图 3-41　填充颜色

图 3-42　删除多余线条

3.3.5　知识延伸：如何将矩形的某个边角设置为圆角

在使用【基本矩形工具】的时候，在【属性面板】中的【矩形选项】这一栏，可以看到左下角的铰链符号，单击将它解开，就可以针对某一个边角进行设置了，如图 3-43 所示。

图 3-43　单独设置矩形的某个角

3.4　图形的填充

3.4.1　画笔工具(B)

【画笔工具】(B)也是旧版本中的刷子工具，可以用于绘制线条形状的填充色块，也可以为舞台中的不规则大面积空白区域上色。虽然使用【颜料桶工具】也可以为图形设置填充颜色，但它只能为封闭图形填色，而【画笔工具】(B)可以对任意区域和图形进行颜色填充。对填充目标的填充精度要求不高的项目，【画笔工具】(B)使用起来非常灵活。

【画笔工具】(B)的属性设置如图 3-44 所示，下面对各项参数设置加以说明。

“填充和笔触”部分只有“填充颜色”可以设置，其他均为灰色不可操作，因为【画笔工具】(B)绘制出来的图形不是轮廓线条。

“画笔选项”部分有多项针对绘制效果的设置，具体如下。

(1) 锁定填充：只对渐变填充或位图填充起作用，单击该按钮后，使用【画笔工具】(B)绘制图形，将会绘制出渐变或位图的一部分，绘制的范围越广，渐变或位图出现得就越多。

(2) 画笔模式：单击该按钮会弹出下拉列表，有五种画笔模式供用户选择，如图 3-45 所示。

① 标准绘画：使用此模式绘图时，画笔经过地方的轮廓线和填充都会被画笔笔刷覆盖，如图 3-46 所示。

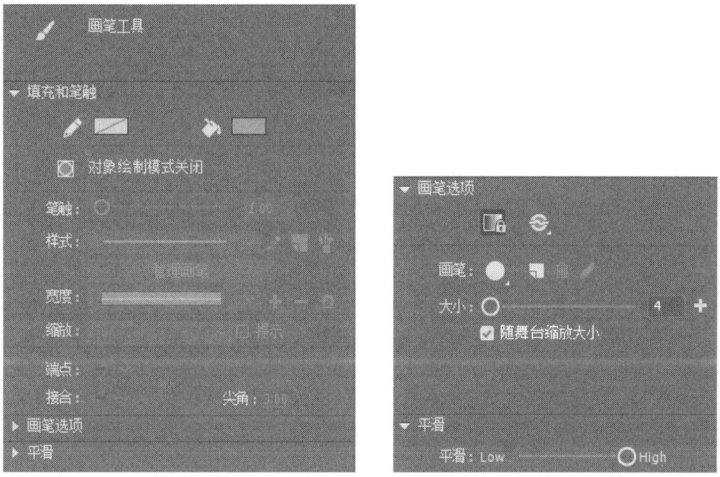

图 3-44　画笔工具(B)属性设置

图 3-45　五种画笔模式

② 颜料填充：使用此模式绘图时，不会对画笔经过的轮廓线产生影响，如图 3-47 所示。

③ 后面绘画：使用此模式绘画时，不会影响原有线条和填充，而只会在图形的后面进行填色，如图 3-48 所示。

④ 颜料选择：使用此模式绘画时，需要先选择一个颜色区域，画笔涂抹只对该区域内部起作用，如图 3-49 所示。

⑤ 内部绘画：使用此模式绘画时，涂抹区域取决于落笔位置。如果落笔在封闭图形内，则只对封闭图形的内部起作用；如果落笔于空白区域，则只对空白区域起作用，而不会影响现有填充区域，如图 3-50 所示。

图 3-46　标准绘画

图 3-47　颜料填充

图 3-48　后面绘画

图 3-49　颜料选择

图 3-50　内部绘画

（3）画笔：可以选择画笔笔刷的形状。

（4）大小：可以设置画笔笔刷的大小。

3.4.2 颜料桶工具

【颜料桶工具】是绘图时常用的填色工具，用于给封闭区域填色，使用时只需要选择【工具箱】中的【颜料桶工具】或者按下快捷键K，然后设置好填充色彩，再在封闭区域内部单击，就可以给该区域填色。

在选择了【颜料桶工具】后，在【工具箱】的下方有两项工具选项可以设置，右边的是【锁定填充】，与【画笔工具】中介绍的使用方法一样。下面来了解一下左边的【间隔大小】。

单击【间隔大小】按钮，会弹出一个下拉列表，用户可以在此设置使用【颜料桶工具】进行填色时封闭的空隙宽度，如图3-51所示。

- 不封闭空隙：颜料桶只对完全封闭的区域进行填充，有任何细小空隙的区域都无法填充。
- 封闭小空隙：当区域存在较小空隙时也可以填充。
- 封闭中等空隙：当区域存在中等空隙时也可以填充。
- 封闭大空隙：可以填充存在较大空隙的区域。

对于如图3-52所示图案，用【颜料桶工具】在给它填色时，需要将【间隔大小】设置为“封闭中等空隙”。

图3-51 间隔大小下拉框

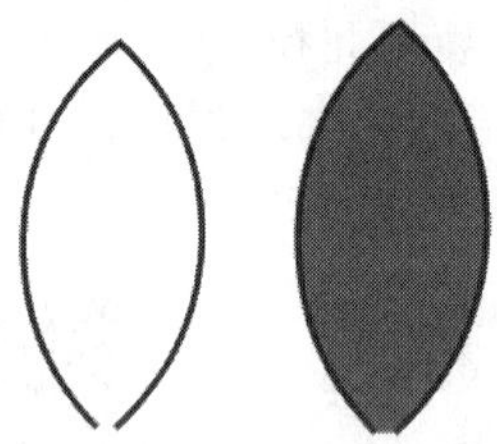

图3-52 填充有空隙图案

3.4.3 墨水瓶工具

【墨水瓶工具】用来更改图形的轮廓效果，也可以给没有轮廓的纯填充图形加上轮廓。使用时只需要选择工具箱中的【墨水瓶工具】或者按下快捷键S，然后设置好轮廓效果，包括轮廓的笔触颜色、粗细和样式，再在图形上单击，就可以更改图形的轮廓效果，或者给该图形加上一个封闭轮廓线。

如图3-53所示，使用【墨水瓶工具】给一个八角星形加上橙色轮廓线。

3.4.4 滴管工具

可以使用【滴管工具】吸取选定对象的某些属性，再将这些属性赋给其他目标图形，【滴管工具】除了可以吸取轮廓线条和填充色块的属性，还可以吸取位图和文字的属性。

选择【工具箱】中的【滴管工具】，将鼠标指针移动到需要采集色彩信息的对象上，如果鼠

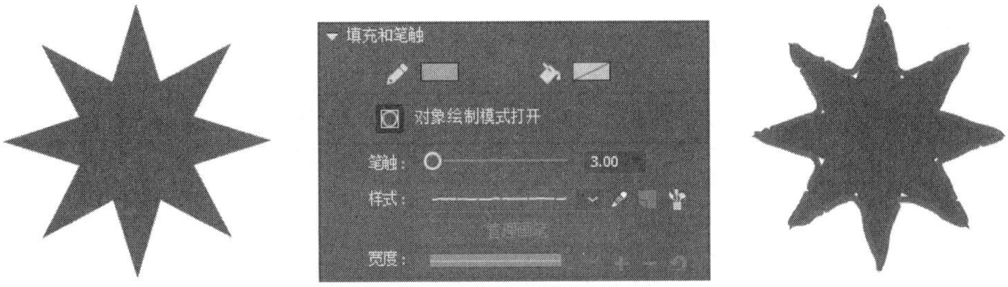

图 3-53　墨水瓶工具使用示例

标指针停留在填充色块上，就会变成形状，此时单击，鼠标指针会变成形状，对象的填充信息已经被吸取到“填充颜色”调色板中，可以直接应用到目标对象上；如果鼠标指针停留在轮廓线上，就会变成形状，此时单击，鼠标指针会变成形状，对象的填充信息已经被吸取到“笔触颜色”调色板中，可以直接应用到目标对象上。

如图 3-54 所示，用【滴管工具】吸取小鹿耳朵的填充效果，并应用到旁边的椭圆对象上。

图 3-54　滴管工具使用示例

3.4.5　颜色面板

选择【窗口】|【颜色】菜单命令打开【颜色】面板（见图 3-55），在【颜色】面板中可以选择“无”“纯色”“线性渐变”“径向渐变”和“位图填充”五种填充模式。

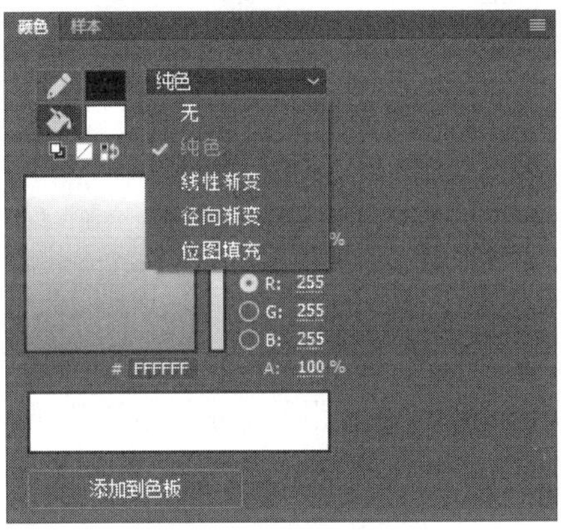

图 3-55　颜色面板

1. 纯色填充

为对象填充单一色彩，【颜色】面板中的填充设置操作如图 3-56 所示。

按钮：默认色彩，单击可以快速切换到黑白两色状态。

按钮：设置为无色。

按钮：单击可以快速交换轮廓和填充的色彩设置。

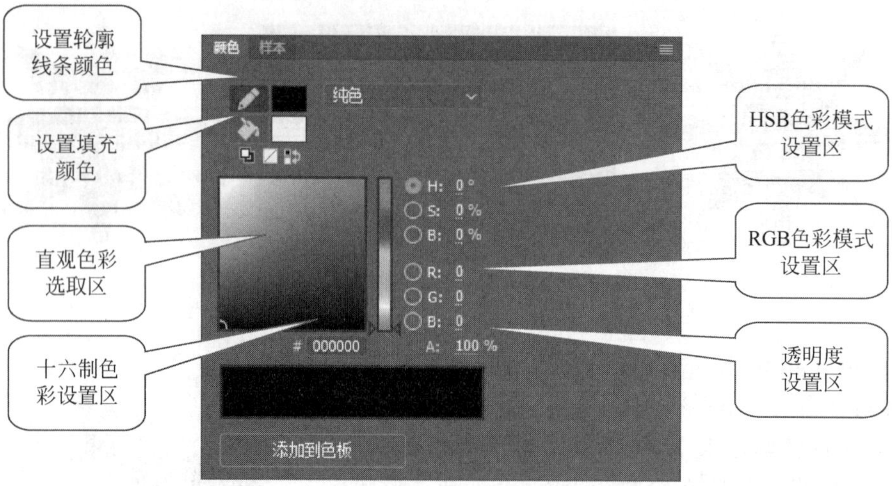

图 3-56　纯色填充

2. 线性渐变填充

为对象填充从左到右逐渐过渡的渐变色彩，如图 3-57 所示。

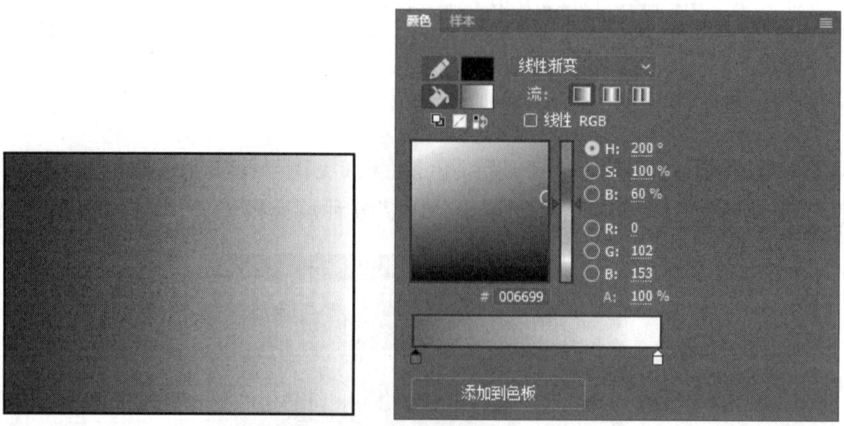

图 3-57　线性渐变填充

单击色彩滑块可以选中并设置滑块颜色，双击色彩滑块可以打开调色板来修改滑块颜色；在颜色条上单击可以增加新的色彩滑块，将色彩滑块拖离颜色条可以将其删除；在颜色条上左右拖动色彩滑块的位置可以调整该颜色的渐变起始位置，如图 3-58 所示。

3. 径向渐变填充

与线性渐变类似，不同之处在于线性渐变是顺着一个方向进行有规律的变化，而径向渐变是以一种扩散的方式向四周进行有规律的变化，如图 3-59 所示。

4. 位图填充

将一幅位图作为色彩来填充，单击【导入】按钮打开【导入到库】对话框，在其中选择要填充的位图文件，如图 3-60 所示。

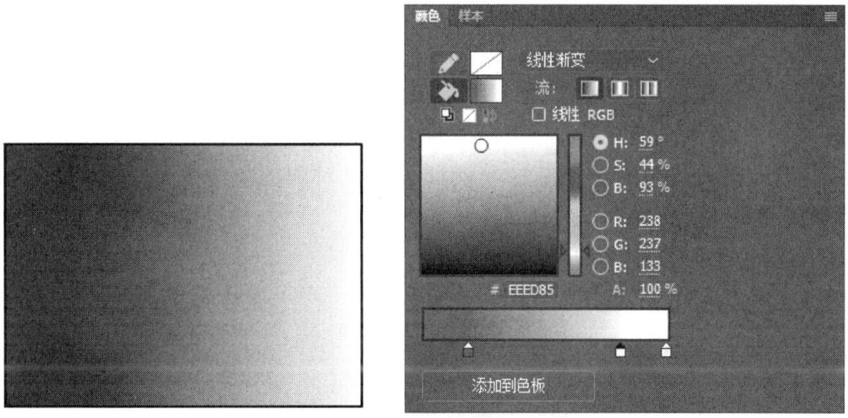

图 3-58　调整渐变效果

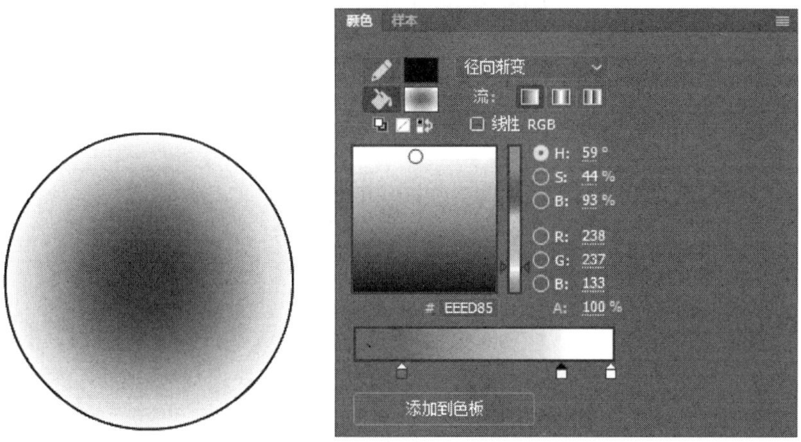

图 3-59　径向渐变

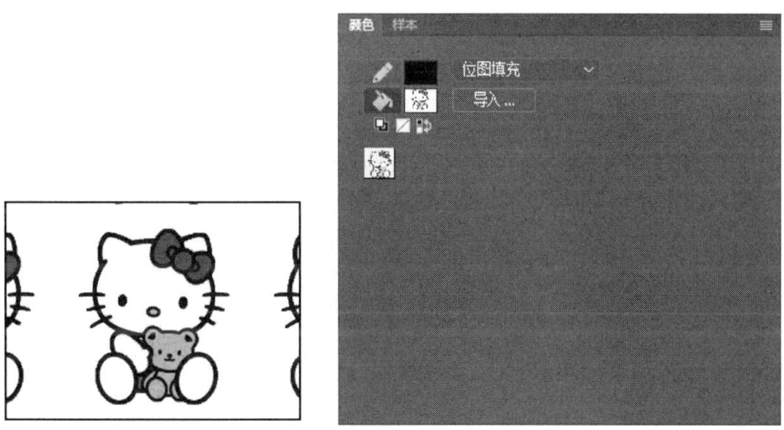

图 3-60　位图填充

3.4.6 渐变变形工具

【渐变变形工具】位于【工具箱】中【任意变形工具】一组内，主要用于对渐变色和位图的填充效果进行修改。使用【渐变变形工具】单击需要进行填充变形处理的对象，对象周围会出现填充变形控制柄，通过调整控制柄即可对该对象的填充效果进行修改。

1. 调整线性渐变色

各控制手柄的作用如图 3-61 所示。

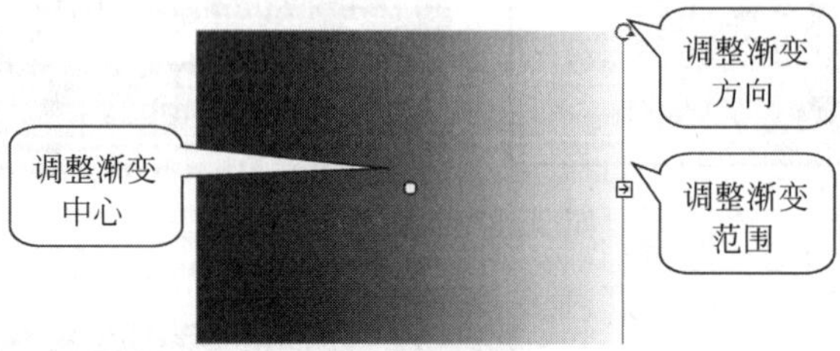

图 3-61 调整线性渐变色

对控制柄做调整后得到如图 3-62 填充效果。

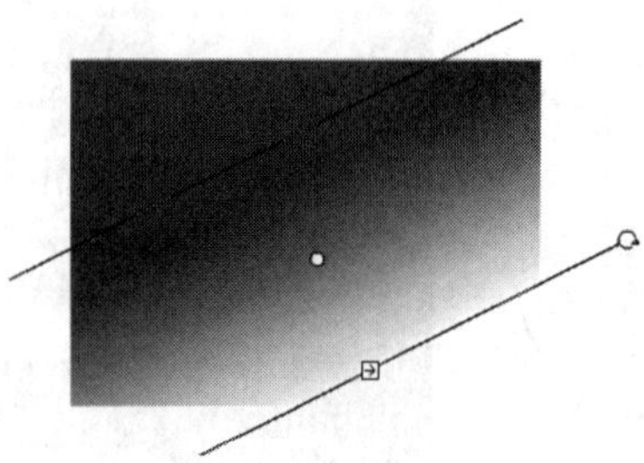

图 3-62 调整后的效果

2. 调整径向渐变色

各控制手柄的作用如图 3-63 所示。

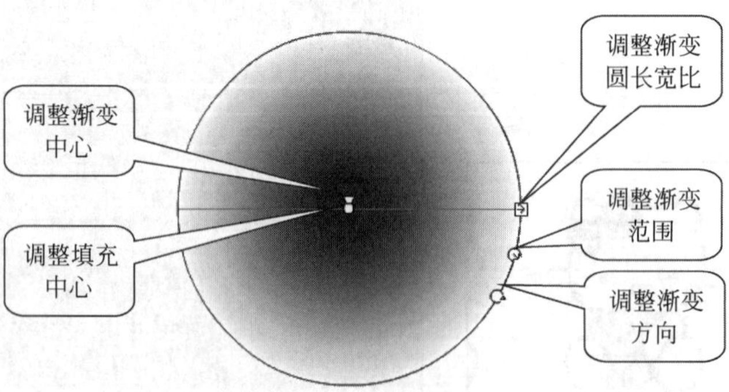

图 3-63 调整径向渐变色

对控制柄做调整后得到如图 3-64 所示填充效果。

3. 调整位图填充

各控制手柄的作用如图 3-65 所示。

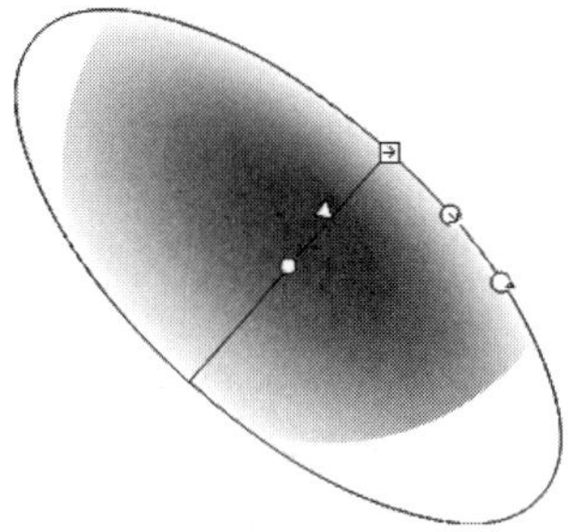

图 3-64 调整后的效果

图 3-65 调整位图填充

对控制柄做调整后得到如图 3-66 所示填充效果。

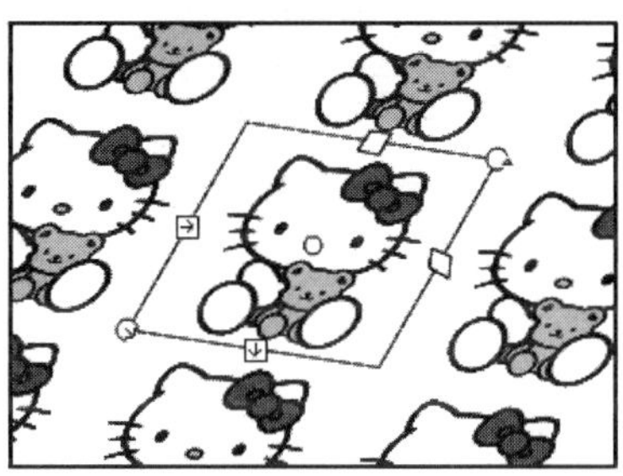

图 3-66 调整后的效果

3.4.7 实战案例：绘制有立体感的气球

在 Animate 中绘制图形时经常使用渐变色的填充来表现对象的光影效果及材质效果，下面就来绘制一个具有立体感的气球，要求光从左上方打过来照在气球上，如图 3-67 所示。

图 3-67 具有立体感的气球

步骤 1 绘制一个椭圆形状，并为其填充径向渐变效果，颜色条上从左到右三个滑块的颜色分别为(红：255，绿：255，蓝：153)、(红：255，绿：233，蓝：11)和(红：255，绿：138，蓝：25)，如图 3-68 所示。

步骤 2 使用【渐变变形工具】选中气球做如图 3-69 所示调整。

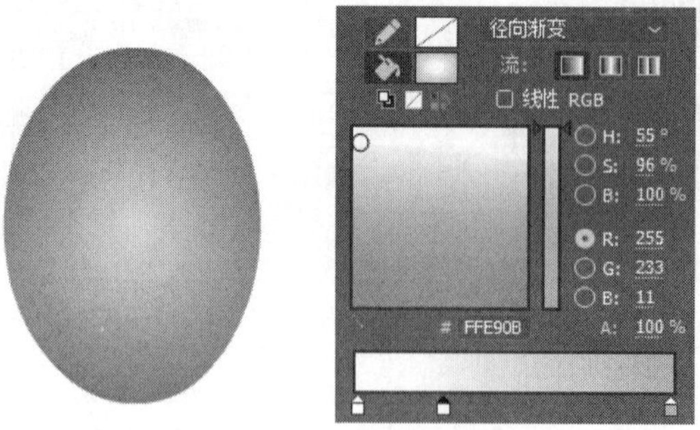

图 3-68 绘制椭圆

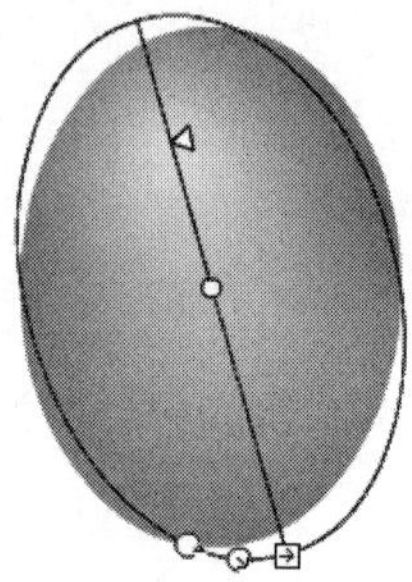

图 3-69 调整渐变效果

步骤 3 将【对象绘制按钮】按下，在气球上方高光位置绘制一个白色正圆形，为该圆形填充从白色到透明白色的径向渐变色，如图 3-70 所示。

步骤 4 复制一个白色小圆并适当缩小，再在气球下方使用钢笔工具绘制弯曲的绳子，设置绳子的笔触粗细为 3，颜色为(红：93，绿：57，蓝：2)，如图 3-71 所示。

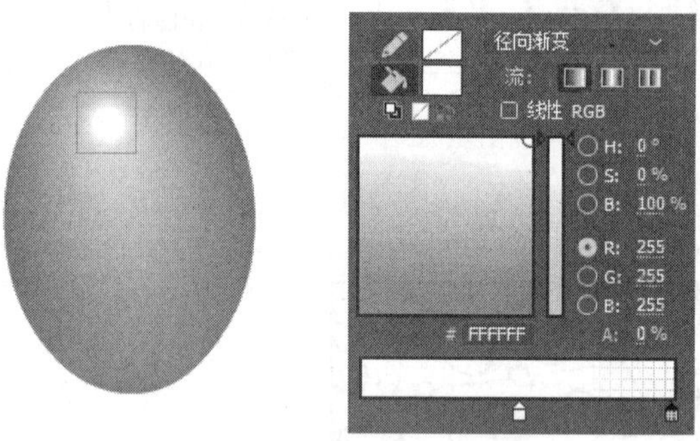

图 3-70 绘制光斑

图 3-71 绘制绳子

3.4.8 知识延伸：HSB 色彩模式

在【颜色】面板中输入颜色值时，其中一种输入方式就是使用 HSB 色彩模式，如图 3-72 所示。

HSB 色彩模式即色度、饱和度、亮度模式，它采用颜色的三属性来表色，即将颜色三属性进行量化，饱和度和亮度以百分比值(0～100%)表示，色度以角度(0～360°)表示 。HSB 色彩模式以人类对颜色的感觉为基础，描述了颜色的三种基本特性，在将自然颜色转换为计算机色彩时提供了一种直接方法。

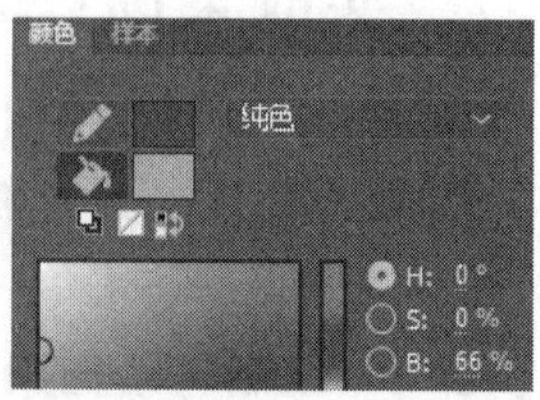

图 3-72 HSB 色彩模式

虽然 HSB 模式对大多数人来说都比较陌生，但它却是比 RGB 和 CMYK 模式更直观，更接近人们视觉原理的色彩模式，因为人脑在辨别颜色时，不会把色光分解成 R、G、B 或者 C、M、Y、K 几种单独颜色，而是按照色度、饱和度和亮度判断的。

3.4.9　能力拓展：绘制水晶甲虫

在 Animate 中绘制图形时，常用渐变色来表现对象的质感，比如图 3-73 所示的水晶甲虫，它有一种晶莹剔透的质感。请使用基本的绘图工具和填色操作来绘制这个图形。

图 3-73　水晶甲虫

3.5　对象绘制

使用绘图工具绘制出来的图形，当多个图形之间有重叠时会自动合并到一起，上层图形会覆盖下层图形，假若这时移动其中一部分图形的位置，会出现空白缝隙，如图 3-74 所示。

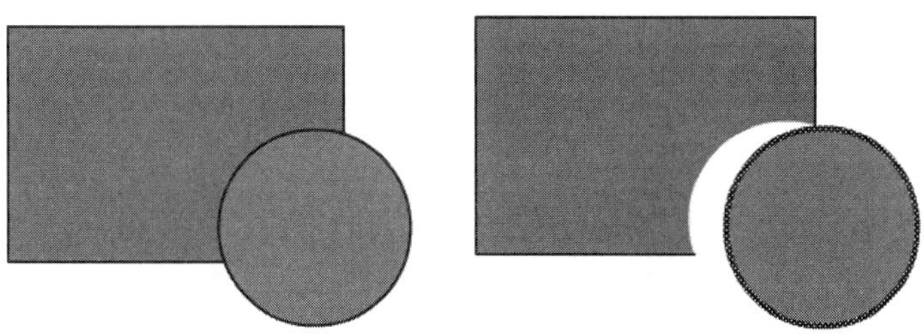

图 3-74　对象覆盖

在绘图时很难一次到位，往往需要反复修改才能达到满意的效果，可反复修改非常不方便，一种解决的方法就是使用对象绘制模式。

3.5.1　对象绘制按钮

选择任意一种绘图工具之后，在工具箱下方的工具选项处都有一个共同的按钮，这就是【对象绘制】按钮，默认情况下它并没有被按下去。而这个按钮一旦开启，接下来所有的绘图操作都会进入对象绘制模式。

在对象绘制模式下，Animate 将每个绘制的图形创建为独立的对象，这种对象被选择后其周围会出现一个蓝色边框，且多个图形叠加时不会自动合并，分离或重新排列叠加图形时，也不会改变它们的外形，如图 3-75 所示。

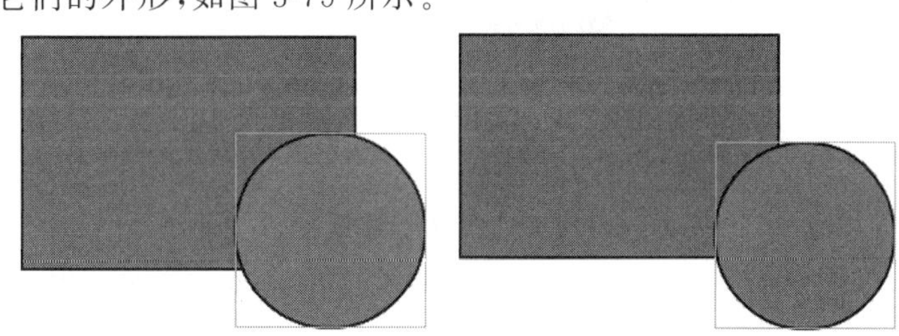

图 3-75　对象绘制

3.5.2 合并对象操作

在对象绘制模式下每个绘制的对象都是独立的，无法将它们作为一个整体进行操作（如填色等），这时就需要将多个独立的对象合并为一个整体。

在【修改】|【合并对象】菜单命令组中，对象的合并操作共有四种方式。可以选择不同的合并方式进行图形合并，从而得到一个新的对象，如图 3-76 所示。

图 3-76　四种对象合并操作

1. 联合对象

选中要进行联合的多个对象，执行【修改】|【合并对象】|【联合】命令。联合对象操作会将两个或两个以上对象中所有可见部分组合，覆盖删除重叠的不可见区域，如图 3-77 所示。

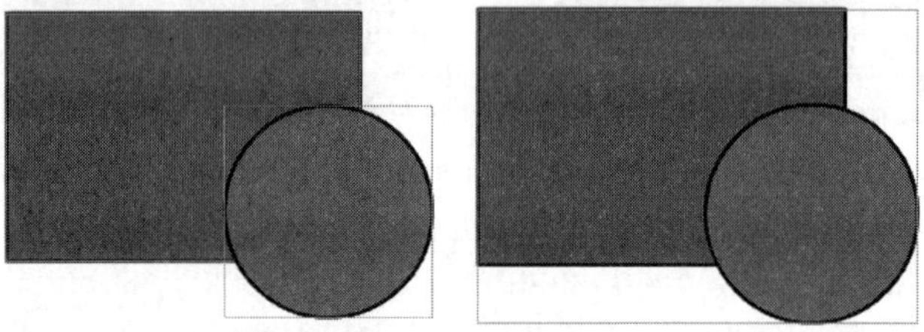

图 3-77　联合对象

2. 交集对象

选中要进行交集的多个对象，执行【修改】|【合并对象】|【交集】命令。交集对象将两个或两个以上对象中重合的部分生成新对象，新对象采用原来位于上层那个对象的色彩属性，如图 3-78 所示。

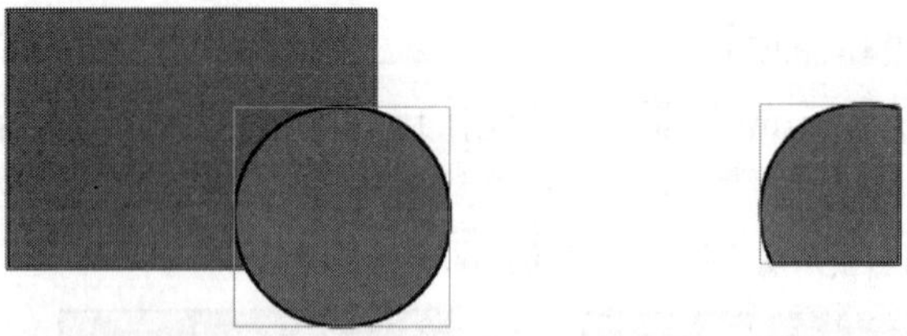

图 3-78　交集对象

3. 打孔对象

选中要进行打孔的多个对象，执行【修改】|【合并对象】|【打孔】命令。当对两个或两个以上对象执行打孔操作时，将从下层对象中挖去被顶层对象盖住的部分后生成新对象，如图 3-79 所示。

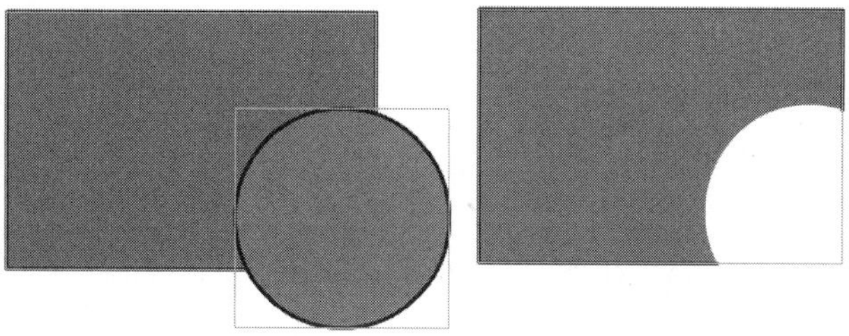

图 3-79　打孔对象

4. 裁切对象

选中要进行裁切的多个对象，执行【修改】|【合并对象】|【裁切】命令。当对两个或两个以上对象执行裁切操作时，下层对象中被顶层对象盖住的部分将被保留并生成新对象，新对象采用原来位于下层那个对象的色彩属性，如图 3-80 所示。

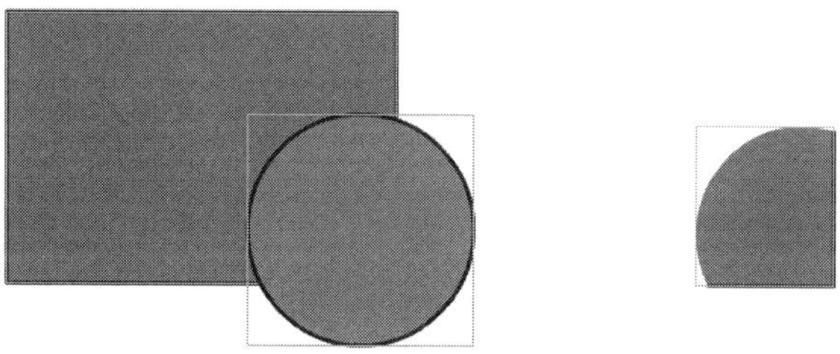

图 3-80　裁切对象

3.5.3　实战案例：绘制太阳花图案

对象的合并操作为我们提供了一种新的绘图思路，特别是对一些比较规则的图形，可以考虑通过合并多个普通几何图形来得到，下面就用这种方法绘制如图 3-81 所示太阳花图案。

步骤 1　创建一个新的 ActionScript 3.0 文档，为了便于观察绘制效果，将舞台背景颜色设置为其他颜色，此处设为了灰色，待完成整个绘制操作后再调回白色。

图 3-81　太阳花图案

步骤 2　选择工具箱中的【椭圆工具】，设置笔触颜色为白色，粗细为 5，填充颜色为黑色，将工具选项区域的“对象绘制”按钮按下成为激活状态，在舞台中心位置绘制一个大圆形，如图 3-82 所示。

步骤 3　继续使用椭圆工具，在黑色圆形上方绘制一个稍小一些的无轮廓椭圆，并为它填充由白色到透明白色的径向渐变颜色，然后使用【渐变变形工具】调整渐变效果，如图 3-83 所示。

步骤 4　使用同样的方法在黑色圆形的右下方再绘制一个椭圆，并填充由白色到透明白色的径向渐变颜色，如图 3-84 所示。

步骤 5　将绘制的三个椭圆全部选择，按 Ctrl+G 组合键，将其组合为一体。

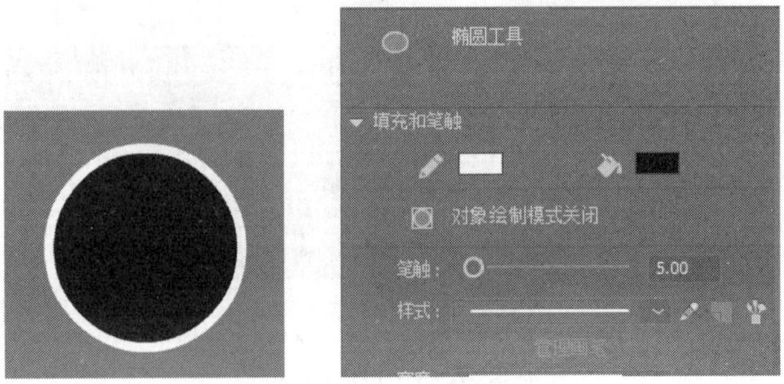

图 3-82　绘制圆形

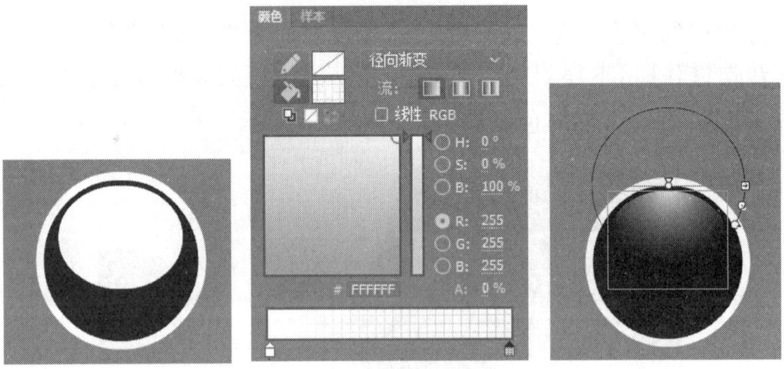

图 3-83　绘制上方高光区

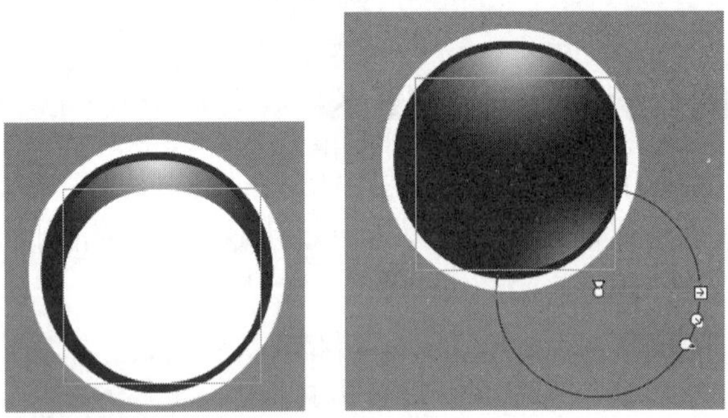

图 3-84　绘制下方高光区

步骤 6　绘制一个无轮廓颜色任意的正圆形，并复制一个，将两个圆形按如图 3-85(a)所示的位置摆放，执行【修改】|【合并对象】|【交集】菜单命令，得到如图 3-85(b)所示的花瓣形状图案。

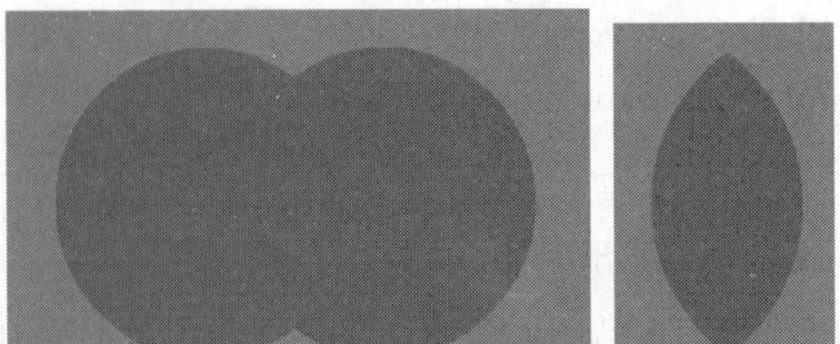

(a)　(b)

图 3-85　绘制花瓣形状

步骤 7　为花瓣图形填充从土黄色(颜色值 E77F00)到黄色(颜色值 FFEE00)的线性渐变色彩，使用【渐变变形工具】调整填充效果，如图 3-86 所示。

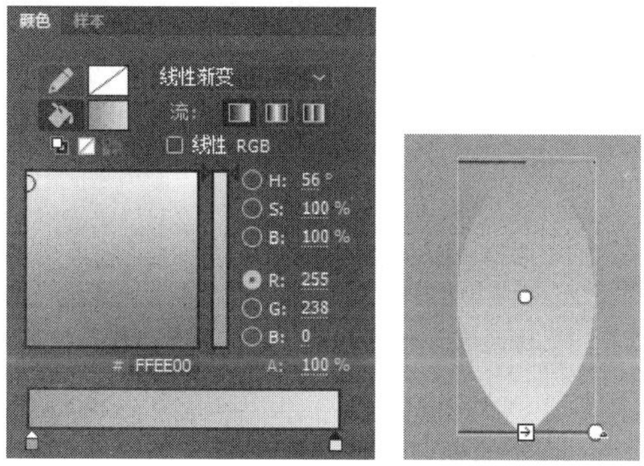

图 3-86　填充花瓣颜色

步骤 8　选择花瓣图形并进行复制，得到一个新的花瓣图形，为新花瓣图形填充白色到透明白色的线性渐变颜色，使用【渐变变形工具】调整填充效果，并将两层花瓣重叠在一起，上方略有些错位，如图 3-87 所示。

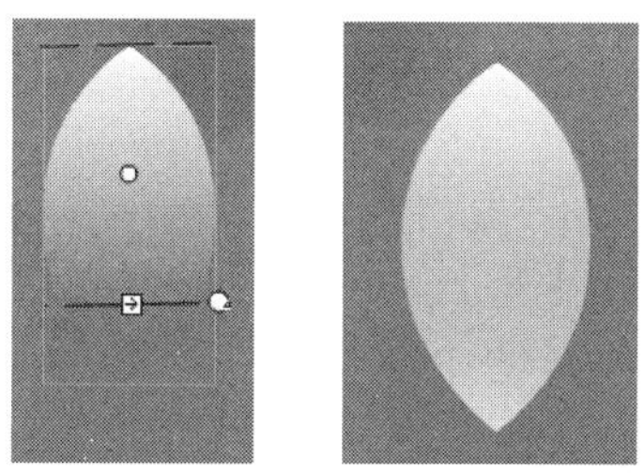

图 3-87　复制花瓣图形

步骤 9　绘制一大一小两个无轮廓颜色任意的圆形，将大圆放在小圆上方，露出小圆的一部分，执行【修改】|【合并对象】|【打孔】菜单命令，绘制出花瓣高光部分的月牙图案，如图 3-88 所示。

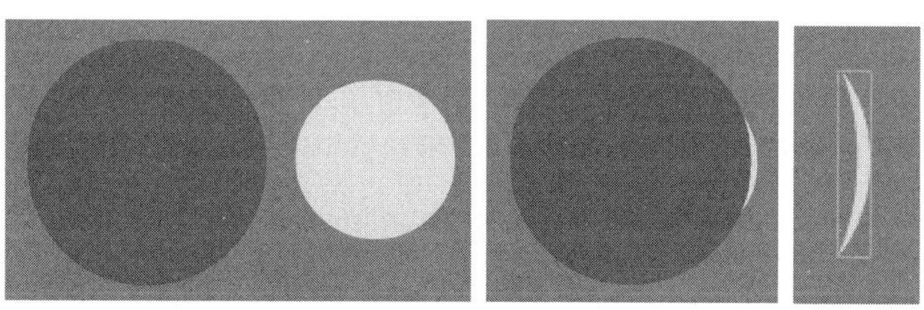

图 3-88　绘制月牙图案

步骤 10　为高光图形填充透明白色到白色再到透明白色的线性渐变颜色，使用【渐变变形工具】调整填充效果，如图 3-89 所示。

步骤 11　将高光图形放到花瓣上方，并将整个花瓣图案按 Ctrl+G 组合键编组，再在花瓣上右击，执行【转换为元件】菜单命令，将花瓣转换为“图形”元件，并将元件名称修改为“花瓣”，如图 3-90 所示。

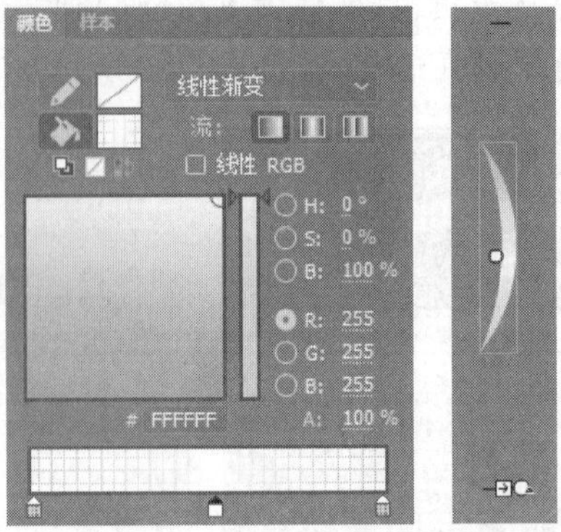

图 3-89　为月牙图案填充颜色

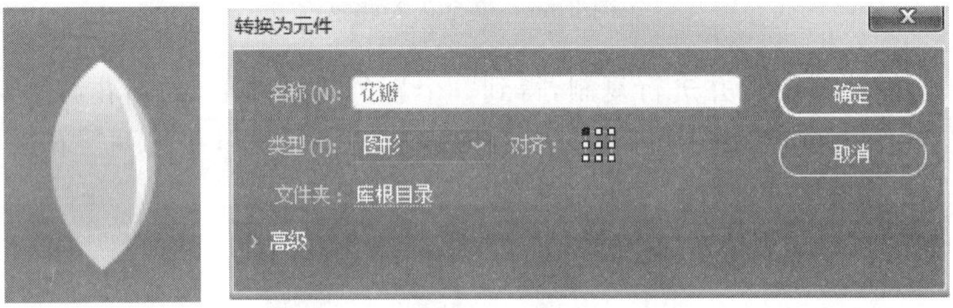

图 3-90　创建“花瓣”元件

步骤 12　将花瓣图案拖动到花蕊上方，使用【任意变形工具】调整其变形中心到花蕊图形的中心位置，如图 3-91 所示。

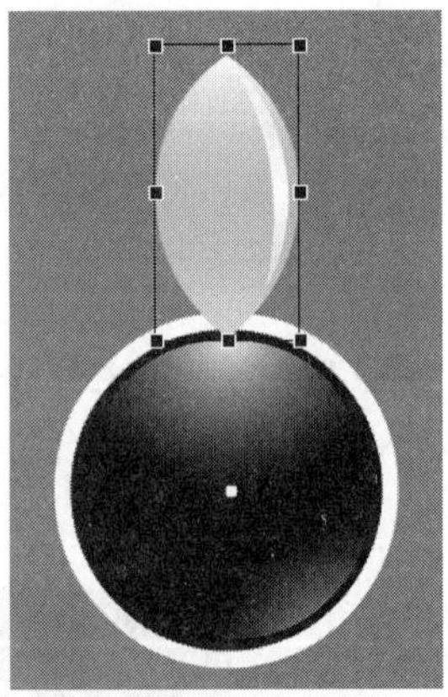

图 3-91　调整花瓣位置

步骤 13　选择花瓣图案，在【变形】面板中设置旋转值为 30，然后单击下方的“重制选区”按钮多次，围绕黑色花蕊旋转复制出多个花瓣，如图 3-92 所示。

步骤 14　选择所有的花瓣图案，按 Ctrl＋G 组合键将其组合，并调整其叠放次序位于花蕊下方。

步骤 15　按照绘制花瓣图案的方法，绘制出两片绿色的叶子，放置于太阳花旁边，调整叠放次序位于花瓣之下，恢复舞台颜色为白色，最终得到的效果如图 3-93 所示。

图 3-92　旋转复制花瓣

图 3-93　太阳花图案效果图

3.5.4　知识延伸：删除封套

在【修改】|【合并对象】菜单下方除了合并对象的四种方式外，还有一个菜单命令叫【删除封套】，可以用在使用过【任意变形工具】下的“封套”操作的对象上。单击该命令，将删除封套所产生的变形效果，恢复对象的原始状态。

3.5.5　能力拓展：绘制标志

图 3-94　标志图案

使用对象合并的方法绘制如图 3-94 所示标志。

3.6　动画中的文本

文字是动画中很重要的组成部分，一个完整而精彩的动画或多或少都需要一定的文字修饰，使用【工具】面板中的【文本工具】可以创建文本对象。

3.6.1　文本类型

在 Animate CC 中，文本有三种类型，分别为静态文本、动态文本和输入文本，如图 3-95 所示。在使用【文本工具】新建文本对象之前，需要在属性面板中先进行文本类型的设置。

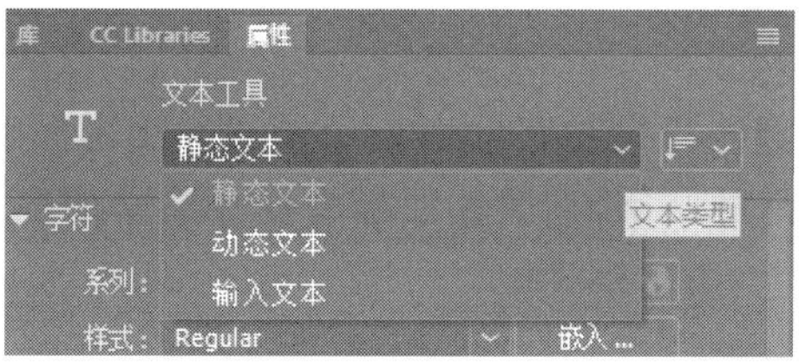

图 3-95　文本类型

1. 静态文本

默认情况下创建的文本均为静态文本，静态文本的内容在动画制作过程中就已确定，在动画播放时不会改变也不能编辑。

使用静态文本可以创建两种形式的文本，分别为字符文本和段落文本。使用【文本工具】在舞台上单击即可创建字符文本，字符文本输入框的右上角是一个小圆形，输入时文字不会自动换行，必须按下回车键才进行换行，如图 3-96 所示。使用【文本工具】在舞台上拖动可以创建一个具有固定宽度的文本框，输入框的右上角是一个小正方形，当输入的文字超过文本框宽度时会自动换行，如图 3-97 所示。

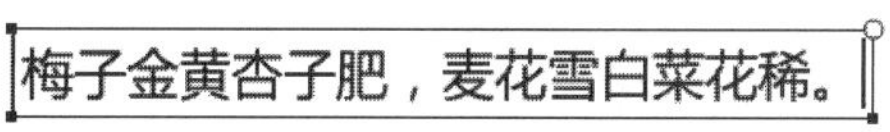

图 3-96　字符文本

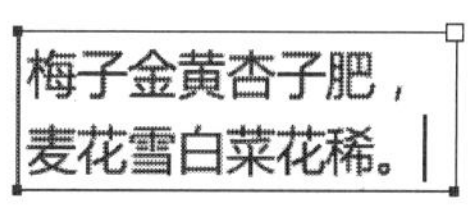

图 3-97　段落文本

2. 动态文本

动态文本是在动画播放过程中动态改变内容的文本，往往需要与脚本语言代码相结合，通过书写代码来设置文本在某个时刻的显示内容。

如果使用脚本语言来设置文本框内显示的内容，需要在属性面板中为它设定一个实例名称，这也是在脚本语言中对该文本框进行引用时它的名字，如图 3-98 所示。

图 3-98 动态文本框

3. 输入文本

输入文本可以在动画中创建一个允许用户进行输入交互的文本框，它同样需要与脚本语言代码配合使用，以获取用户实际输入的内容，如图 3-99 所示。

图 3-99 输入文本框

3.6.2 设置文本属性

可以在选择【文本工具】之后先在属性面板中设置好文本属性，再输入文字；也可以用【选择工具】选中已经输入好的文字，在属性面板中修改文本的属性。可以对文本进行设置的属性包括字体、大小、颜色、段落格式等。

1. 设置字符属性

"字符"选项区域如图 3-100 所示，其中主要参数的具体作用如下。

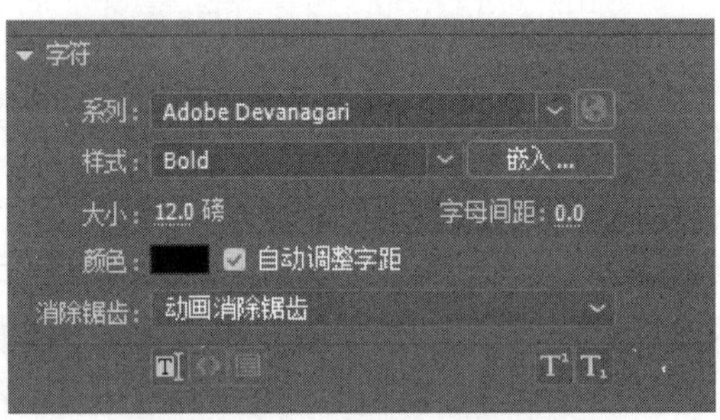

图 3-100 字符属性设置

系列：在下拉列表中选择文本的字体。

样式：在下拉列表中选择文本样式，如粗体、斜体等。

大小：设置文本大小，单位为磅，可以直接输入数值，也可以将鼠标指针放在数值上左右拖动来设置。

字母间距：设置字符之间的距离。

颜色：设置文本的填充颜色。

自动调整字距：勾选该复选框，系统会自动调整文本内容的合适间距。

消除锯齿：提供五种消除锯齿模式。

2. 设置段落属性

“段落”选项区域如图 3-101 所示，其中主要参数的具体作用如下。

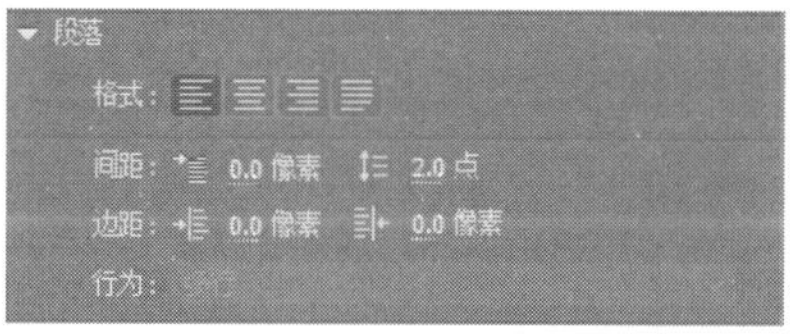

图 3-101　段落属性设置

格式：设置段落文本的对齐方式。

间距：设置首行缩进和行距。

边距：设置段落文本内容距离文本框边缘的距离。

行为：为动态文本和输入文本提供单行或多行的设置。

3. 选项

为文本设置超链接，在“链接”一栏中设置超链接的地址，在“目标”一栏中设置超链接打开的方式，如图 3-102 所示。

图 3-102　超链接设置

3.6.3　编辑文本

在舞台上创建了文本后，可以根据需要对文本进行编辑修改，如旋转、缩放等操作，也可以将文本转为矢量图后做更灵活的处理。

1. 分离文本

Animate 中文本是一种类似于组的格式，如果要对文本进行自主编辑，需要将文本分离，将文本转为矢量图形。选中文本对象，执行【修改】|【分离】命令，或者按下快捷键 Ctrl+B，选中的文本对象会被分散成单个的文本对象，如图 3-103 所示。

图 3-103　分离文字为单个对象

对所有的文字对象再次使用【分离】命令，文本将分离为矢量图形，如图 3-104 所示。

图 3-104　分离文字为矢量图形

文本对象一旦被分离为矢量图形后就不再具有文本的属性，不能再用【文字工具】选中后修改字体、内容等。文本分离过程是不可逆的，不能反过来将矢量图形转为文本对象。

2. 填充文本

将文本转为矢量图形的一个优点是可以对文字进行更多特殊效果的处理，可以使用任何绘图工具修改文字图形的外形，也可以对文字应用渐变色、位图填充等特殊填充效果，甚至可以用【橡皮擦工具】擦除文字的一部分，如图 3-105 所示。

图 3-105　为文字填充渐变色

3.6.4　实战案例：制作毛刺字

下面制作一个具有毛刺的特殊文字效果，如图 3-106 所示。

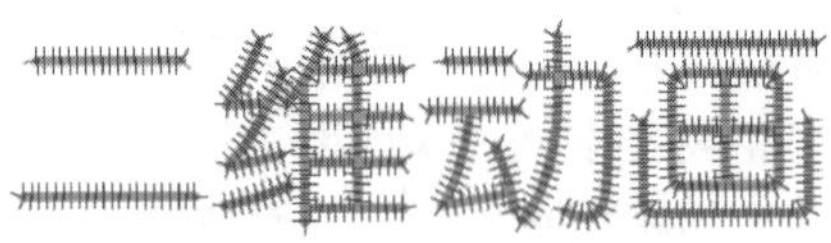

图 3-106　毛刺字效果

步骤 1　创建一个新的 ActionScript 3.0 文档，选择【文字工具】，在【属性】面板中设置字体为幼圆，颜色为橙色(FF9900)，字体大小为 50 磅，在舞台上书写“二维动画”这几个字，如图 3-107 所示。

步骤 2　使用【选择工具】选中文本对象，执行两次 Ctrl＋B 操作分离文字，如图 3-108 所示。

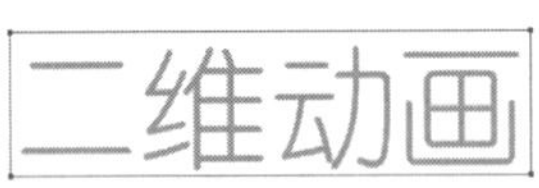

图 3-107　书写文字

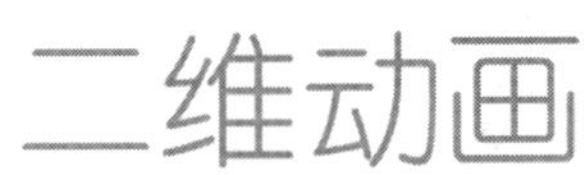

图 3-108　分离文字

步骤 3　选择【墨水瓶工具】，在【属性】面板中设置笔触颜色为蓝色(006699)，笔触粗细为 8，样式为斑马线，在文字上单击进行描边，得到如图 3-109 所示效果的毛刺字。

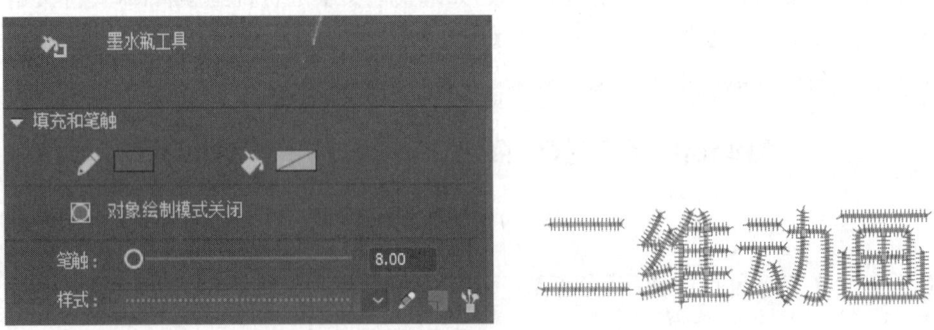

图 3-109　毛刺效果

3.6.5　知识延伸：使用文本滤镜

滤镜可以直接应用在文本对象上，使文本的显示更加绚丽多彩。可以添加的滤镜效果包括投影、模糊、发光等。

如图 3-110 所示为文本添加投影、发光和渐变斜角滤镜的效果。

图 3-110　为文字添加滤镜

3.6.6　能力拓展：制作斑点文字

通过给文字填充渐变色、描“点刻线”轮廓，制作如图 3-111 所示的斑点文字效果。

图 3-111　斑点文字效果

3.7　导入外部图形

虽然 Animate 中提供了各种绘图工具支持图形的绘制，但它毕竟不是专业的绘图软件。对于需要有大量绘图操作的复杂动画，也可以在其他绘图软件中完成后再导入 Animate 里使用。下面介绍在 Animate 中导入外部图形的操作。

3.7.1　导入位图

在 Animate 中可以导入位图和矢量图，其中位图的格式包括 JPG、PNG、BMP 等。执行【文件】|【导入】|【导入到舞台】命令，或者按组合键 Ctrl＋R，打开【导入】对话框，在其中选择要导入的位图素材，单击打开按钮，这张位图就被导入到舞台上，同时出现在库里面。用户也可以按住 Ctrl 键的同时单击选择多张位图素材同时导入，如图 3-112 所示。

在【文件】|【导入】菜单中还有一个菜单命令【导入到库】，该命令会将导入的位图直接存放在库里面，需要时再由库中拖动到舞台上使用。

图 3-112　导入位图

3.7.2　编辑导入的位图

位图在导入舞台上之后，由于它是一个类似于组合的整体，无法对它做太多的编辑操作，如果想要更灵活地编辑这个位图，需要将其分离或者转为矢量图。

1. 分离位图

选中舞台上的位图对象之后，执行【修改】|【分离】命令，或者按组合键 Ctrl+B，可以对图像进行分离操作，分离完之后的图像会蒙上一层均匀的小点，表明它已完成分离操作，如图 3-113 所示。

图 3-113　分离位图

对于完成分离操作后的位图，会发现它依然是一个整体，单击它的任意一个部位，都会选中整个位图，这是因为此时的它是一个位图性质的填充。如果想要对分离后的位图的局部进行操作，可以使用【套索工具】、【多边形工具】或者【魔术棒工具】进行选择后再进行。

2. 将位图转为矢量图

即使将导入动画中的位图做了分离操作，仍然不能像普通的矢量图形那样进行随意编辑和修改，且编辑效果不够理想。可以将位图转为矢量图，以便对它进行更灵活的操作。

在舞台中选中位图后，执行【修改】|【位图】|【转换为矢量图】命令，可以打开【转换位图为矢量图】对话框，如图 3-114 所示。

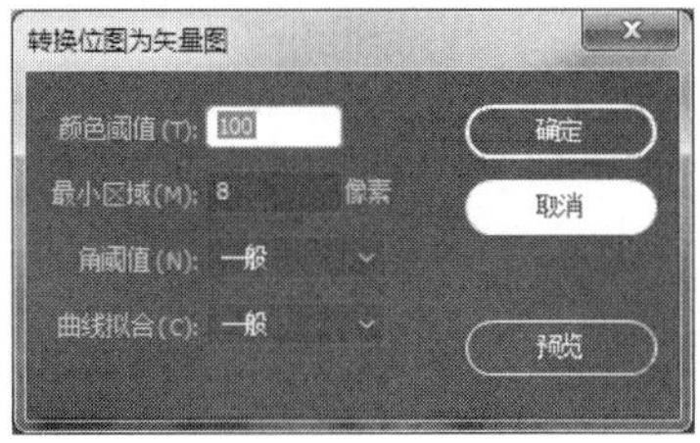

图 3-114　转换位图为矢量图对话框

其中各项参数设置如下。

颜色阈值：设置颜色细节值，取值范围为 1～500。该值设得越大，转换后的颜色细节丢失就越多，转换速度也越快；该值设得越小，转换后的颜色细节保留就越多，转换速度也越慢。

图 3-115　原图

最小区域：设置转换时色块的大小，取值范围为 1～1000，值越大，色块就越大；值越小，精度就越高。

角阈值：设置转换后的矢量图中转角的保留程度。

曲线拟合：设置转换后的矢量图轮廓的平滑程度。

如图 3-115～图 3-117 为矢量图原图及分别按照图示参数进行转换的效果。

图 3-116　转换效果 1

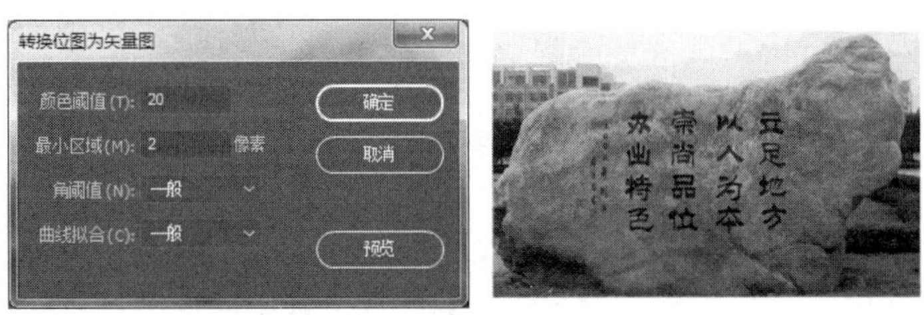

图 3-117　转换效果 2

3.7.3　导入矢量图

Animate 中可以导入矢量图形，格式包括 AI、CDR 等，而 AI 是著名矢量图形绘制软件 Illustrator 的专有格式，下面就以 AI 格式的矢量图形为例，介绍矢量图形的导入方法。

执行【文件】|【导入】|【导入到舞台】命令，在【导入】对话框中选择要导入的 AI 格式文件，单击“打开”按钮，会出现如图 3-118 所示导入设置对话框。

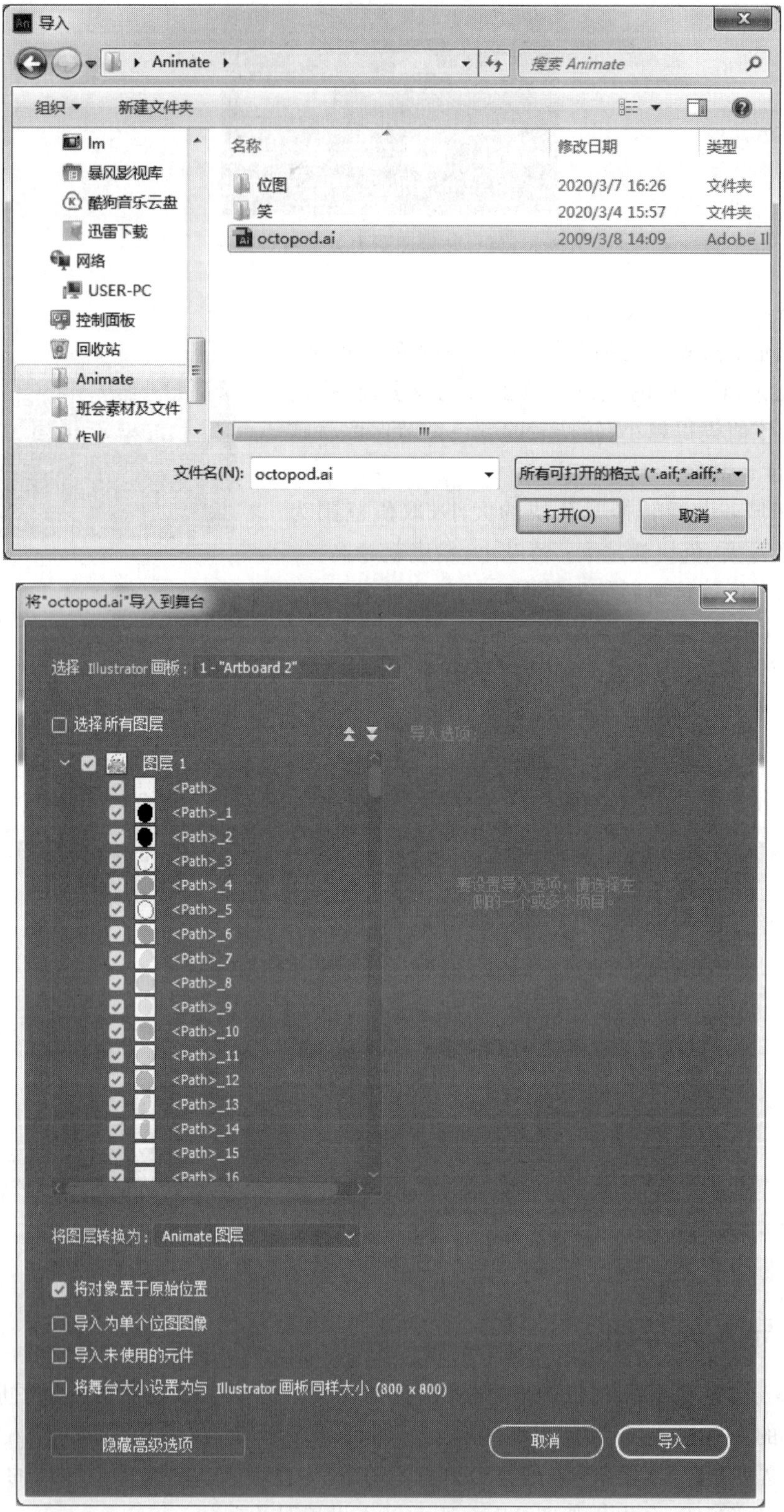
导入
Animate
搜索 Animate
组织 ▼
新建文件夹
lm
暴风影视库
酷狗音乐云盘
迅雷下载
网络
USER-PC
控制面板
回收站
Animate
班会素材及文件
名称
修改日期
类型
位图
2020/3/7 16:26
文件夹
笑
2020/3/4 15:57
文件夹
octopod.ai
2009/3/8 14:09
文件名(N):
octopod.ai
所有可打开的格式 (*.aif;*.aiff;*
打开(O)
取消
将"octopod.ai"导入到舞台
选择 Illustrator 画板： 1 - "Artboard 2"
选择所有图层
导入选项：
图层 1
<Path>
<Path>_1
<Path>_2
<Path>_3
<Path>_4
<Path>_5
<Path>_6
<Path>_7
<Path>_8
<Path>_9
<Path>_10
<Path>_11
<Path>_12
<Path>_13
<Path>_14
<Path>_15
将图层转换为： Animate 图层
将对象置于原始位置
导入为单个位图图像
导入未使用的元件
将舞台大小设置为与 Illustrator 画板同样大小 (800 x 800)
隐藏高级选项
取消
导入

图 3-118　导入矢量图

其中各项参数说明如下。

将图层转换为：可以设置将 AI 文件的图层转换为 Animate 图层、关键帧或单一 Animate 图层。

将对象置于原始位置：AI 文件的内容将保持在 Illustrate 中的准确位置。

导入为单个位图图像：可以将 AI 文件整个导入为单个的位图图像。

导入未使用的元件：在 Illustrate 画板上没有实例的所有 AI 文件的库元件都将导入 Animate 库中，如果没有勾选该项，那么没有使用的元件就不会被导入 Animate 中。

将舞台大小设置为与 Illustrate 画板同样大小：勾选该选项，会将舞台大小调整为与 AI 文件中画板大小相同。

单击“导入”按钮，如图 3-119 所示，章鱼图形被导入舞台中，此时就可以像对普通矢量图形一样对它进行编辑和修改。

图 3-119　导入矢量图形章鱼

3.7.4　知识延伸：导入序列图片

在导入位图素材时，如果选择的文件是序列图片中的一个，系统会自动打开提示对话框，提示“此文件看起来是图像序列的组成部分。是否导入序列中的所有图像?”若单击“否”按钮，则只导入选中的图片；若单击“是”按钮，则会导入所有序列图片，并且在图层中出现序列帧组成的逐帧动画，如图 3-120 所示。

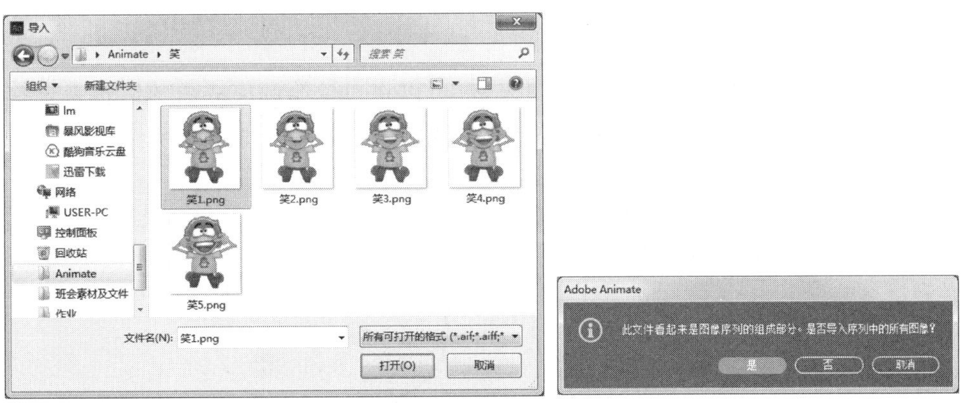

图 3-120　导入序列图片

第 4 章　对象的编辑与修改

4.1　对象的基本编辑

在 Animate 中使用绘图工具绘制好图形后，往往还需要对其进行编辑和修改，例如对图形对象进行组合、排列和对齐等。

4.1.1　组合与分离对象

组合对象是将多个对象组合成为一个整体，组合后的对象将成为一个单一的对象，可以对它进行统一的操作，也可以避免因为编辑其他图形而对它产生误操作。此外，组合后的图形也可以进行分离，恢复原始状态。

1. 组合对象

执行【修改】|【组合】命令，或者按快捷键 Ctrl＋G，就可以将选中的图形组合在一起，组合对象在被选中后四周会出现一个绿色边框，如图 4-1 所示。

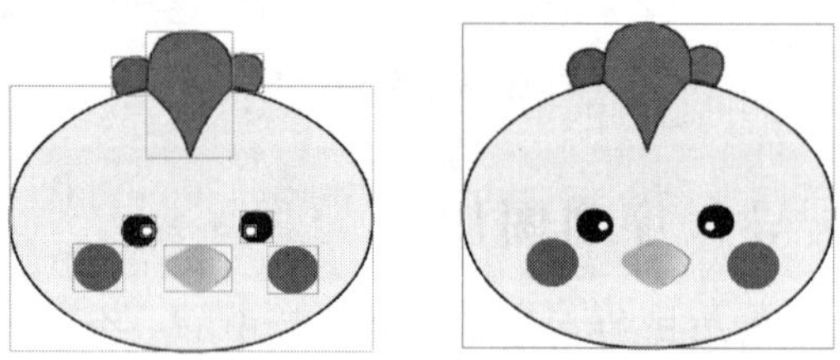

图 4-1　组合对象

如果想要对组合为一体的其中某个对象进行编辑，可以双击该组合对象，也可以执行【编辑】|【编辑所选项目】命令，进入对象的编辑状态后对其进行编辑。

2. 分离对象

分离对象可以将组合中的对象分离出来，也可以将对象绘制模式的图形转为合并绘制模式的图形。执行【修改】|【分离】命令，或者按快捷键 Ctrl＋B，即可对所选对象进行分离操作，如图 4-2 所示。

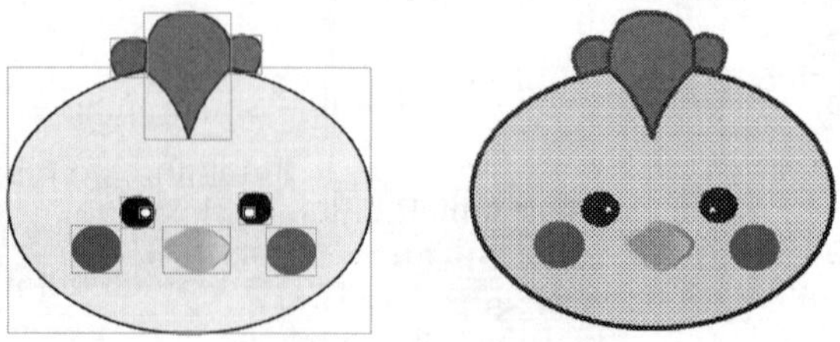

图 4-2　分离对象

4.1.2 排列对象

在同一图层中创建对象时，最后创建的对象会放置在最顶层，最先创建的对象会放置在最底层，顶层的对象会遮盖底层对象的显示。排列对象是指对同一图层中各个对象的上下叠放顺序进行调整。

执行【修改】|【排列】菜单命令下的【移至顶层】【上移一层】【下移一层】和【移至底层】可以完成相应的调整操作，它们对应的快捷键分别为 Ctrl+Shift+↑、Ctrl+↑、Ctrl+↓和 Ctrl+Shift+↓。如图 4-3 所示为将黄色图形移至顶层后的效果。

图 4-3 排列对象

4.1.3 对齐对象

对齐对象是指将所选择的多个对象按照一定的方式进行对齐操作，可以通过【修改】|【对齐】菜单命令来完成，也可以通过【对齐】面板来完成。下面以【对齐】面板为例来对如图 4-4 所示几个图形执行对齐操作。

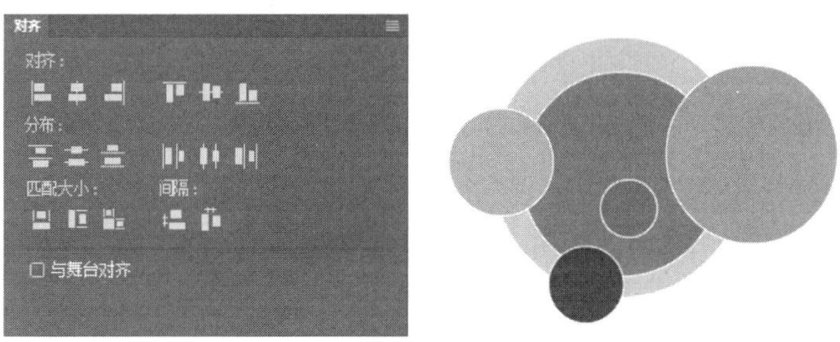

图 4-4 对齐对象

1）对齐

用于将所选的多个对象以一个基准线对齐。执行左对齐、水平中齐、右对齐的效果分别如图 4-5～图 4-7 所示。

图 4-5 左对齐

图 4-6 水平中齐

图 4-7 右对齐

执行顶对齐、垂直中齐、底对齐的效果分别如图 4-8～图 4-10 所示。

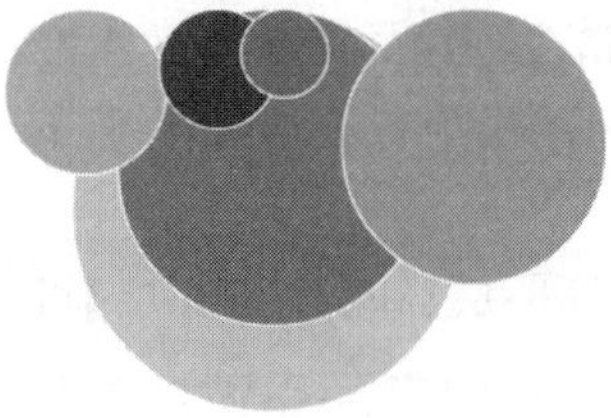
图 4-8　顶对齐

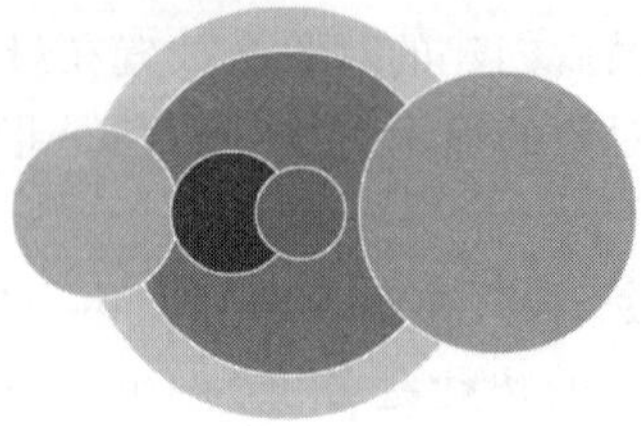
图 4-9　垂直中齐

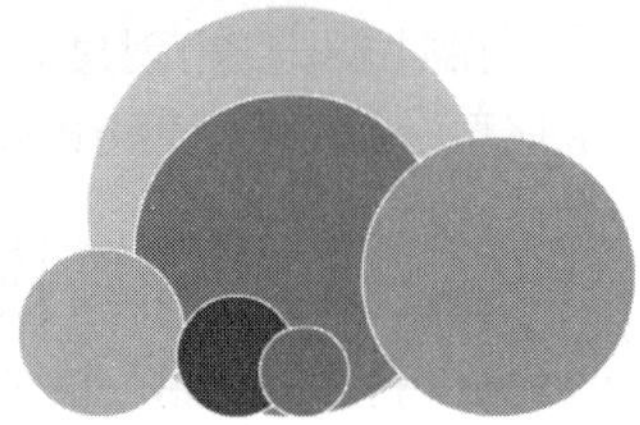
图 4-10　底对齐

2）分布

设置多个对象之间保持相同间距。执行顶部分布、垂直居中分布、底部分布的效果分别如图 4-11～图 4-13 所示。

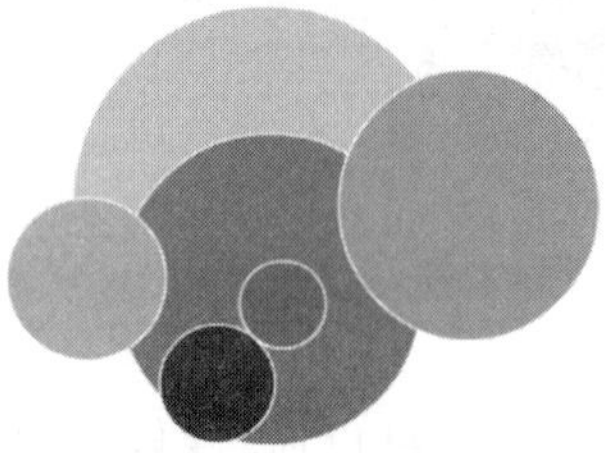
图 4-11　顶部分布

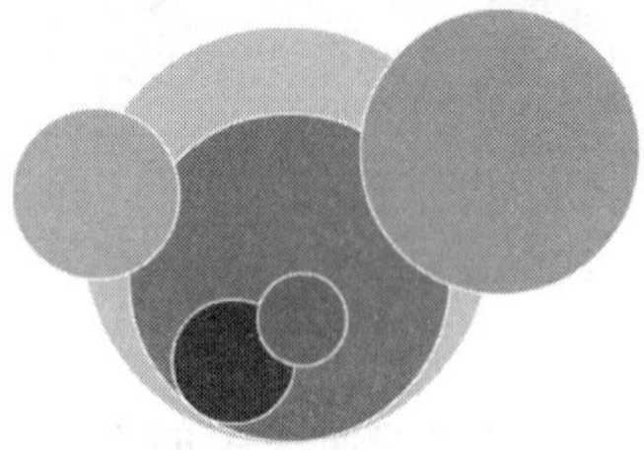
图 4-12　垂直居中分布

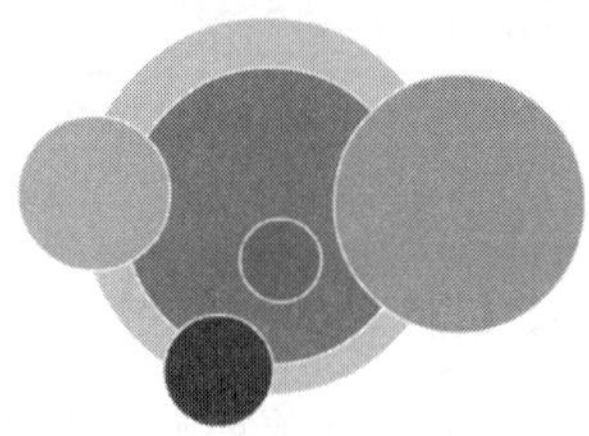
图 4-13　底部分布

执行左侧分布、水平居中分布、右侧分布的效果分别如图 4-14～图 4-16 所示。

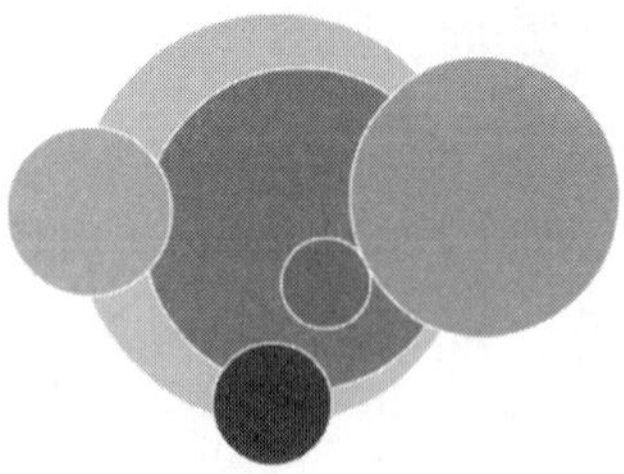
图 4-14　左侧分布

图 4-15　水平居中分布

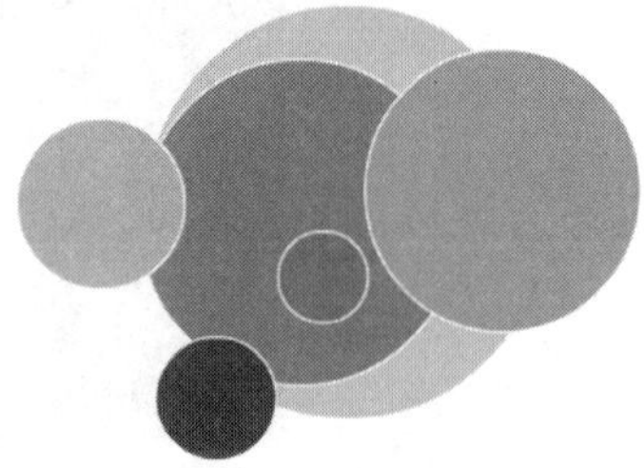
图 4-16　右侧分布

3）匹配大小

用于设置所选多个对象中保持相同的宽度和高度。执行匹配宽度、匹配高度、匹配宽和高的效果分别如图 4-17～图 4-19 所示。

4）间隔

设置所选多个对象中相邻对象的间隔。执行垂直平均间隔、水平平均间隔的效果分别如图 4-20 和图 4-21 所示。

与舞台对齐：勾选此选项，则面板上的对齐、分布、匹配大小和间隔操作将相对于舞台，否则各项操作仅作用于对象本身。

图 4-17　匹配宽度

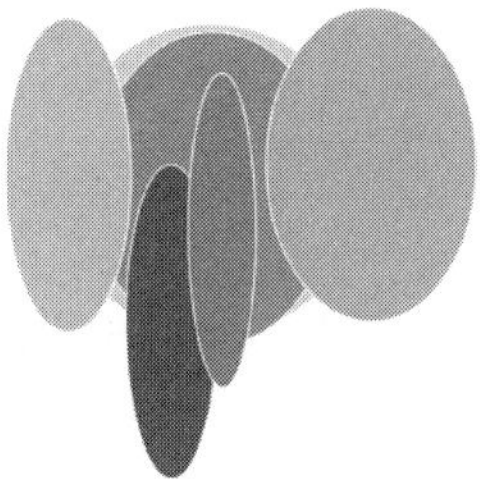

图 4-18　匹配高度

图 4-19　匹配宽和高度

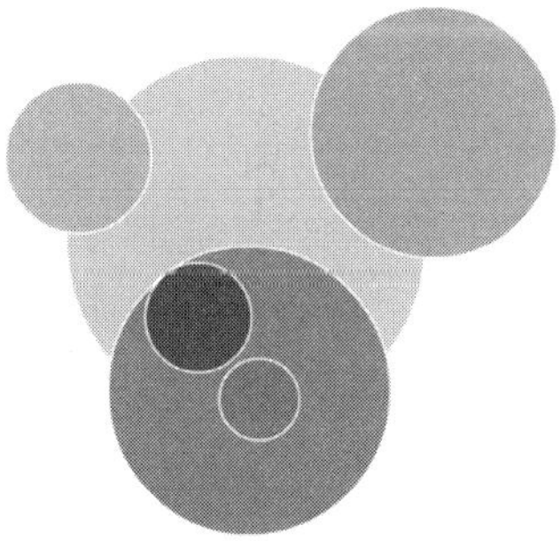

图 4-20　垂直平均间隔

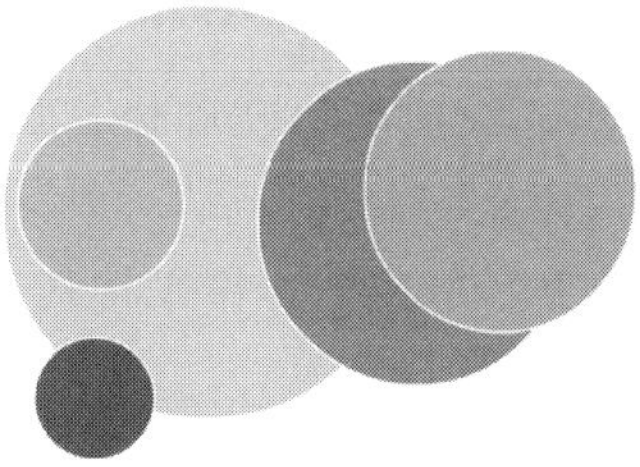

图 4-21　水平平均间隔

4.1.4　实战案例：绘制彩色热气球图案

在这个案例中，利用对象的排列与对齐操作来绘制一个彩色热气球图案，如图 4-22 所示。

步骤 1　绘制大小不一的多个正圆形，并分别填充不同的颜色，如图 4-23 所示。

图 4-22　彩色热气球图案

图 4-23　绘制多个正圆形

步骤 2　将这些圆全部选中，执行水平中齐和垂直中齐操作，如图 4-24 所示。

步骤 3　继续对它执行设为相等高度操作，如图 4-25 所示。

步骤 4　使用工具箱里的【任意变形工具】调整图形的高度，得到彩色的热气球图案，如图 4-26 所示。

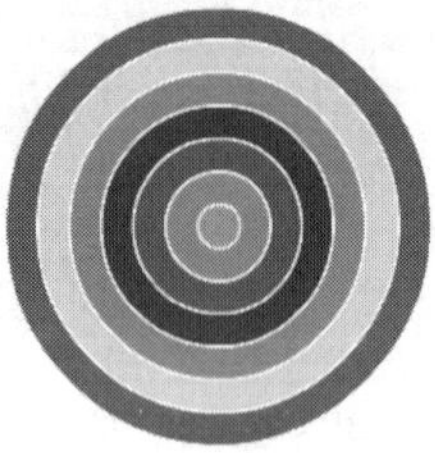

图 4-24　水平中齐和垂直中齐

图 4-25　设置相等高度

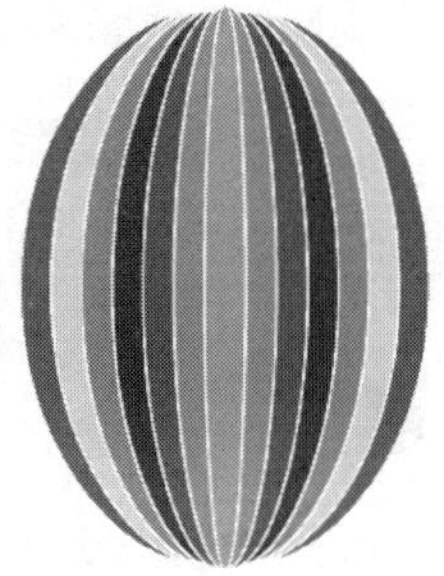

图 4-26　调整热气球高度

4.1.5　知识延伸：锁定对象

舞台中如果有多个对象，在编辑其中一个对象时难免会影响到其他的对象，此时可以将不需要编辑的对象锁定，被锁定的对象不能再进行任何操作。在选中需要锁定的对象后，通过【修改】|【排列】|【锁定】命令可以将其锁定，如需取消锁定，通过【修改】|【排列】|【解除全部锁定】来完成。

4.2　对象的变形

在 Animate 中变形对象有多种方式，可以通过【任意变形工具】【修改】|【变形】菜单命令组和【变形】面板来完成。

4.2.1　任意变形工具

【任意变形工具】用于改变对象的形状，可以对对象进行缩放、旋转、倾斜等操作。选择【任意变形工具】之后，在工具选项中会显示【贴紧至对象】、【旋转和倾斜】、【缩放】、【扭曲】和【封套】几个按钮，单击可执行对应变形操作。

使用【任意变形工具】选择对象后，在对象的中心位置会出现一个空心圆，这是对象的变形中心点，可以将鼠标指针放在空心圆上面按住拖动，调整变形中心的位置。同时在被选中对象的四周会出现八个控制点，用于控制对象的缩放、旋转、倾斜等操作。如图 4-27 所示。

1. 旋转对象

使用【任意变形工具】选择对象后，将鼠标指针移动到对象 4 个顶点位置的控制点上，当鼠标指针变为形状时按住鼠标左键上下旋转即可旋转对象，如图 4-28 所示。

2. 缩放对象

使用【任意变形工具】选择对象后，将鼠标指针移动到对象四周的控制点上，当鼠标指针形状变为双向小箭时，按住鼠标左键拖动即可缩放对象，如图 4-29 所示。为了避免对象在缩放过程中因为长宽比改变而产生比例变形，可以在拖动鼠标的同时按住 Shift 键进行等比例缩放。

图 4-27　任意变形工具

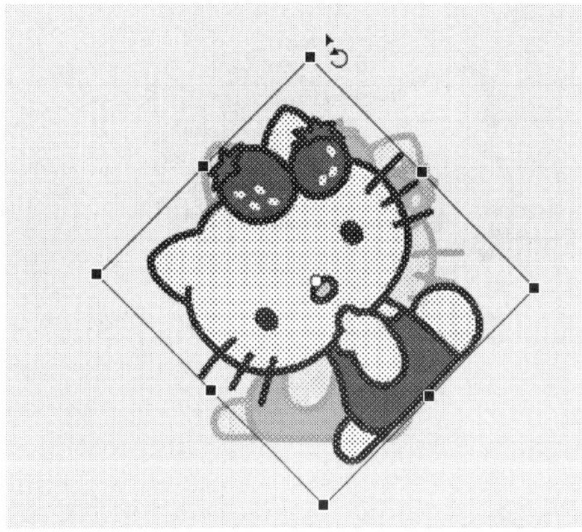

图 4-28　旋转对象

3. 倾斜对象

使用【任意变形工具】选择对象后，将鼠标指针移动到对象周围的 4 个边框上，当鼠标指针变为 形状时按住鼠标左键拖动即可倾斜对象，如图 4-30 所示。

图 4-29　缩放对象

图 4-30　倾斜对象

4. 扭曲对象

扭曲操作仅对矢量形状有效，对组合、元件及位图对象无效。使用【任意变形工具】选择对象后，单击工具选项中的【扭曲】按钮，将鼠标指针移动到对象周围 4 个顶点位置的控制点上，当鼠标指针变为 形状时按住鼠标拖动即可改变这个控制点的位置，而其他控制点的位置保持不变，实现扭曲图形的效果，如图 4-31 所示。

5. 封套对象

封套操作仅对矢量形状有效，对组合、元件及位图对象无效。使用【任意变形工具】选择对象后，单击工具选项中的【封套】按钮，对象的周围会出现 8 个带控制手柄的控制点，可以通过移动控制点的位置或者调解控制手柄的操作来改变对象的形状，如图 4-32 所示。

图 4-31　扭曲对象

图 4-32　封套对象

4.2.2　变形面板

使用【任意变形工具】可以对对象进行任意变形的操作，但是不能精确地控制对象缩放的比例大小、旋转的角度等。使用【变形】面板可以对对象进行精确的变形操作，如果当前工作布局没有显示该面板，可以执行【窗口】|【变形】命令将其打开，如图 4-33 所示。

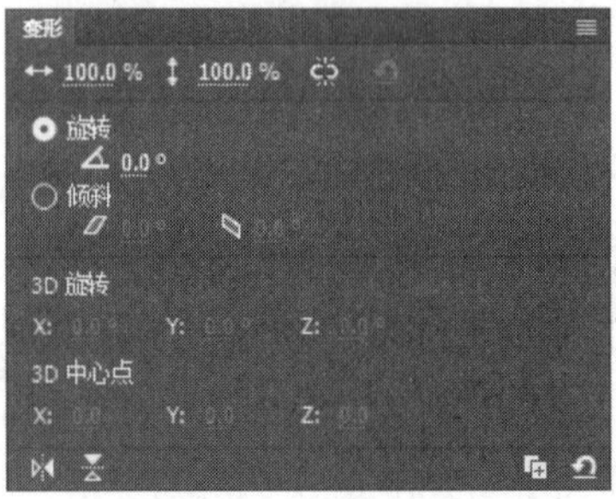

图 4-33　变形面板

该面板使用说明如下。

100.0 % 缩放宽度：设置缩放宽度的百分比。

100.0 % 缩放高度：设置缩放高度的百分比。

约束：设置是否约束宽高比。断开的链条标志表示不约束，可以自由缩放宽度或者高度比例。在此图标上单击后显示为 ，表示约束宽高比，改变宽度或高度中的任意一个，另一个也会相应改变。

0.0 ° 旋转：设置对象的旋转角度。

0.0 ° 水平倾斜：设置对象的水平倾斜角度。

0.0 ° 垂直倾斜：设置对象的垂直倾斜角度。

3D 旋转与 3D 中心点：设置对象的三维状态，需要对象是影片剪辑形式。

水平翻转：水平翻转对象。

垂直翻转：垂直翻转对象。

重制选区和变形：按指定的变形效果复制一个新对象。

对一个蓝色五边形设置 90％的缩放比例和 15°的旋转角度后，反复单击【重制选区和变形】按钮，得到如图 4-34 所示图形。

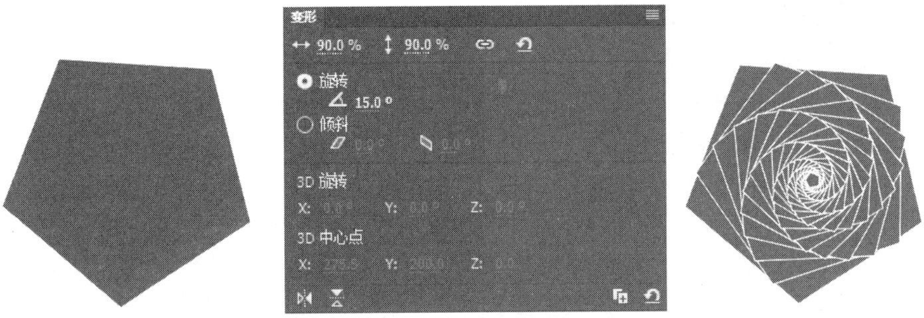

图 4-34　重制选区和变形

4.2.3　实战案例：绘制扇形图案

这个案例中，利用变形操作和【变形】面板来绘制如图 4-35 所示扇形图案。

图 4-35　扇形图案

步骤 1　新建一个 ActionScript 3.0 文档，选择【矩形工具】(快捷键 R)，在工具选项设置中按下【对象绘制】按钮，设置填充颜色为褐色(996600)，笔触颜色为黑色(000000)，笔触粗细为 2，绘制一个长条矩形，如图 4-36 所示。

步骤 2　使用【任意变形工具】(快捷键 Q)选中长条矩形，单击工具选项中的【扭曲】按钮，将鼠标指针放在长条矩形一端的顶点上，按住 Shift 键的同时上下拖动，长条矩形这一端会产生粗细变化，如图 4-37 所示。

步骤 3　再次单击工具选项中的【扭曲】按钮，取消这个按钮的按下状态，将长条矩形的变形中心移动到偏细的一端，如图 4-38 所示。

图 4-36　绘制长条矩形

图 4-37　变形长条矩形

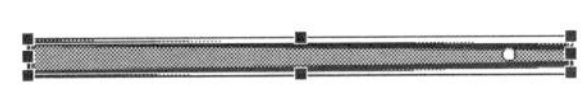

图 4-38　调整变形中心

步骤 4　使用【选择工具】(快捷键 V)选中长条矩形，打开【变形】面板，设置“旋转”值为 10，连续单击【重制选区和变形】按钮，旋转复制出多个长条矩形，如图 4-39 所示。

步骤 5　选中所有的长条矩形，在【变形】面板中设置“旋转”值为－10，如图 4-40 所示。

步骤 6　选择【基本椭圆工具】，设置填充颜色为 FFE7CB，透明度为 97%，无笔触颜色，绘制一个半圆环，将其放置在扇形图案上方，调整大小，制作扇面效果，如图 4-41 所示。

步骤 7　在扇面上添加自己喜欢的扇面花纹图案和文字，如图 4-42 所示。

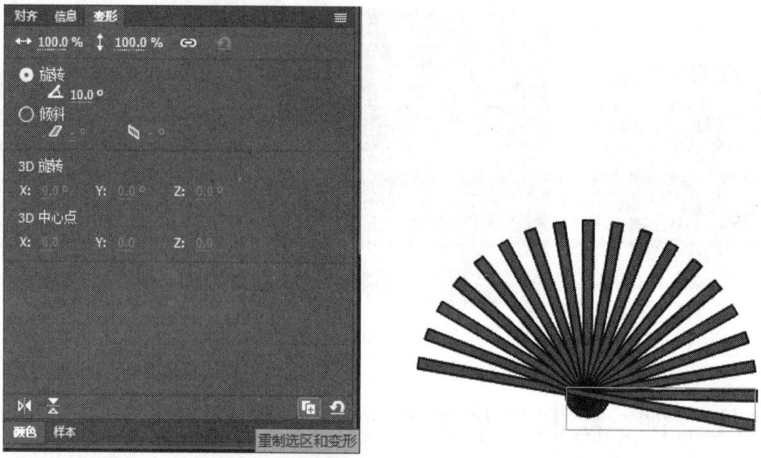

图 4-39　复制长条矩形

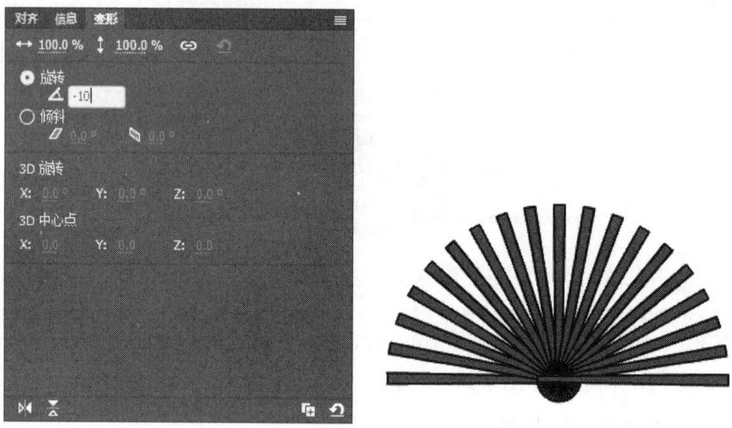

图 4-40　旋转图案

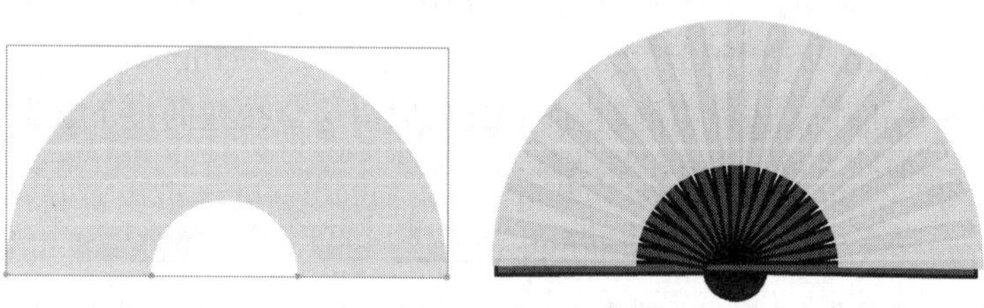

图 4-41　绘制扇面

图 4-42　加入花纹和文字

4.3　对象的修饰

使用绘图工具绘制图形后，效果与实际需求可能会有差距，可以继续使用修饰命令对图形进行优化和调整，比如优化曲线、将线条转为填充等。

1. 优化曲线

优化曲线操作可以通过减少图形中的节点和曲线数量，使线条变得更为平滑。选中需要优化的曲线，执行【修改】|【形状】|【优化】命令，设置优化强度，即可对图形进行优化，将“显示总计信息”项勾选，会在优化结束后显示一个提示优化程度的信息提示框，如图 4-43 所示。

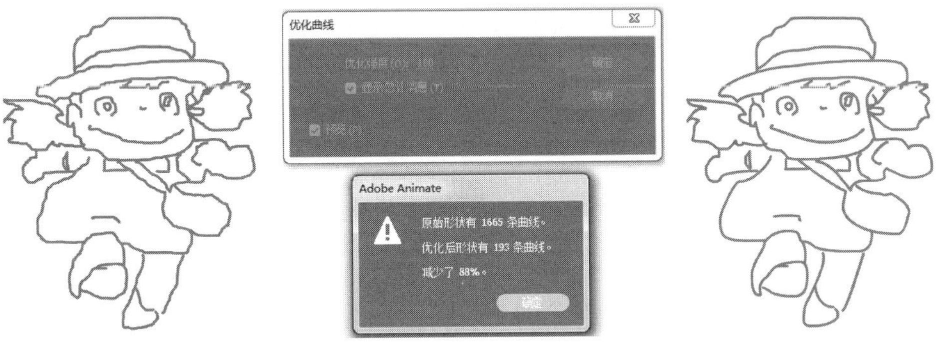

图 4-43　优化曲线

2. 将线条转为填充

选中绘制好的线条，执行【修改】|【形状】|【将线条转换为填充】命令，可以将选中的线条转换为填充。此时可见线条内外侧都有锚点，使用部分选择工具拖曳锚点，可以修改已经转为填充的线条形状，如图 4-44 所示。

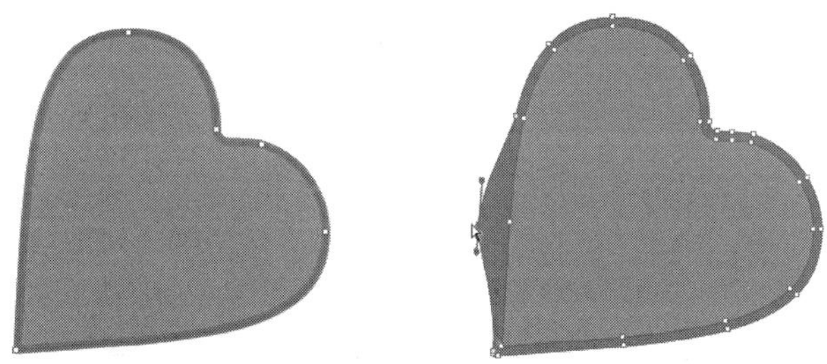

图 4-44　将线条转为填充

3. 扩展填充

使用【扩展填充】命令，可以将对象的填充颜色向内收缩或者向外扩展。选中填充对象，执行【修改】|【形状】|【扩展填充】命令，打开【扩展填充】对话框，在对话框中设置扩展的距离和方向。其中，将“方向”设置为“扩展”，会使填充向外扩展，如图 4-45 所示；设置为“收缩”，会使填充向内收缩，如图 4-46 所示。

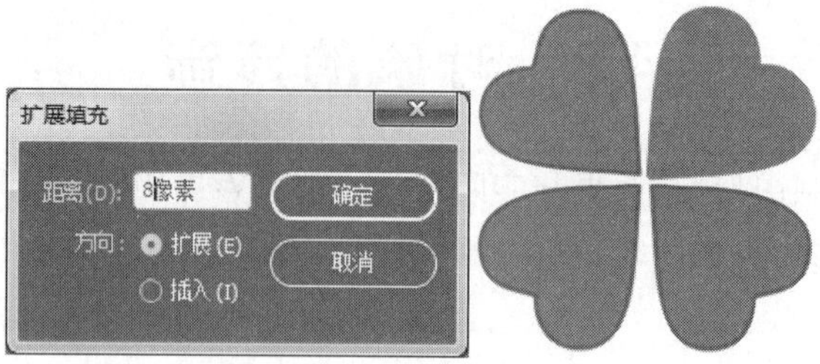

图 4-45　向外扩展填充

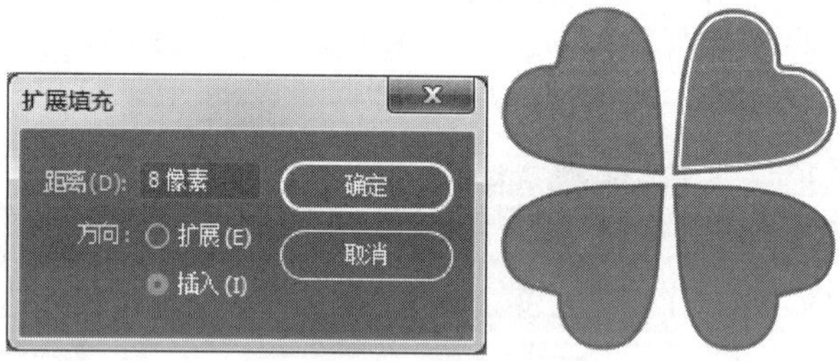

图 4-46　向内收缩填充

4. 柔化填充边缘

使用【柔化填充边缘】命令可以将对象的边缘做柔化处理，使对象的边界产生多个半透明图形。选中填充对象，执行【修改】|【形状】|【柔化填充边缘】命令，打开【柔化填充边缘】对话框，设置柔化效果，如图 4-47 和图 4-48 所示。

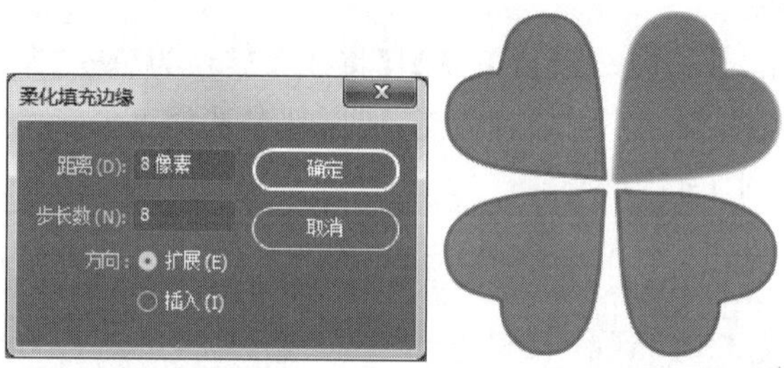

图 4-47　向外扩展柔化

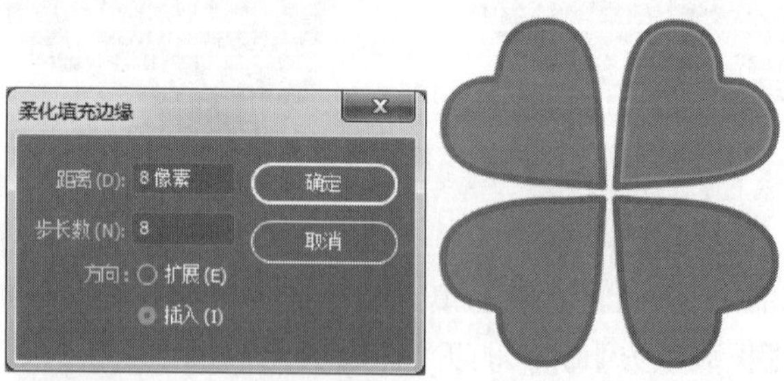

图 4-48　向内收缩柔化

第 5 章　元件、实例与库

元件、实例与库是制作 Animate 动画的三大元素。其中元件是构成动画的基础；库是指【库】面板，它是存放动画元素的场所；实例是将元件从库里面拖动到舞台后生成的对象。了解三者的关系与操作，对于提高工作效率至关重要。

5.1　元　　件

在 Animate 中，元件是保存在库中可以重复使用的动画元素，是构成动画的基础。

5.1.1　元件的类型

元件共有三种类型，分别为图形元件、影片剪辑元件和按钮元件。

1. 图形元件

图形元件是最基础的动画元件类型，一般用于制作静态的动画图形，或创建可重复使用的与时间轴关联的动画片段，是动画制作中的最小管理单位。图形元件也具有时间轴，可以在其中制作动画片段，但是其动画片段的播放会受到主时间轴的影响，且不能加入声音和脚本语言。

2. 影片剪辑元件

影片剪辑元件是 Animate 中最具交互性，用途最多且功能最强的元件，它拥有独立的时间轴，其中可以包含所有的动画元素类型，包括声音、脚本语言及各种元件，而且其内部时间轴上动画片段的播放不会受到主场景时间轴的影响。

3. 按钮元件

按钮是一种特殊的元件类型，具有自动响应鼠标事件的功能，可以实现动画与用户的鼠标交互。当创建一个按钮元件时，会创建一个拥有 4 个基本帧的时间轴，分别为弹起、指针经过、按下和点击，前 3 帧代表鼠标弹起、指针经过和鼠标按下 3 种状态，第 4 帧用于定义按钮的响应区域，如图 5-1 所示。按钮在时间轴上并不播放，它只是对鼠标指针的状态做出反应，跳到相应的帧。

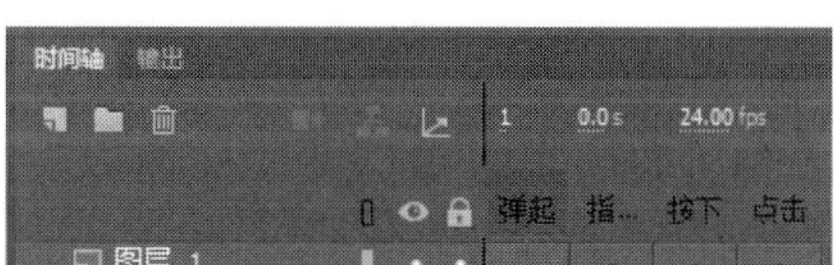

图 5-1　按钮元件

5.1.2　创建元件

创建元件的方法有两种：①直接创建一个空的新元件；②将已经创建好的对象转换为

元件。

1. 直接创建新元件

直接创建新元件的方法很简单,通过【创建新元件】对话框来完成。

步骤 1 执行【插入】|【新建元件】命令,或者按快捷键 Ctrl+F8,打开【创建新元件】对话框,如图 5-2 所示。

图 5-2 创建新元件对话框

步骤 2 在【类型】下拉列表中选择元件的类型,在【名称】一栏输入元件的名称。

步骤 3 新创建的元件会自动保存在【库】面板的根目录之下,如果希望更改元件的保存路径,可以单击【文件夹】后方的"库根目录"来修改元件的存放路径。

步骤 4 单击【确定】按钮,就创建了一个空的新元件并将其添加到库中,同时进入元件编辑模式。

步骤 5 在编辑区绘制元件内容,注意十字光标为元件的注册点,尽量使其位于元件内部,如图 5-3 所示。

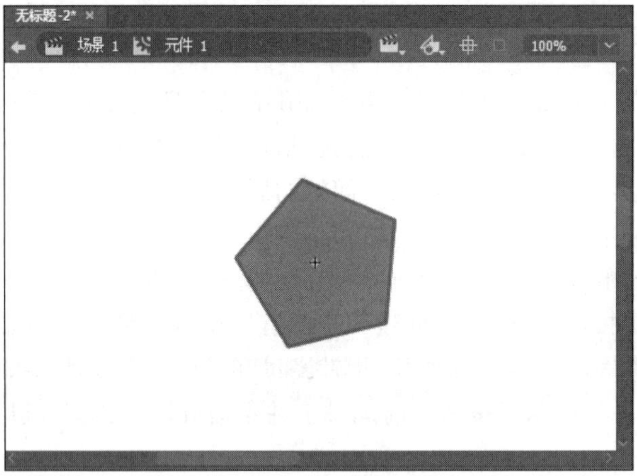

图 5-3 元件编辑区

步骤 6 完成元件内容编辑后单击场景名退出元件编辑模式。

2. 转换对象为元件

在 Animate 中除了直接创建新元件外,还可以将舞台中已经存在的对象转换为元件,只需要选中要创建为元件的对象,然后右击执行【转换为元件】命令,或者按快捷键 Ctrl+F8,就会打开【转换为元件】对话框,如图 5-4 所示。

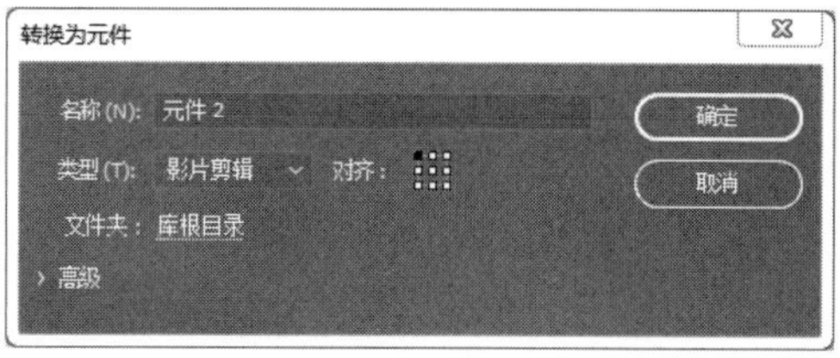

图 5-4　转换为元件对话框

5.1.3　编辑元件

元件在创建之后若要对其进行编辑，可以通过以下两种方式进行，编辑之后舞台上所有该元件的实例都会做相应的变化。

1. 在元件编辑模式下编辑

双击库里面的元件，或者选中舞台上的元件实例右击执行【编辑】命令，即可进入该元件的编辑窗口。此时在窗口中只显示该元件的内容，如图 5-5 所示。

图 5-5　元件编辑模式

2. 在当前位置编辑元件

双击舞台上的元件实例，或者选中舞台上的元件实例右击执行【在当前位置编辑】命令，就可以进入该元件的编辑窗口。此时舞台中除选择的实例外，其余的对象将变暗为不可编辑状态，从而将它们与正在编辑的元件区别开，如图 5-6 所示。

图 5-6　在当前位置编辑元件

此时若对元件进行修改，舞台上该元件的其他实例也随之更改，如图 5-7 所示。

图 5-7　其他实例随之修改

5.1.4　知识延伸：直接复制元件

如果想以库里面的某个元件为基础来生成别的元件，可以在库中选中该对象右击，执行【直接复制】命令，打开【直接复制元件】对话框，如图 5-8 所示，就可以将该元件内容复制到一个新命名的元件中，而原来的元件依然存在。

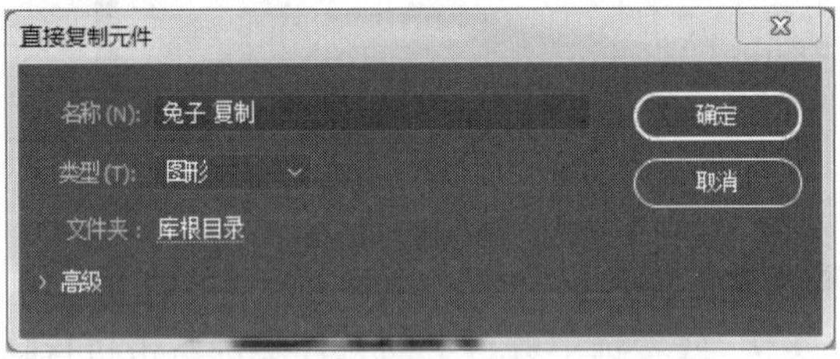

图 5-8　直接复制元件对话框

如果想修改一个元件的类型，可以在库中选中该对象右击，执行【元件属性】命令，就可以在【类型】下拉列表中将其修改为别的元件类型，如图 5-9 所示。

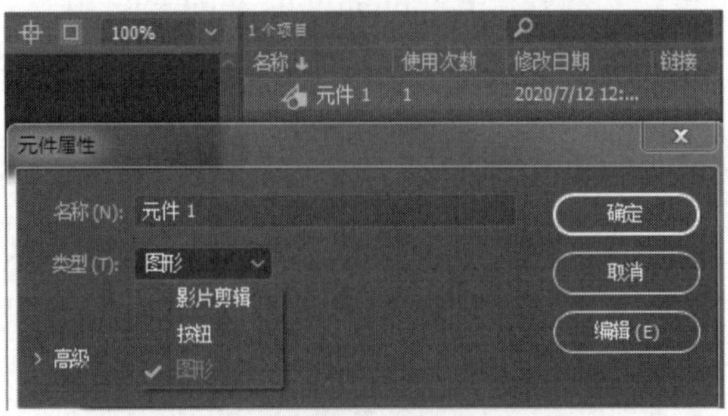

图 5-9　修改元件类型

5.1.5　能力拓展：设计按钮

设计一个按钮，使它在静止或鼠标经过、单击时呈现出不同的外观效果。同时如果在这三个状态帧中使用影片剪辑元件，还可以使按钮呈现动态效果。

可以自行设计，也可以参考“按钮.swf”的效果来制作这个按钮，当鼠标经过按钮时内圈小圆颜色交换方向，外圈大圆不停地旋转；当鼠标单击按钮时内圈小圆的颜色再次交换方向，外圈大圆变为黄色。如图 5-10 所示。

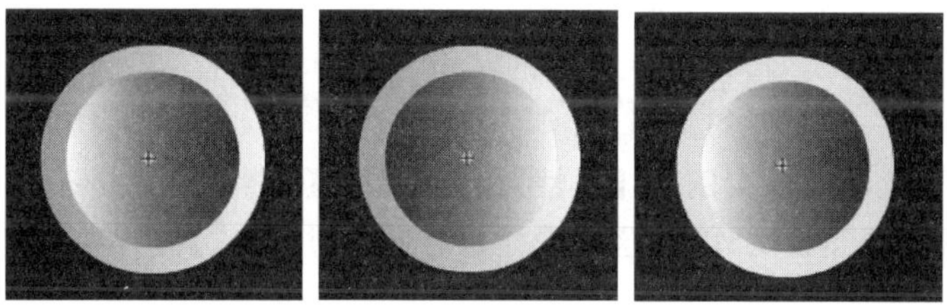

图 5-10　按钮设计

5.2　实　　例

将元件从库中拖曳到舞台中后，在舞台上生成的对象就称为该元件的一个实例。一个元件允许创建多个实例。

5.2.1　创建实例

实例的创建依赖于元件，实例其实也就是“实例化的元件”，将元件拖曳到舞台中就创建了该元件的一个实例。一个元件可以创建多个实例，这些实例都继承了元件的类型，但此类型并不是一成不变的，可以通过【属性】面板进行修改。

5.2.2　编辑实例

单击选中舞台上的元件实例后，可以在【属性】面板中对其进行编辑，所做的修改只影响到当前这个实例，而不会影响元件本身以及该元件的其他实例。

1. 为实例命名

单击选中舞台上的元件实例后，可以在【属性】面板中为其设置一个实例名称，该名称对每个实例来说是唯一的，可以在脚本中引用该名称来对实例进行控制。单击【属性】面板中“实例名称”这一个输入栏，就能在其中输入实例的名字。只有影片剪辑和按钮类型的实例才能命名，图形类型的实例无这一项属性设置，如图 5-11 所示。

图 5-11　为实例命名

2. 修改实例类型

实例的类型是允许改变的，例如可以将一个“图形”类型的实例改为“影片剪辑”类型，以此来重新定义它在动画中的行为。

单击选中舞台上的元件实例，在【属性】面板中单击【实例类型】下拉按钮，在弹出的下拉列表中选择需要的实例类型，如图 5-12 所示。

图 5-12 修改实例类型

3. 交换实例

舞台上已经创建的实例，来自库里面的某个元件，可以将该实例所基于的元件进行交换，使其成为库里另一个元件的实例。

单击选中舞台上的元件实例，在【属性】面板中单击【交换元件】按钮，打开【交换元件】对话框，在其中选择需要交换的元件，这个操作也可以通过【修改】|【元件】|【交换元件】命令来完成，如图 5-13 所示。

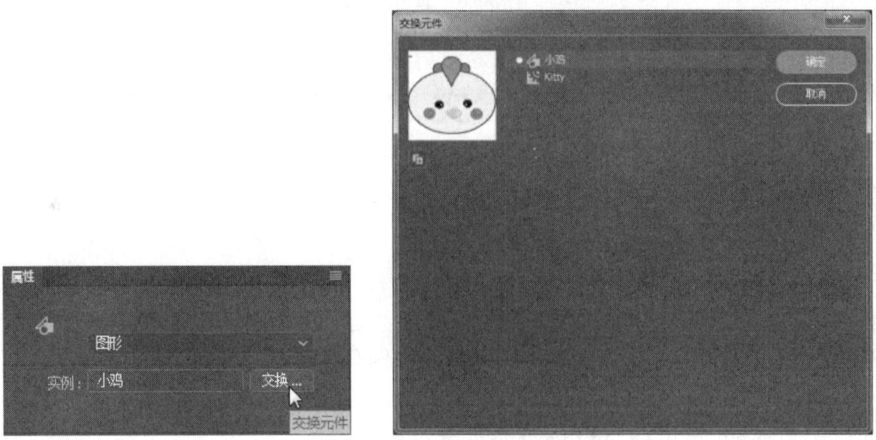

图 5-13 交换元件

4. 设置色彩效果

单击选中舞台上的元件实例后，可以在【属性】面板的【色彩效果】选项中对所选实例进行颜色和透明度等色彩属性设置，如图 5-14 所示。

(1) 无：实例按原始效果显示，如图 5-15 所示。

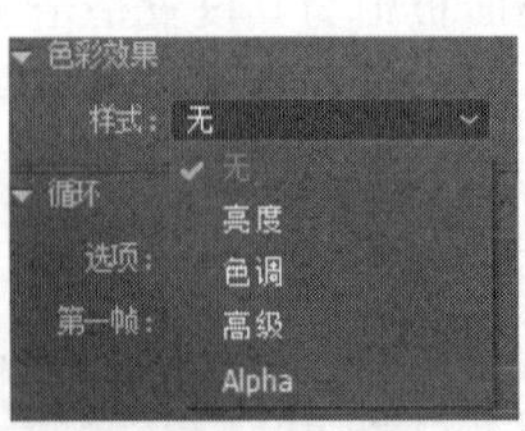

图 5-14 设置色彩效果

图 5-15 原始效果

(2) 亮度：设置实例的颜色亮度，如图 5-16 所示。当亮度值为 100%时实例显示为白色，当亮度值为－100%时实例显示为黑色。

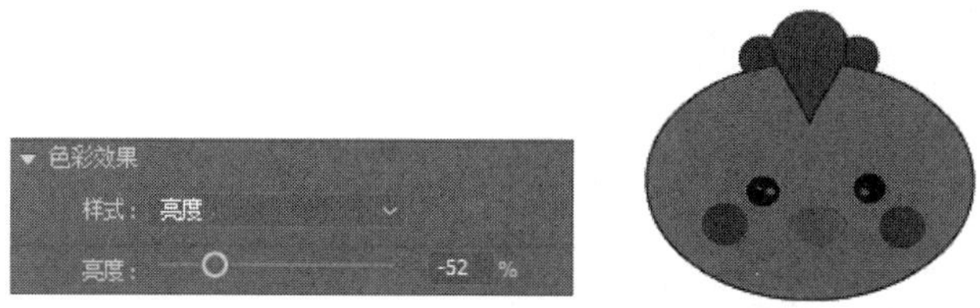

图 5-16　亮度设置

（3）色调：为实例着色，可以单击色块设置着色的颜色，也可以通过输入红、绿、蓝值来设置着色颜色。色调一项用于控制着色的透明度，当其值小于 100%时相当于在实例上方增加了一个半透明的覆盖层，如图 5-17 所示。

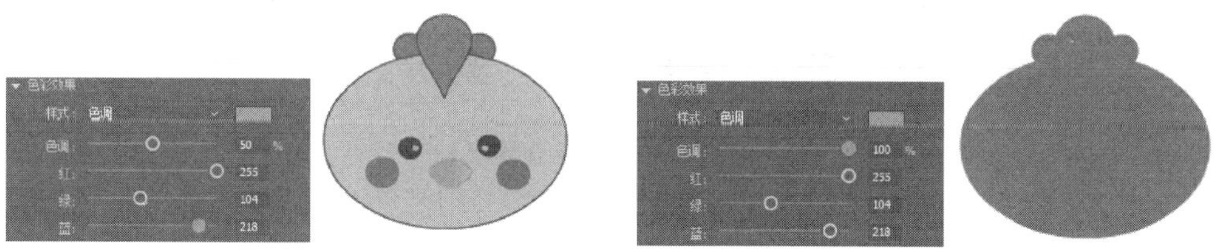

图 5-17　色调设置

（4）高级：通过分别调节红色、绿色、蓝色和透明度值对实例进行综合设置，如图 5-18 所示。

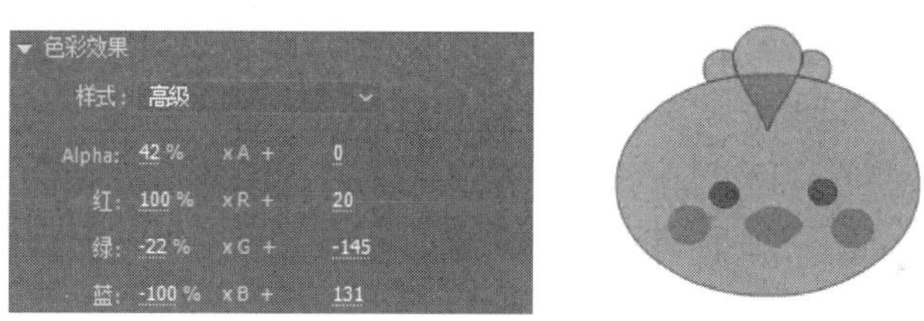

图 5-18　高级设置

（5）Alpha：用于调整实例的透明度，参数值越小实例越透明，为 0 时为完全透明；参数值越大越不透明，为 100%时完全不透明，如图 5-19 所示。

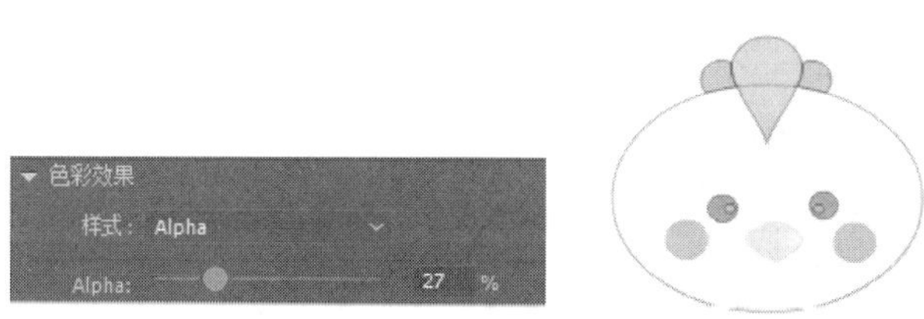

图 5-19　Alpha 设置

5. 设置混合效果

单击选中舞台上的元件实例后，可以在【属性】面板的“显示”选项中为所选实例添加混合效果，使两个重叠放置在一起的对象产生类似于 Photoshop 中的图层混合效果。只有影片剪辑和按钮类型的实例才能设置混合效果，图形类型的实例无这一项属性设置，如图 5-20 所示。

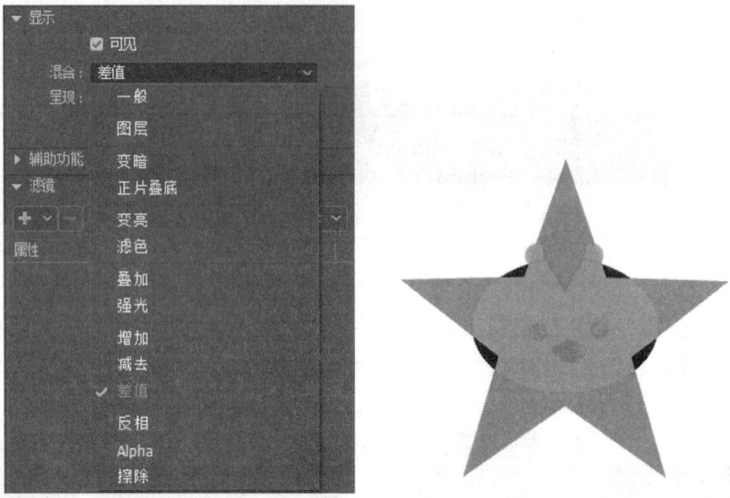

图 5-20　设置混合效果

6. 设置循环效果

循环效果的设置主要针对图形类型的实例，影片剪辑和按钮类型的实例无这一项属性设置。单击选中舞台上的图形元件实例后，可以在【属性】面板的【循环】选项中设置图形实例内部动画的播放方式，如图 5-21 所示。

图 5-21　设置循环效果

（1）循环：图形实例内部的动画在时间轴上循环播放。

（2）播放一次：图形实例内部的动画在时间轴上只播放一次。

（3）单帧：图形实例内部的动画在时间轴上只显示指定一帧的画面。

（4）第一帧：设置图形实例内部动画的起始播放帧。

5.2.3　为实例添加滤镜效果

滤镜是应用到对象上的特殊效果，比如投影、模糊、发光等，使动画画面的表现更丰富。允许添加滤镜的对象包括影片剪辑实例、按钮实例和文本对象，不能为图形实例添加滤镜效果。

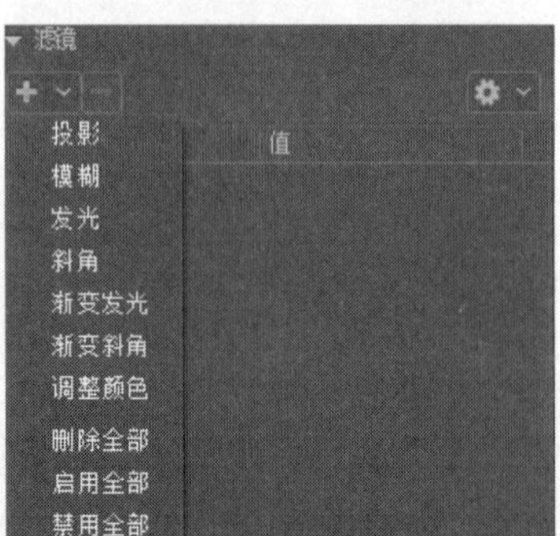

图 5-22　滤镜类型

1. 滤镜类型

单击选中舞台上的对象后，可以在【属性】面板的【滤镜】选项中单击“添加滤镜”按钮，选择并设置相应的滤镜效果，如图 5-22 所示。

（1）投影：可以使所选对象产生投影到一个表面上的效果，或者在背景中挖出一个形似对象的孔，还可以对投影大小、品质、颜色、角度、距离等进行设置，如图 5-23 所示。

（2）模糊：可以使所选对象产生模糊的效果，还可以对模糊的大小、品质等进行设置，如图 5-24 所示。

图 5-23　投影滤镜

图 5-24　模糊滤镜

（3）发光：可以使所选对象产生发光效果，包括内发光与外发光，还可以对发光大小、品质、颜色等进行设置，如图 5-25 所示。

图 5-25　发光滤镜

（4）斜角：可以使所选对象产生立体浮雕的效果，还可以对斜角的类型、大小、品质、角度、阴影等进行设置，如图 5-26 所示。

（5）渐变发光：可以使所选对象产生渐变发光的效果，还可以对渐变的方式、发光颜色等进行设置，如图 5-27 所示。

图 5-26　斜角滤镜

图 5-27　渐变发光滤镜

(6) 渐变斜角：为所选对象设置一种凸起的三维效果，看起来像从背景中凸起，且斜角表面有渐变颜色，如图 5-28 所示。渐变斜角要求渐变的中间有一个颜色，颜色的 Alpha 值为 0，无法移动此颜色的位置，但可以改变该颜色。

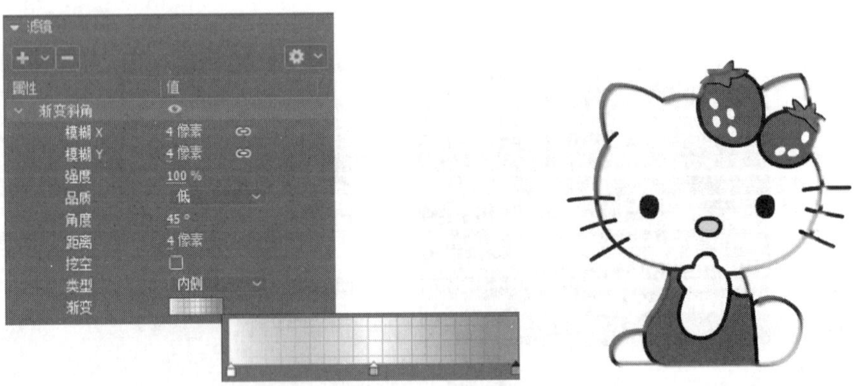

图 5-28　渐变斜角滤镜

(7) 调整颜色：可以调整所选对象的颜色属性，包括对比度、亮度、饱和度和色相，如图 5-29 所示。

图 5-29　调整颜色滤镜

2. 滤镜操作

单击选中舞台上的对象后，可以在【属性】面板的【滤镜】选项中进行各项滤镜操作。

（1）添加滤镜：单击【添加滤镜】按钮 ，选择并设置相应的滤镜效果。

（2）删除滤镜：选择需要删除的滤镜，单击【删除滤镜】按钮 ，就可以将选择的滤镜效果删除。

（3）复制、粘贴滤镜：单击右方的【选项】按钮 展开下拉列表，可以将选中的滤镜进行复制，如图 5-30 所示，并粘贴到另一个对象上。

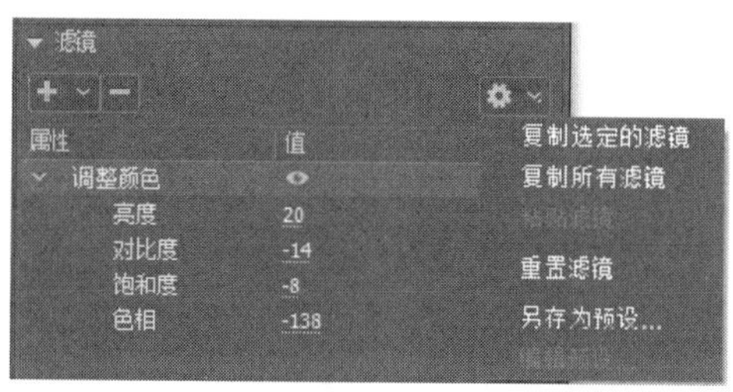

图 5-30　复制滤镜

（4）启用、禁用滤镜效果：在动画制作的过程中，如果暂时不打算使用滤镜的效果，但又不想将其删除，可以单击“启用或禁用滤镜”按钮 进行滤镜的快速启用与禁用切换，当滤镜被切换到禁用状态，该按钮会以 显示。

（5）重置滤镜：可以将当前选择的滤镜设置恢复为初始值。

（6）另存为预设：可以将设置好的滤镜保存到滤镜库，以后直接应用在别的对象上。

① 先设置好滤镜效果，可以包含多个滤镜项设置，如图 5-31 所示。

② 单击“另存为预设”命令，为预设起一个名字，如图 5-32 所示。

③ 选中要应用这个滤镜效果的对象，打开“选项”下拉列表，单击最下方的“我的滤镜”，可以看到这个对象也被应用了同样的滤镜效果，如图 5-33 所示。

5.2.4　实战案例：忍者分身

下面通过给影片剪辑元件实例添加滤镜效果，来制作一段忍者分身动画，如图 5-34 所示。

图 5-31　设置滤镜效果

图 5-32　另存为预设

图 5-33　应用预设滤镜

图 5-34　忍者分身动画画面

步骤 1　打开素材文件“忍者分身.fla”，在“背景”图层的上方创建一个新图层起名为“忍者 1”。将库里面的图片对象“忍者.png”拖到舞台上，对着舞台上的忍者右击，在弹出的快捷菜单中选择【转换为元件】命令，将它转为名为“忍者”的影片剪辑元件，如图 5-35 所示。

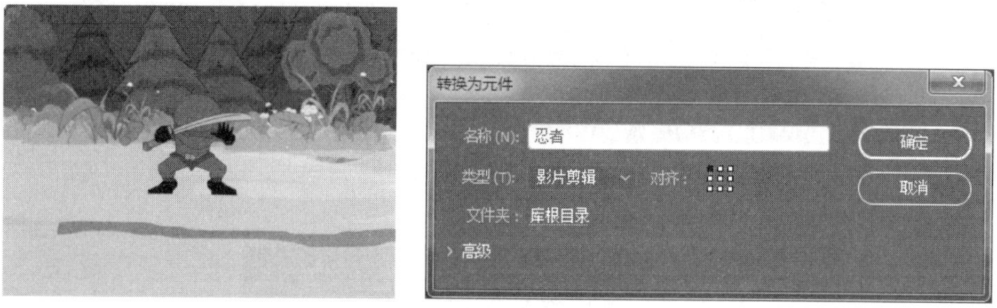

图 5-35　创建忍者影片剪辑

步骤 2　分别单击“背景”图层和“忍者 1”图层的第 60 帧，按 F5 键插入普通帧。

步骤 3　再分别单击“忍者 1”图层的第 10 帧和第 20 帧，按 F6 键插入关键帧。

步骤 4　选中“忍者 1”图层第 10 帧中的忍者对象，在【属性】面板中添加“模糊”滤镜，设置模糊值为 4，品质为“高”，如图 5-36 所示。鼠标右击 1～9 帧中的任意一帧，在弹出的快捷菜单中选择【传统补间动画】命令。

图 5-36　为忍者 1 设置模糊效果

步骤 5　再右击“忍者 1”图层第 10～19 帧中的任意一帧，在弹出的快捷菜单中选择【传统补间动画】命令。

步骤 6　在“忍者 1”图层的上方新建一个名为“忍者 2”的图层，按住 Shift 键的同时单击“忍者 1”图层的第 10 和 20 帧来选中 10～20 帧，然后按住 Alt 键的同时向上拖动鼠标，将这段动画拉到“忍者 2”图层的第 10 帧位置。完成后如图 5-37 所示。

步骤 7　单击“忍者 2”图层的第 20 帧，选中舞台上的忍者 2，将其拖到舞台的右边，站在忍者 1 的右后方。

步骤 8　在“忍者 2”图层的上方新建一个名为“忍者 3”的图层，用同样的方法，按住 Alt 键的同时将“忍者 1”图层的第 10～20 帧拖到“忍者 3”图层的第 10 帧位置，调整第 20 帧中忍者 3 的位置，使其站在忍者 1 的左后方，如图 5-38 所示。

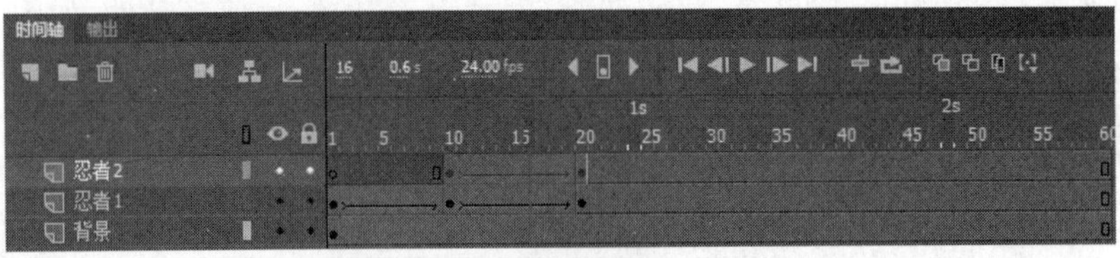

图 5-37　创建动画

图 5-38　三个忍者的位置

步骤 9　最终的时间轴如图 5-39 所示，播放动画可观看效果。

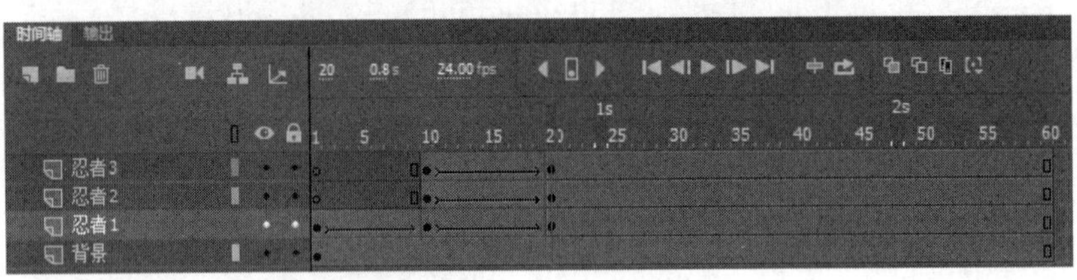

图 5-39　最终时间轴

5.3　库

“库”在 Animate 中相当于一个存储仓库，它是存放动画中各种元素的场所，这些元素既包括由外部导入的图像、声音、视频，也包括在动画中创建的各类元件。

1. 认识【库】面板

【库】面板一般都已经默认开启，如果不小心关闭了，可以单击菜单栏中的【窗口】|【库】命令，或按 Ctrl+L 组合键打开【库】面板。【库】面板如图 5-40 所示。

部分参数说明如下。

文档列表：用于显示当前库资源的所属列表，如果当前 Animate 中打开了多个文档，单击此处可以切换文档库。

项目列表：在该区域罗列出所选文档下的所有项目资源，包括元件、声音、视频和图片等。

预览窗口：在库中选择一个项目，可在该区域进行预览。如果所选项目为多帧项目，在

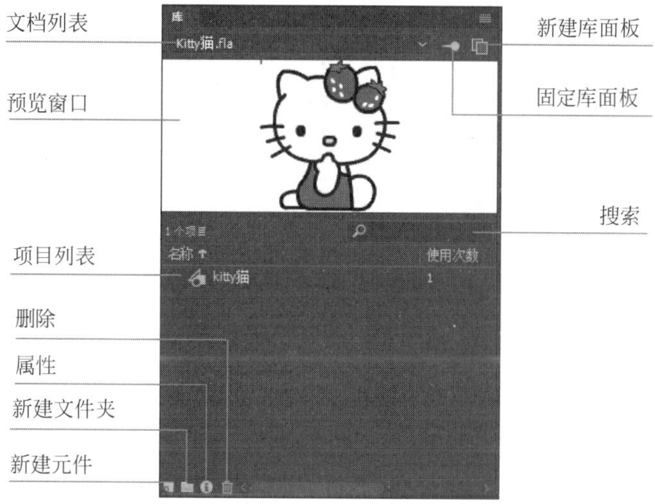

图 5-40 【库】面板

该区域右上角会出现“播放”控制按钮 ，单击按钮可以在预览窗口中播放这个项目。

新建库面板：单击该按钮可以同时打开多个【库】面板，每个面板中显示不同文档的库。

固定库面板：在切换文档时保证【库】面板不会随文档改变而改变，而是固定显示指定文档的库。

2. 库项目操作

可以对【库】面板中的项目进行管理及其他操作。

(1) 新建元件。单击【库】面板中的【新建元件】按钮与单击【新建元件】菜单的效果一样，都会打开【创建新元件】对话框。

(2) 新建文件夹。单击该按钮会在【库】面板中创建一个文件夹，可以将相关的项目放置在文件夹中，方便库项目的管理。

(3) 属性。选择【库】面板中某个项目后单击该按钮，会弹出相关的属性对话框。如果选择的为元件，则弹出【元件属性】对话框；如果选择的为位图，则弹出【位图属性】对话框。

(4) 删除。单击该按钮将【库】面板中当前所选的项目删除。

(5) 共享库项目。要在另一个文档中使用当前文档的库项目，将项目从该文档的【库】面板中拖入另一个文档的【库】面板中即可。如果新位置存在同名项目，那么会打开【解决库冲突】对话框，提示是否进行替换，如图 5-41 所示。

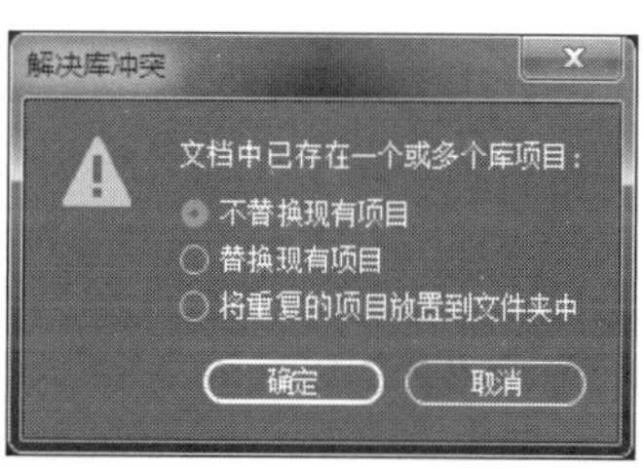

图 5-41 解决库冲突对话框

(6) 更新库项目。如果在导入一个外部的声音文件或者位图文件之后，又编辑或修改了这些文件，此时 Animate 中对应的项目内容就会和原始的外部文件有差异，只要选择该项目后右击，执行【更新】命令，就会打开【更新库项目】对话框，再单击【更新】按钮即可进行自动更新，无须再重新导入该项目，如图 5-42 所示。

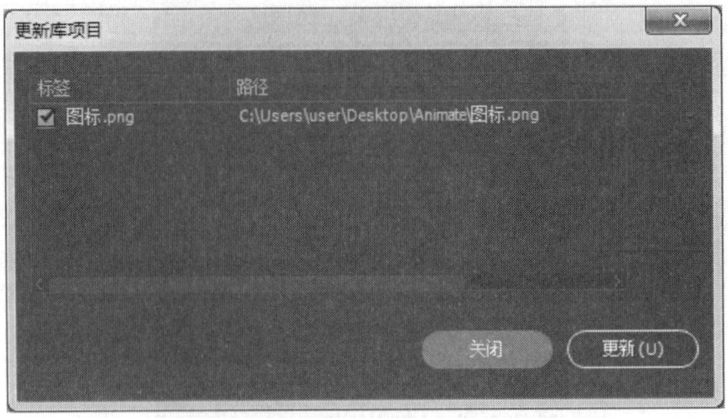

图 5-42　更新库项目

3. 知识延伸：如何导出库中的项目

在【库】面板中选择需要导出的对象，右击，执行【导出 SWF】或者【导出 SWC 文件】命令，即可将其导出，只有影片剪辑元件才能进行导出。

第 6 章　简单动画效果制作

6.1　帧

动画制作实际上就是改变连续帧内容的过程，通过在【时间轴】面板右侧的帧操作区中进行各项帧操作，可以制作出丰富多彩的动画效果。其中每个影格代表一个画面，称为 1 帧，它是在动画最小时间内出现的画面。一个动画具有多少帧决定了这个动画的播放时间。

6.1.1　帧的类型

Animate 中帧的类型有三种，分别为关键帧、空白关键帧和普通帧，如图 6-1 所示。不同类型的帧在时间轴上的外观不同，在动画中发挥的作用也不同。

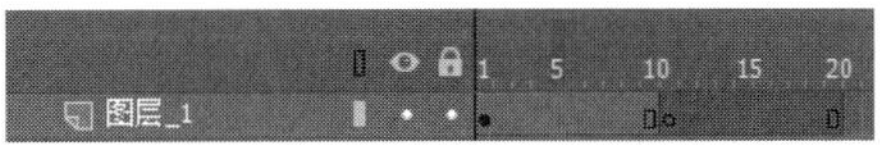

图 6-1　Animate 中的三种帧

（1）关键帧。关键帧是用来定义动画变化的帧，舞台上所有可见内容都在关键帧中进行添加，并在关键帧中制作动画的变化效果。关键帧在时间轴上显示为实心小黑点。

（2）空白关键帧。空白关键帧是没有内容的关键帧，在空白帧内加入内容后转变为关键帧。空白关键帧在时间轴上显示为空心的小圆圈。新建文档或新建图层时，时间轴上的第 1 帧都是一个空白关键帧。

（3）普通帧。普通帧就是动画中对效果不起关键作用的帧，普通帧起到延续关键帧内容，或者将起始关键帧内容向结束关键帧内容过渡的作用。连续的普通帧在时间轴上以灰色显示，连续普通帧的最后一帧中有一个空心矩形块。

6.1.2　帧的操作

在制作动画时，经常需要进行插入帧、选择帧、删除帧等操作，下面就对这些帧的相关操作进行介绍。

1. 插入帧

新建的 Animate 文档中默认包含一个图层，该图层上有一个空白关键帧，用户可以根据需要在时间轴上插入更多的帧。要在时间轴上插入帧，可以通过以下几种方法实现。

（1）使用右键菜单。右击时间轴上的帧，在弹出的快捷菜单中选择【插入帧】/【插入关键帧】/【插入空白关键帧】命令，可以插入普通帧、关键帧和空白关键帧。

（2）使用快捷键。在时间轴上选中要在其后方进行插入的帧，按 F5 键，则在该帧后方插入一个普通帧；按 F6 键，则在该帧后方插入一个关键帧；按 F7 键，则在该帧后方插入一个空白关键帧。

（3）使用菜单命令。在时间轴上选中要在其后方进行插入的帧，选择【插入】|【时间轴】|【帧】/【关键帧】/【空白关键帧】，也可以插入普通帧、关键帧和空白关键帧。

2. 选择帧

选中帧是对帧进行各种操作的前提，选择相应帧的同时也就选择了该帧在舞台中的对象。可以选择同一图层的单帧或多帧，也可以选择不同图层的单帧或多帧，选中的帧以蓝色背景显示，如图 6-2 所示。

（1）选择单个帧：在帧上单击。

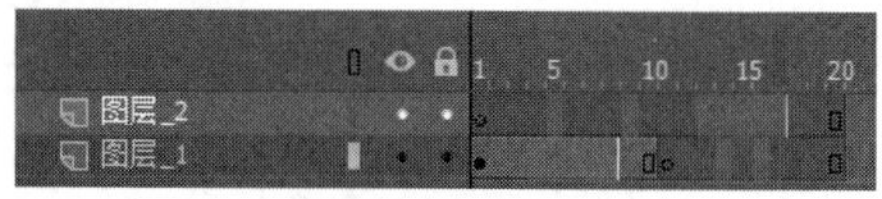

图 6-2 选择帧

（2）选择连续多帧：按住 Shift 键单击选择范围内的起始帧和结束帧，或者单击选择范围内的起始帧后按住鼠标左键移动鼠标指针至选择范围内的结束帧。

（3）选择不连续多帧：按住 Ctrl 键单击需要选择的帧。

3. 删除帧

在制作动画的过程中经常会出现多余的帧，需要将其删除。删除帧的方法有以下两种。

方法一：选中要删除的帧，右击，从弹出的快捷菜单中选择【删除帧】命令。

方法二：选中要删除的帧，按 Shift＋F5 组合键。

4. 清除帧

清除帧与删除帧的区别在于：清除帧仅清除被选中帧里的内容，无论该帧是关键帧还是普通帧，在完成清除帧操作后都会成为空白关键帧。

选中要清除的帧，右击，从弹出的快捷菜单中选择【清除帧】命令，即可进行清除帧操作。

5. 清除关键帧

在 Animate 的帧操作中还有一个与删除帧和清除帧相似的操作，叫清除关键帧，该操作只对关键帧和空白关键帧有效。执行该操作可以使被选中的关键帧和空白关键帧成为普通帧。

选中要清除的帧，右击，从弹出的快捷菜单中选择【清除关键帧】命令，或者按快捷键 Shift＋F6，即可进行清除关键帧操作。

6. 复制帧

复制帧操作可以将文档中的某些帧复制到该文档的其他位置，也可以将一个文档中的某些帧复制到另外一个文档中。

选中需要进行复制的帧之后，右击，在弹出的快捷菜单中选择【复制帧】命令，然后在需要粘贴的位置右击，在弹出的快捷菜单中选择【粘贴帧】命令，这部分帧就被复制到了新的位置。

7. 翻转帧

翻转帧操作是将选中的一段连续帧进行头尾倒转，使原来的最后一帧成为翻转后的第 1 帧，原来的第 1 帧成为翻转后的最后 1 帧，反向播放动画。

选中需要进行翻转的帧之后，右击，在弹出的快捷菜单中选择【翻转帧】命令，即可完成翻转帧的操作。

6.1.3 【绘图纸外观】工具

默认情况下，舞台上只能同时显示或编辑时间轴上某一帧的内容，但可以使用【绘图纸外观】工具一次查看或编辑多个帧中的内容。

绘图纸外观工具组位于时间轴面板上方，包括【绘图纸外观】【绘图纸外观轮廓】【编辑多个帧】和【修改标记】4 个工具，如图 6-3 所示。

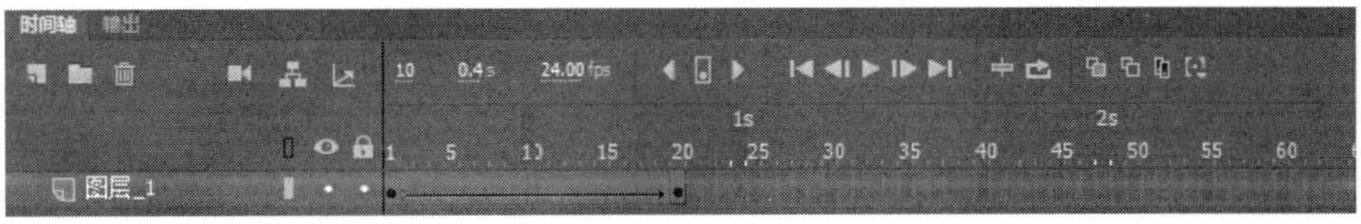

图 6-3　绘图纸外观工具组

1. 打开绘图纸外观

单击【绘图纸外观】按钮，在时间轴上当前帧的前后会出现两个形似中括号的标记，在这两个标记内的帧中的内容会同时在舞台上显示出来。除了当前帧外，其他帧会是半透明显示，且不能被编辑。拖动两个标记的位置，可以修改显示帧的起始位置，如图 6-4 所示。

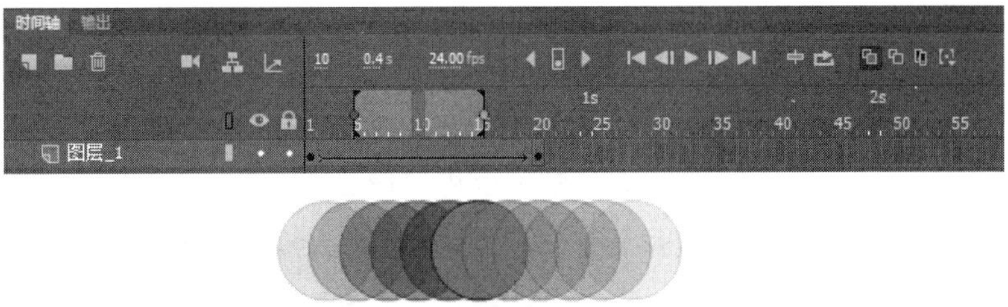

图 6-4　打开绘图纸外观

2. 显示绘图纸外观轮廓

单击【绘图纸外观轮廓】按钮，除了当前帧正常显示外，位于标记内的其他帧会以轮廓线方式显示，如图 6-5 所示。

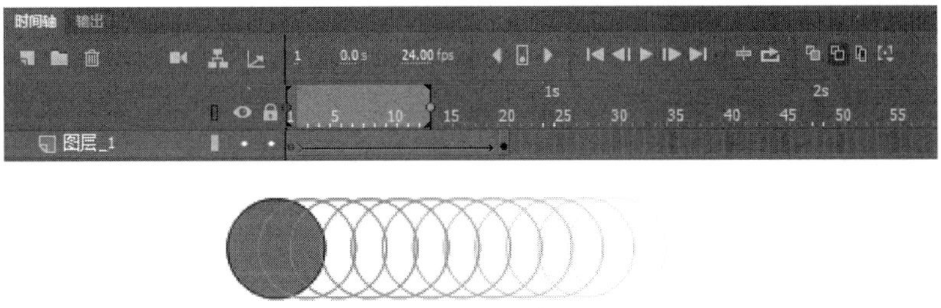

图 6-5　显示绘图纸外观轮廓

3. 编辑多个帧

单击【编辑多个帧】按钮，可以同时选中标记内的所有关键帧并进行操作，如图 6-6 所示。

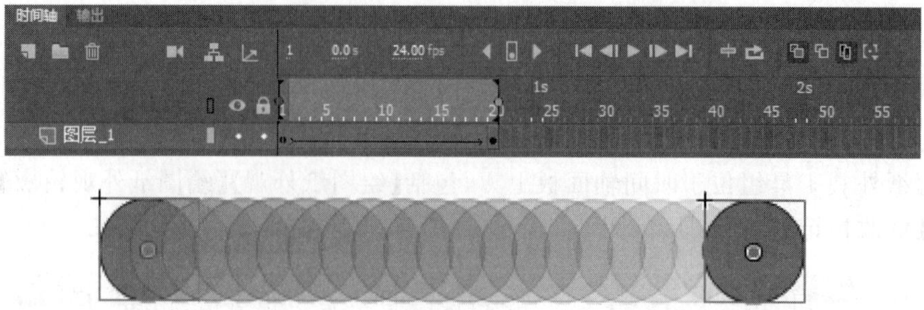

图 6-6 编辑多个帧

6.2 图 层

与其他图形软件类似，Animate 也使用图层来处理复杂画面。图层好比一张张透明的纸，在这些透明的纸上分别作画，再将它们按一定的顺序进行叠加。各个图层的操作相互独立、互不影响。

6.2.1 图层面板

图层面板在【时间轴】面板的左侧，如图 6-7 所示，面板中图层的排列顺序决定了舞台上对象的显示情况，最顶层图层的对象始终显示于舞台最上方。

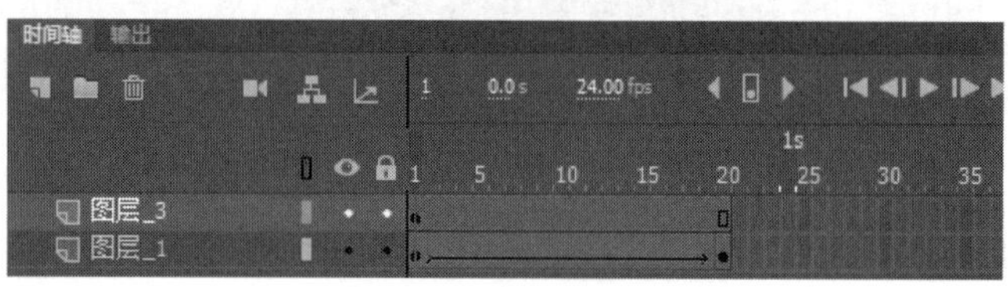

图 6-7 图层面板

- ：新建图层。
- ：新建文件夹。
- ：删除图层。
- ：将所有图层显示为轮廓。
- ：显示或隐藏所有图层。
- ：锁定或解锁所有图层。

6.2.2 图层的操作

1. 创建图层

新建空白文档后在【时间轴】面板中仅有一个名为“图层_1”的图层。在动画制作过程中，用户可以根据需要来自由创建图层。

单击【图层】面板上方的【新建图层】按钮，可以创建一个新的图层，该图层会出现在当前所选图层的上方，并会在图层中插入足够多的帧以与时间轴的最长帧序列匹配。

如图 6-8 所示，时间轴上原有两个图层，其中一个图层中有 5 帧序列，另一个图层中有 20 帧序列。选中“图层_2”再单击【创建图层】按钮，会在“图层_2”上方创建一个名为“图层_3”的新图层，且图层已自动插入普通帧延长为 20 帧序列。

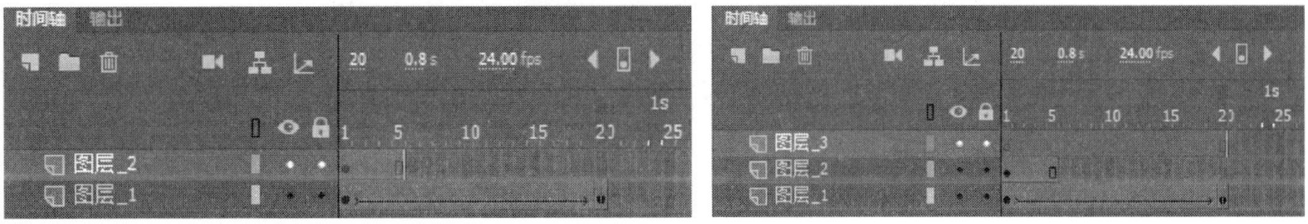

图 6-8　创建图层

2. 创建图层文件夹

Animate 提供了图层文件夹的功能，它以树形结构排列，可以将多个图层分配到一个文件夹中进行管理，也可以将多个图层文件夹分配到一个文件夹中进行管理。对于场景比较复杂的动画，合理有效地组织图层与图层文件夹是极为重要的，可以大幅提高工作效率。

单击【图层】面板上方的【新建文件夹】按钮，可以创建一个新的图层文件夹，该文件夹会出现在当前所选图层的上方。因为图层文件夹只用于管理图层，因此图层文件夹没有时间线和帧。

如图 6-9 所示，在图层_3 上方插入一个文件夹，并将图层_2 和图层_3 向斜右上方拖动，组织到该文件夹中进行管理。通过单击文件夹左边的三角形按钮，可以将文件夹内容收缩显示，使【图层】面板看起来更清爽，需要时再单击文件夹左边的三角形按钮，再次展开显示文件夹内的图层内容。

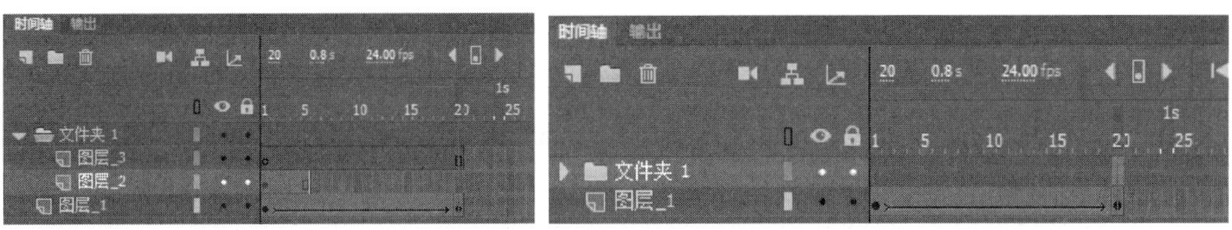

图 6-9　图层文件夹

3. 选择与删除图层

要修改和编辑图层，首先要选择图层，可以通过以下方式来进行图层的选择。

(1) 单击【图层】面板中的图层名称，可以选中该图层。

(2) 单击图层上的某个帧，也可以选中该图层。

(3) 单击舞台上的某个对象，可以选中该对象所在的图层。

(4) 按住 Shift 键单击第一个和最后一个图层名称，可以选中连续的多个图层。

(5) 按住 Ctrl 键单击图层名称，可以选中不连续的多个图层。

如果要将被选中的图层删除，单击【图层】面板上的【删除】按钮即可。

4. 调整图层的排列顺序

【图层】面板中位于上层的图层对象会遮盖位于下层的图层对象，选中需要调整叠放顺序的图层，按住鼠标左键将其拖曳到所需位置，在拖动过程中会出现一条带圆圈的黑色线，表示当前图层已被拖动到的位置，释放鼠标就完成了图层叠放顺序的调整，如图 6-10 所示。

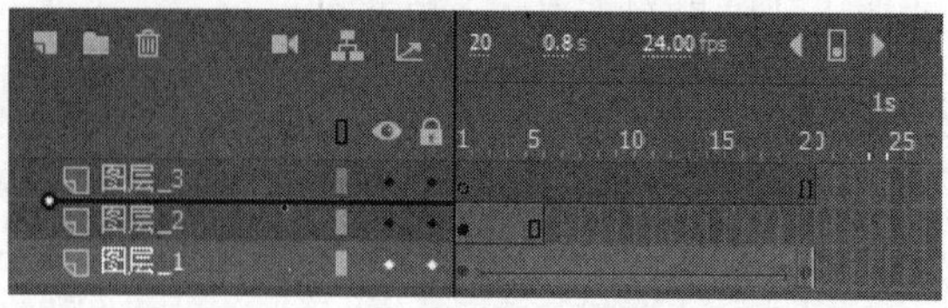

图 6-10 调整图层叠放顺序

5. 隐藏图层

默认情况下，创建的图层处于显示状态，但是在制作较为复杂的动画时，有时为了便于观察，可以将某个或某些图层暂时隐藏，在动画文件的发布设置时，还可以选择是否包括隐藏图层。

单击【图层】面板上方的【显示或隐藏所有图层】按钮，可以将所有图层全部显示或隐藏；单击图层名字右侧【显示或隐藏所有图层】按钮栏下方的黑点，可以将所选图层隐藏，图层隐藏后这一栏的黑点会变成一个黑叉，如图 6-11 所示。

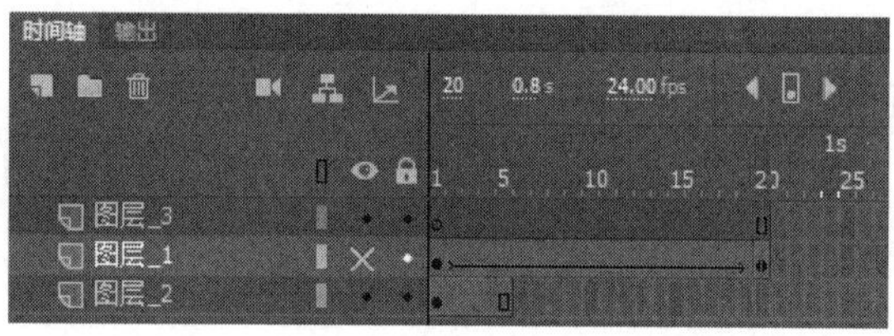

图 6-11 隐藏图层

6. 锁定图层

在进行动画制作时，如果舞台上的对象很多，那么可能在编辑某个对象时影响到其他对象，这时可以将不需要改动的图层暂时锁定。

单击【图层】面板上方的【锁定或解锁所有图层】按钮，可以将所有图层全部锁定或解锁；单击图层名字右侧【锁定或解锁所有图层】按钮栏下方的黑点，可以将所选图层锁定，图层锁定后这一栏的黑点会变成一把锁，如图 6-12 所示。

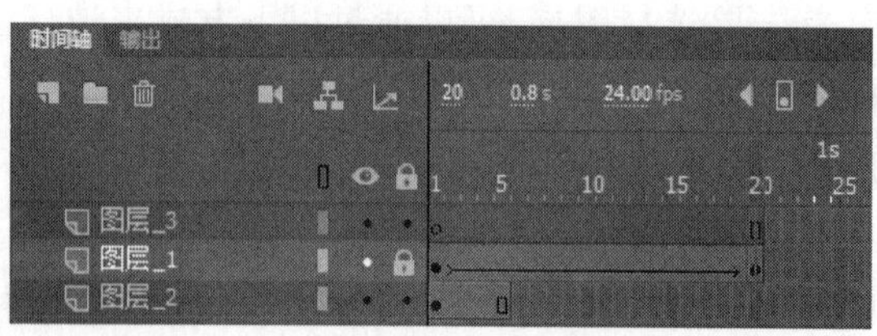

图 6-12 锁定图层

7. 复制和拷贝图层

在制作动画的过程中，可能会需要重复使用某个图层中的内容，或者是将某个图层的内容复制到别的位置或别的文档中。

右击要进行复制的图层，在弹出的快捷菜单中选择【复制图层】命令，会在选择图层的上方创建一个含有“复制”后缀字样的同名同内容图层，如图 6-13 所示。

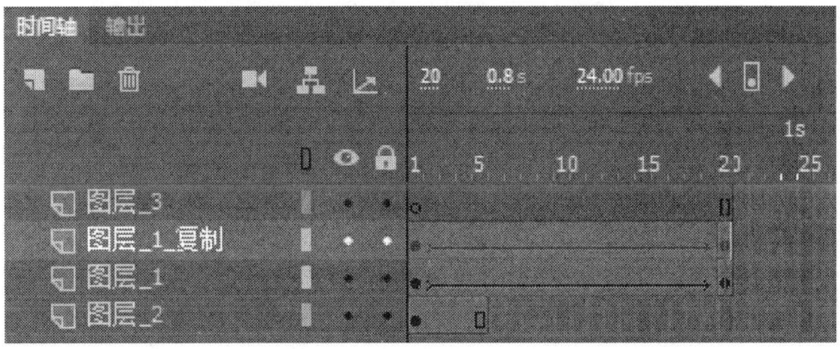

图 6-13 复制图层

如果要将图层拷贝到其他场景或其他文档中，右击要进行拷贝的图层，在弹出的快捷菜单中选择【拷贝图层】命令，然后在【图层】面板中要进行粘贴的新位置（可以是同一文档中，也可以是不同文档中），右击，在弹出的快捷菜单中选择【粘贴图层】命令，就可以将该图层拷贝到新位置上。

8. 分散到图层

当一个图层中放置了多个对象之后，可能因为后面制作动画的需要，又想把这些对象分开放到一个个不同的图层中，这时就可以借助【分散到图层】命令快速地将这些对象分散到多个图层中，并且每个图层都会以对象的名字或者内容来命名，同时实现图层层次以对象之间的层次关系进行排列。

选中要进行分散操作的对象，右击，从弹出的快捷菜单中选择【分散到图层】命令，即可完成分散操作。也可以选中图层中某个特定的对象右击，从弹出的快捷菜单中选择【分散到图层】命令，将指定的这个对象单独放置于一个图层中。

9. 设置图层属性

可以通过图层属性对图层进行更进一步的综合设置。右击要设置的图层名字，在弹出的快捷菜单中选择【属性】命令，打开【图层属性】对话框，如图 6-14 所示。

该对话框中主要的设置如下。

名称：输入或修改图层的名字。

锁定：锁定或解锁图层。

可见性：设置图层隐藏、显示或半透明显示。

类型：设置图层的类型。

轮廓颜色：设置图层以轮廓显示时轮廓线的颜色。

图层高度：设置图层的高度比例。

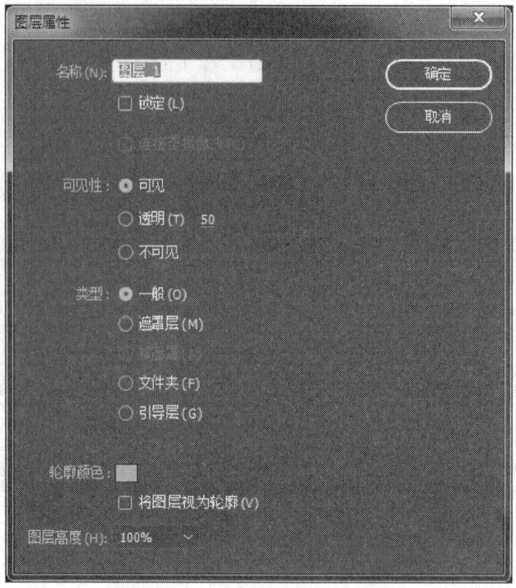

图 6-14 “图层属性”对话框

6.2.3 实战案例：管理“快乐大自然”动画中的图层

打开素材“快乐大自然.fla”，如图 6-15 所示，可以看到该文档中只有一个图层，舞台上所有的对象都在这个图层中，这不便于对舞台中的对象进行管理，也不利于后期为这些对象制作动画，需要将具有动画效果的对象合理安排在不同的图层中。

图 6-15 “快乐大自然”素材

步骤 1 在“图层 1”的名字上双击，将“图层 1”重命名为“背景”。

步骤 2 按住 Shift 键依次单击舞台上的人物和动物以选中，右击，在弹出的快捷菜单中选择【分散到图层】命令。

步骤 3 将“背景”图层拖到所有图层下方。

步骤 4 选中背景图层中的草丛，右击，在弹出的快捷菜单中选择【分散到图层】命令。

步骤 5 将草丛图层拖到所有图层上方，并重命名为“草丛”。

步骤 6 选择“吉他手”图层，单击【图层】面板上方的【新建文件夹】按钮，在“吉他手”图层上方新建一个文件夹。

步骤 7　将新建的文件夹重命名为“动物”，然后把所有的动物图层拖到“动物”文件夹中。【时间轴】面板最终效果如图 6-16 所示。

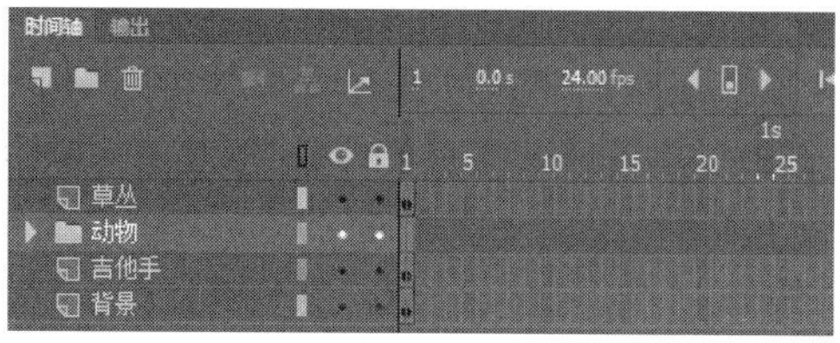

图 6-16　最终效果

6.2.4　知识延伸：图层的五种类型

图层一共有五种类型，如图 6-17 所示。图层类型可以选择图层后右击，在弹出的快捷菜单中设置，也可以在图层属性面板中进行设置。具体的操作和效果会在后面章节中相关知识部分详细介绍。

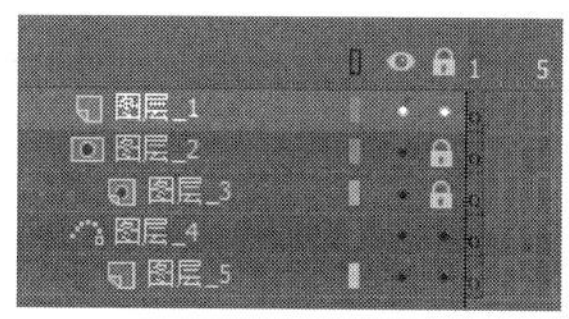

图 6-17　图层的类型

一般图层：普通状态图层，新创建的文档中默认有一个一般图层。

遮罩层：制作遮罩动画时放置遮罩对象的图层。

被遮罩层：制作遮罩动画时位于遮罩层下方的图层，用来放置被遮罩对象。

引导层：制作引导层动画时放置引导路径的图层。

被引导层：制作引导层动画时放置被引导对象的图层，该图层上的对象在运动时会沿着引导层中设置的路径来移动，被引导层在【图层】面板上的标志和一般图层一样，只是它缩进在引导层下方。

6.2.5　能力拓展：为天空添加云朵

打开素材“农场.fla”，将图层 3 复制后进行翻转帧操作，然后再对图层进行如图 6-18 所示组织和管理。

图 6-18　“农场”素材

6.3 逐帧动画

在 Animate 中制作动画有两种方式，一种是逐帧动画，另一种是补间动画。在补间动画中只需要指定动画的起始和结束效果，动画的中间过渡效果会由系统自动计算生成。而在逐帧动画中不仅要指定动画的起始和结束效果，还要对动画的中间变化效果一帧一帧地进行手动设置甚至绘制。

1. 逐帧动画的原理

逐帧动画是动画中最基本的类型，它是由若干个连续关键帧所组成的动画序列，与传统的动画制作方法类似。它的制作原理是在连续的关键帧中分解动画，将内容不同的每一帧连续播放而产生动态效果。

在制作逐帧动画的过程中，需要手动制作每一个关键帧中的内容，因此工作量极大，并且要求制作者有比较强的逻辑思维和一定的绘图功底。虽然如此，逐帧动画的优势还是十分明显，它具有非常强大的灵活性，适合用来表现一些细腻的动画效果，例如面部表情、走路、奔跑、转身等，缺点是动画文件的占用空间较大。如图 6-19 所示是使用逐帧动画的方法制作的骏马奔跑效果。

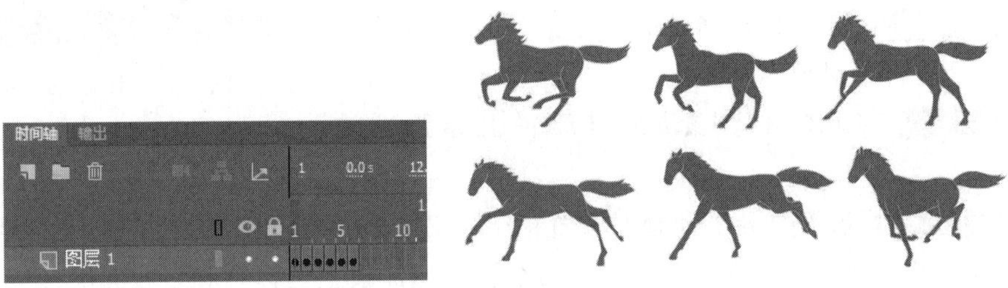

图 6-19　逐帧动画示例

2. 创建逐帧动画

逐帧动画的一大应用就是制作动作，特别是角色的行走动作，用别的方法往往很难做得流畅、逼真、自然，这时就需要一帧一帧地去将分解动作绘制出来，再用逐帧动画的方法将它形成动画。当然在开始绘制之前，对整个动作的分解也非常重要，如需要分解为多少个关键帧，每个关键帧中动作进行到哪个程度等，都需要有一定的动画运动规律的常识和绘画基础。

创建逐帧动画的方法主要有以下三种。

(1) 导入外部图片来创建逐帧动画。外部导入方式是创建逐帧动画常用的方法，因为在逐帧动画中需要绘制大量的内容，可以在更专业的图形绘制软件中去完成绘制过程，然后再导入 Animate 中成为逐帧动画。

(2) 逐帧绘制来创建逐帧动画。对于需要逐帧制作的动画效果，在提前规划好关键帧的分解效果之后，就可以在 Animate 中使用绘图工具逐帧进行绘制，绘制时注意将【绘图纸外观】工具打开，便于对照各帧中的变化。

(3) 逐帧调整来创建逐帧动画。对于绘图基础不够好的动画制作者来说，逐帧绘制具有较大的难度，很难把动作画得逼真形象，这时可以采用逐帧调整的方法。在绘制好动画角色基础形象之后，把角色身体的各个部件都转为组合或者元件，然后再逐帧对身体各个部件进行调整，比如改变位置和旋转角度等。

3. 实战案例：男子行走动画

下面就以一个男子行走动画为例来介绍通过外部导入的方式来制作逐帧动画的操作。这个动画中，男子的行走动作已经被分解为 8 个画面，并在别的绘图软件中绘制完成，且已保存为 1～8 这样的序列名字，如图 6-20 所示。

图 6-20　男子行走动画

步骤 1　新建一个 AS3.0 动画文档，采用默认的舞台大小为 550×400 和默认的帧频 24fps。

步骤 2　执行【文件】|【导入】|【导入到舞台】菜单命令，在打开的【导入】对话框中选择要导入的第一幅图片 1。单击【打开】按钮，系统会询问是否将所有的序列图像全部导入，如图 6-21 所示。

图 6-21　导入图片

此处如果选择"否"将只导入当前所选的这张图像；如果选择"是"，Animate 会将所有序列图像一次性全部导入，分别置放在不同的关键帧中，且每张图像在舞台中的位置相同。

步骤 3　单击【是】按钮，会看到在时间轴上生成了一段长度为 8 帧的动画，其中每一帧都为关键帧，内容分别对应着 8 张图片。播放动画，可以看到男子的行走动画，但是速度很快。

步骤 4　选中第 1 帧，单击两次 F5 键为其插入两个普通帧延长显示，其他 7 个关键帧也做同样的操作，播放动画观看效果，可以看到男子的行走速度已经放慢到正常水平。此处为什么要通过插入帧来放慢男子行走动作，而不是将帧频修改为 8 来放慢行走呢？这是因为动画中可能还有别的运动物体运动效果，每秒 8 帧的帧频会使别的运动动画看起来不够流畅。

4. 知识延伸：动画中的拍数

在制作动画的过程中，一张画的拍摄格数就是它的拍数，一拍二也即双格拍摄，是指一张画面拍摄两格。而在 Animate 中，拍数指的是一个画面的显示时间长度，即每隔多少帧使用一张画，而这里的一张画就需要用到一个关键帧，一拍二就是一个画面停留两帧，隔一帧需要用到一个关键帧。

一般来说快速动作对拍数要求比较高，比如非常快的奔跑动作需要一拍二甚至一拍一，不然画面就会不连贯；而慢速动作对拍数要求要低一些，一拍二、一拍三的节奏看起来也会很流畅，比如缓慢转身的动作。

5. 能力拓展：狗小姐走路

下面用逐帧绘制动画的方法来为一只可爱的狗小姐制作走路动作。打开素材“狗小姐.fla”，其中已经绘制好狗小姐这个角色的基本形象，这也是狗小姐走路动作的起始姿势。参考如图 6-22 所示的动作分解图，为它绘制出走路过程中的其他分解动作，采用一拍三的节奏，制作出狗小姐闲适走路的动画。

图 6-22　狗小姐走路动作分解图

6.4　传统补间动画

术语“补间”来自传统动画行业，高级动画师负责绘制人物的开始和结束姿势，也就是在 Animate 中的动画关键帧。然后初级动画师负责绘制中间的帧，或做一些中间工作，即 Animate 中关键帧之间的平滑过渡。

而补间动画就是这样一种动画，只需指定起始和结束关键帧中的效果，中间的过渡效果由系统自动创建，并且只有关键帧是可以进行编辑的，中间的各个过渡帧虽然可以查看，但是不能直接进行编辑。

在 Animate 中一共有三种类型的补间动画，分别是传统补间动画、形状补间动画和补间动画。

传统补间动画是 Animate 中较为常见的基础动画类型，也是早期软件版本创建动画的基本方法。使用这种方法可以制作出对象的位移、变形、旋转、透明度、滤镜及色彩变化等动画效果。

6.4.1　创建传统补间动画

在制作传统补间动画时需要满足以下两个条件。

(1) 动画中需要有两个关键帧，分别作为动画的起始和结束效果。

(2) 动画对象必须是元件，如果不是元件，在创建传统补间动画时系统会将其自动转变为图形元件。

下面以素材“飞机.fla”为例介绍传统补间动画的创建方法。

在“飞机.fla”的第 24 帧处按 F6 键插入关键帧，并在这一帧中将飞机移动到舞台的右方。

选中第 1 帧到第 23 帧中的任意一帧，右击，在弹出的快捷菜单中选择【创建传统补间】菜单命令，就生成了一段时长为 1 秒的传统补间动画。同时在第 1 帧到第 24 帧之间出现一个双向箭头，且帧的颜色变为紫色，播放动画可以看到飞机匀速从舞台的左边飞向舞台的右边，打开【绘图纸外观】可以查看飞机的飞行轨迹。如图 6-23 所示。

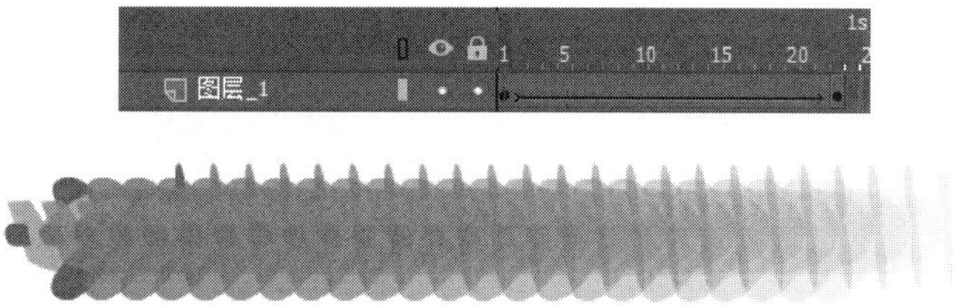

图 6-23　创建传统补间动画

这个操作也可以通过菜单命令【插入】|【创建传统补间】来完成。

6.4.2　可以实现的动画效果

在创建传统补间动画之前，或者传统补间动画已经创建好之后，都可以选中起始关键帧或结束关键帧中的对象，通过修改它的属性来设置动画的效果。可以设置的效果包括位置、大小、旋转角度等。

(1) 位移动画效果。通过设置起始和结束关键帧中对象的不同位置，制作位移动画效果。

(2) 缩放动画效果。通过设置起始和结束关键帧中对象的不同大小，制作缩放动画效果，如图 6-24 所示。

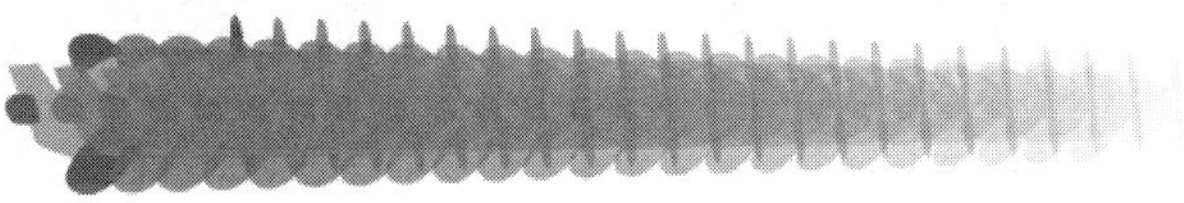

图 6-24　缩放动画效果

(3) 旋转动画效果。通过设置起始和结束关键帧中对象的不同旋转角度，制作旋转动画效果，如图 6-25 所示。

(4) 色彩动画效果。通过设置起始和结束关键帧中对象的不同亮度、透明度、色调，制作色彩动画效果，如图 6-26 所示。

图 6-25　旋转动画效果

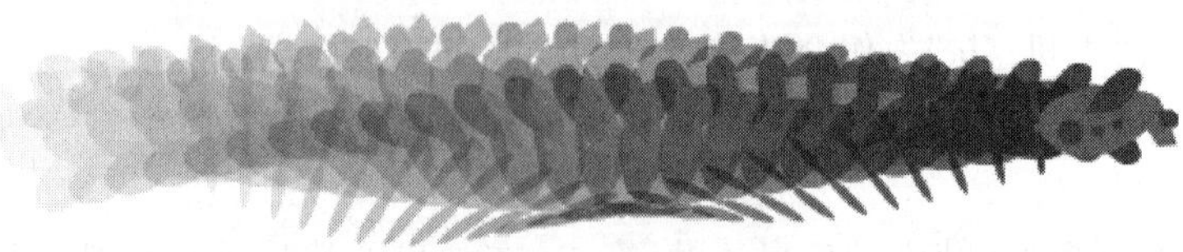

图 6-26　色彩动画效果

（5）滤镜动画效果。通过设置起始和结束关键帧中对象的不同滤镜效果，制作滤镜动画效果，如图 6-27 所示。此处注意只有影片剪辑和按钮元件实例才能添加滤镜。

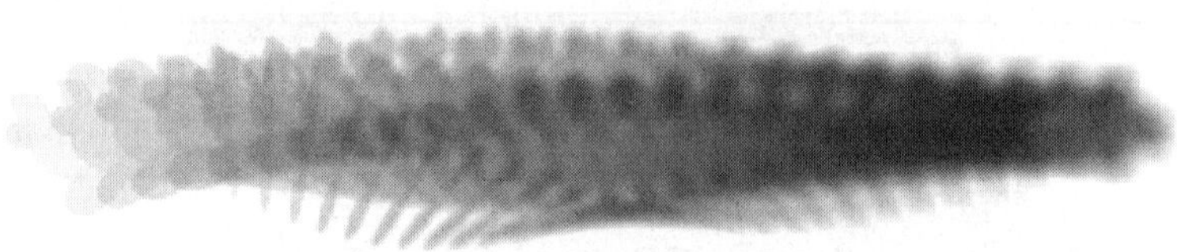

图 6-27　滤镜动画效果

6.4.3　编辑传统补间动画

对于已经创建好的传统补间动画，如果想要修改动画效果，可应用以下两种方法：①选中起始和结束关键帧中的动画对象，修改该对象的位置、大小、旋转角度等属性；②通过编辑补间属性来修改补间效果。

选中已经创建好的传统补间动画中的任意一帧（不包括最后一帧），打开【属性】面板，会看到关于运动的速度、旋转等各项设置，如图 6-28 所示。

1. 设置缓动

缓动用于设置动画速率，默认情况下动画效果以匀速进行变化，而设置缓动可以使动画效果产生变速变化。

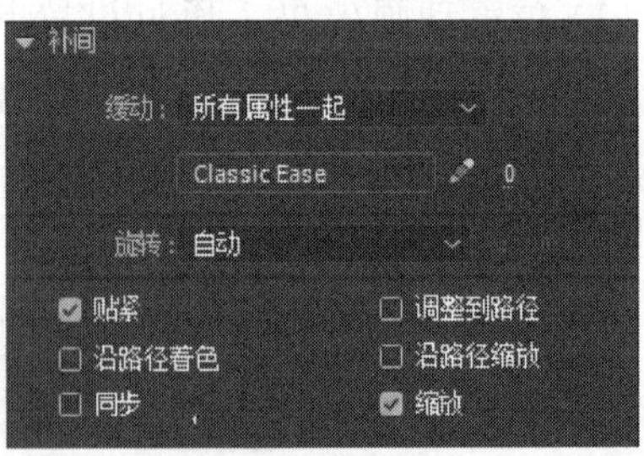

图 6-28　补间属性面板

【所有属性一起】/【单独每个属性】：可以针对整个动画效果，也可以针对某个特定属性设置加速度或者减速度，如图 6-29 所示。其中数值 0 是当前的缓动强度，0 代表匀速运动，可以将其设为 0～100 之间的正数，这时动画是减速运动效果，正数绝对值越大，减速效果越强烈；也可以将其设为－100～0 之间的负数，这时动画是加速运动效果，负数绝对值越大，加速效果越强烈。

缓动类型：可以使用系统预设的缓动效果类型，包括经典缓动、缓入和缓出等，如图 6-30 所示。

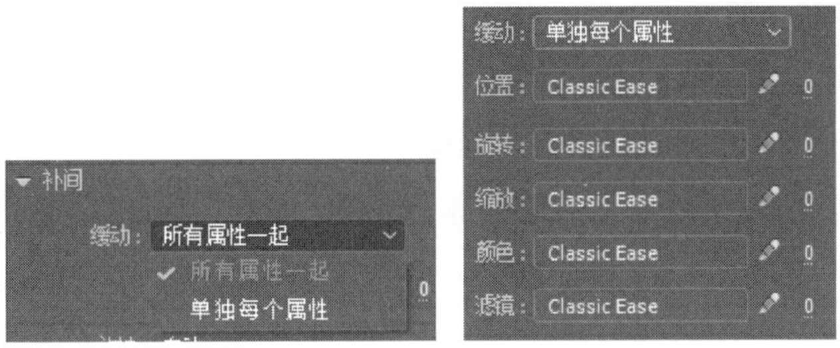

图 6-29　设置缓动值

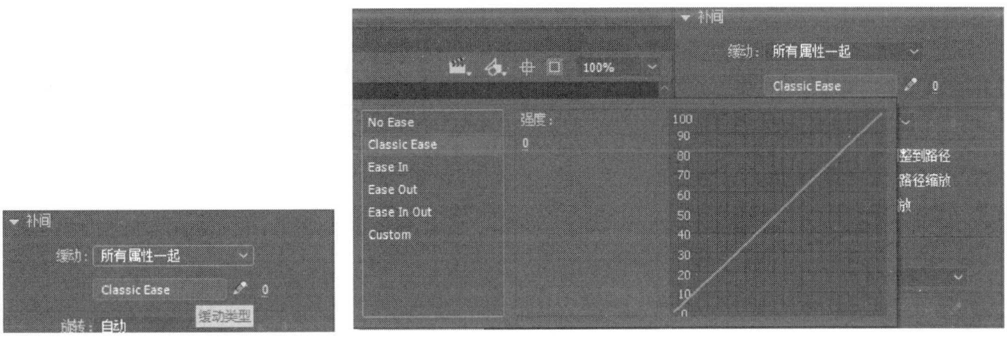

图 6-30　设置缓动类型

编辑缓动：可以打开【自定义缓动】面板，在其中通过在速率曲线上增加、修改、删除控制点来进行缓动效果的编辑，如图 6-31 所示。

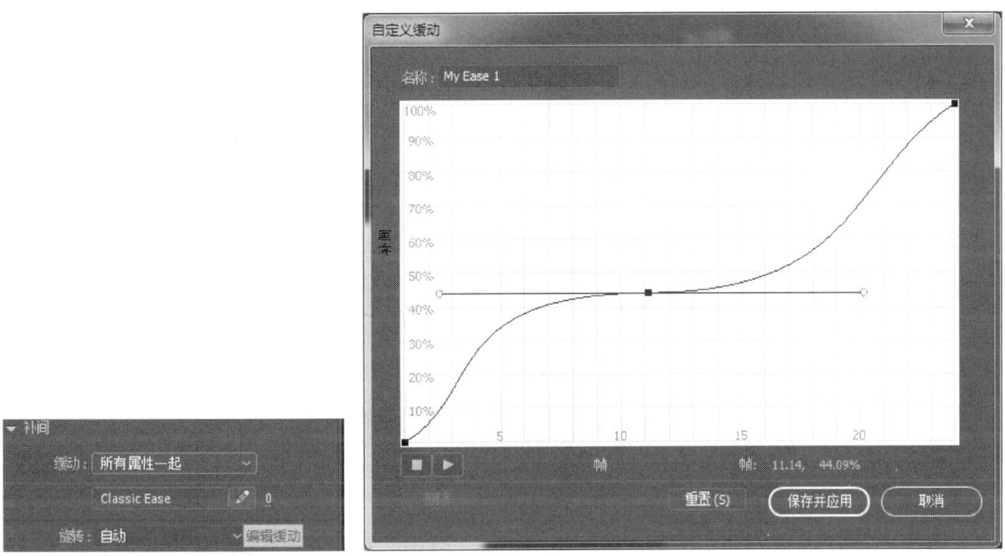

图 6-31　自定义缓动

2．设置旋转

旋转用于设置动画的旋转效果，可以选择顺时针或者逆时针旋转，也可以指定旋转圈数，如图 6-32 所示。

图 6-32 设置旋转

3. 设置其他

除了设置传统补间动画的缓动和旋转效果，在【属性】面板中还可以进行其他的一些效果设置，如图 6-33 所示。

图 6-33 设置其他

贴紧：如果该动画有连接的引导层，可以将动画对象自动吸附到引导路径上。

调整到路径：运动对象在引导层动画中可以沿着路径的曲度变化改变方向。

沿路径着色：在引导层动画中，使运动对象的笔触颜色与引导路径的笔触颜色一致。

沿路径缩放：在引导层动画中，如果引导路径为可变宽度笔触，则运动对象在运动过程中根据笔触宽度进行缩放。

同步：可以使元件的动画和主时间轴同步。

缩放：允许在动画过程中改变运动对象的大小。

6.4.4 实战案例：礼物动画

在本案例中将制作一个礼物动画，通过传统补间动画为对象应用位移、变形、透明度、旋转等变化的动画效果，如图 6-34 所示。

图 6-34 礼物动画素材

步骤 1 打开素材文件“礼物. fla”，在“背景”图层的第 48 帧处按 F5 键插入帧，设置动画的播放时间为 48 帧。

步骤 2 在“星星”图层的第 48 帧处按 F6 键插入关键帧，选择 1～47 帧之间的任意一帧，右击，从弹出的快捷菜单中选择【创建传统补间】命令，在属性面板中设置顺时针旋转 2 周，如图 6-35 所示。

步骤 3 在“阴影”图层的第 10 帧处按 F6 键插入关键帧，并将阴影图案适当放大。选择 1～9 帧之间的任意一帧,右击,从弹出的快捷菜单中选择【创建传统补间】命令。

步骤 4　新建一个图层并命名为"礼物",将【库】面板中的"礼物"影片剪辑拖到舞台上,在第 10 帧插入关键帧,选中第 1 帧,将礼物拖到舞台的上方,并设置透明度为 0,如图 6-36 所示。在第 1～10 帧之间创建传统补间动画。

图 6-35　设置旋转效果

图 6-36　设置透明度

步骤 5　在"礼物"图层的第 12 帧插入关键帧,使用任意变形工具将礼物压扁,如图 6-37 所示。在第 10～12 帧之间创建传统补间动画。

步骤 6　在"礼物"图层的第 14 帧插入关键帧,使用任意变形工具将礼物拉高,如图 6-38 所示。在第 12～14 帧之间创建传统补间动画。

图 6-37　将礼物压扁

图 6-38　将礼物拉高

步骤 7　在"礼物"图层的第 15 帧插入关键帧,将礼物的比例恢复正常,如图 6-39 所示。

图 6-39　将礼物恢复正常

6.4.5　知识延伸:传统补间动画的制作技巧

传统补间动画的运动对象只能是元件的实例。如果把对象绘制出来后没转变为元件就去做插入结束关键帧的操作,并设置起始效果,此时如果给它创建传统补间动画,会在库里面自动生成两个图形元件,如图 6-40 所示,名字分别为“补间 1”和“补间 2”,且外观看上去一样。这样就出现一个问题,起始关键帧里和结束关键帧里是两个不同的元件实例,既增加了库里面的元件数量,也不便于动画效果的编辑和修改。

正确的操作步骤应该是在起始关键帧中准备好动画对象之后,先将它转变为元件,然后插入结束关键帧,再设置起始和结束效果,最后创建传统补间动画,这样在起始和结束关键帧里是同一个元件对象,便于动画的编辑和修改。

图 6-40　自动生成两个元件

6.4.6　能力拓展:希望之路

打开素材文件“希望之路.fla”,如图 6-41 所示。使用传统补间动画的方法制作如下效果。

(1) 汽车由近处向远处开去,汽车越来越小,速度越来越快。

(2) 每根电线杆上都有一个风车在不停旋转,风车的大小随电线杆的大小变化。

(3) 舞台上方“希望之路”4 个字由透明开始逐渐显示。

图 6-41　“希望之路”动画素材

6.5　形状补间动画

传统补间动画可以对对象做缩放、倾斜等变形操作,但如果想要实现形状上的变化,例如最简单的直线变曲线、曲线变直线效果,利用传统补间动画是无法实现的。这时需使用形状补间动画,它可以使一个形状变形成另一个形状。

1. 创建形状补间动画

形状补间动画的创建方法和传统补间动画类似,只要设定好起始两个关键帧中的效果,中间过渡效果便可通过 Animate 自动创建。形状补间动画的创建也需要满足以下两个条件。

(1) 在一个形状补间动画中至少要有两个关键帧。

(2) 形状补间动画的对象必须是合并模式或者对象编辑模式的图形，不能是元件也不能是组合，如果是后者，必须先执行分离操作后才能创建形状补间动画。

下面来制作一个从圆形变为方形的形状补间动画效果，这个效果用传统补间动画无论如何都是做不出来的。

在第 1 帧中绘制一个圆形，在第 24 帧中插入一个空白关键帧后绘制一个正方形。右击第 1～23 帧中的任意一帧，在弹出的快捷菜单中选择【创建补间形状】命令，就生成了一段时长为 1 秒的形状补间动画。同时在第 1～24 帧之间出现一个双向箭头，且帧的颜色变为橙色，播放动画可以看到圆形逐渐变形为正方形的过程，如图 6-42 所示。

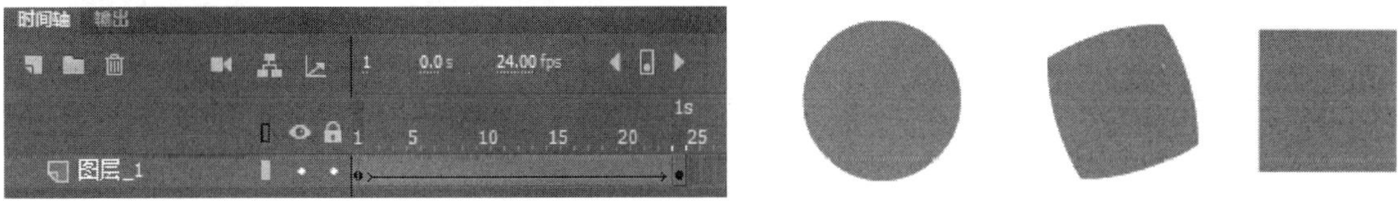

图 6-42　将圆形转变为方形

2. 编辑形状补间动画

创建形状补间动画之后也可以在【属性】面板中对补间效果进行编辑。选中已经创建好的形状补间动画中的任意一帧(不包含最后一帧)，打开【属性】面板，会看到关于补间的缓动和混合设置，如图 6-43 所示。其中缓动设置与传统补间动画中一样，而混合可以设置在动画变化的过程中是否保留明显的棱角。

分布式：动画过渡的中间形状更平滑、更随意。

角形：动画中间帧的过渡形状保留图形原有的棱角，此选项只适用于有尖锐棱角的形状。

3. 形状提示

在制作形状补间动画时，对于简单的变化可能会出现变化效果与预想的有出入，如上一节中圆形变方形的过程中就出现了 90°的旋转。而对于复杂的变化过程还可能会出现变化杂乱无章的情况，如图 6-44 所示的抽象人物弯腰的过程，画面变得杂乱，就需要使用形状补间提示对补间过程加以控制。

图 6-43　编辑形状补间属性

图 6-44　抽象人物弯腰动画

单击形状补间动画的第 1 帧，执行【修改】|【形状】|【添加形状提示】命令，此时在圆形上会出现一个红色形状提示点 a，如图 6-45 所示。

对着这个提示点右击，在弹出的快捷菜单中选择【添加提示】，可以添加更多形状提示点，此处一共创建 4 个形状提示点，名字分别为 a、b、c、d。确认工具箱中的【贴紧至对象】按钮处于按下状态，将四个提示点移动到圆形的四个角位置，如图 6-46 所示。

单击形状补间动画中的后一个关键帧，在这个关键帧中移动提示点到变形后所在的位置，移动完成后提示点的颜色会变为绿色，而第 1 帧中的提示点颜色会变为黄色，如图 6-47 所示。

重新播放动画，就会看到圆形原地不动向四周伸出去 4 个角，逐渐变为一个正方形，而不再像原始的变形效果那样旋转 90°变为正方形，如图 6-48 所示。

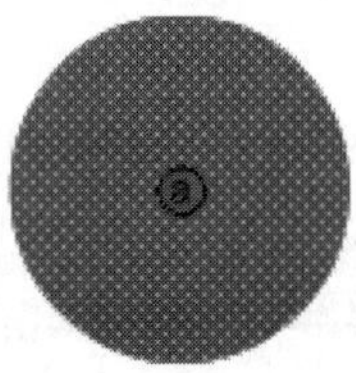

图 6-45　添加形状提示

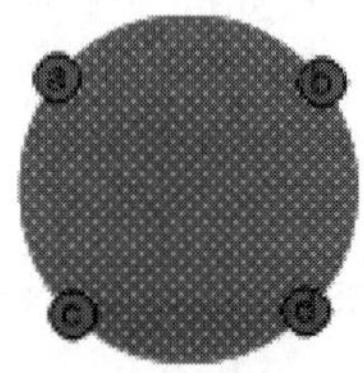

图 6-46　创建 4 个形状提示点

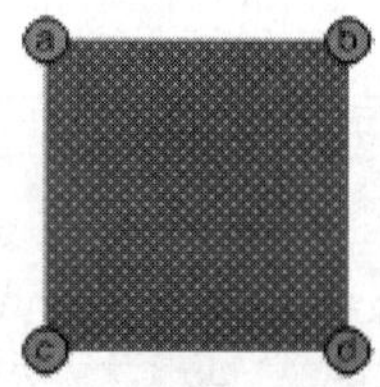

图 6-47　调整结束关键帧中的提示点

图 6-48　变形效果

4. 实战案例：窗纱飘动

这是一个餐厅窗前窗纱飘动的动画效果，因为窗纱被风吹动时产生了形状上的变化，所以要采用形状补间动画的方法制作，如图 6-49 所示。

图 6-49　窗纱飘动动画界面

步骤 1　打开素材文件“窗纱飘动. fla”，新建一个名为“窗纱飘动”的影片剪辑元件，将库里面的素材“窗帘”拖动到该元件中，并按组合键 Ctrl＋B 将其分离，如图 6-50 所示。

步骤 2　在“窗纱飘动”元件的第 40 帧按 F5 键插入普通帧，在第 38 帧处按 F6 键插入关键帧，使窗纱飘动一次后回到原始状态。

步骤 3　在“窗纱飘动”元件的第 18 帧插入关键帧。调整窗纱的形状，如图 6-51 所示，使其与第 1 帧中有所不同。然后在第 1～18 帧之间创建形状补间动画。

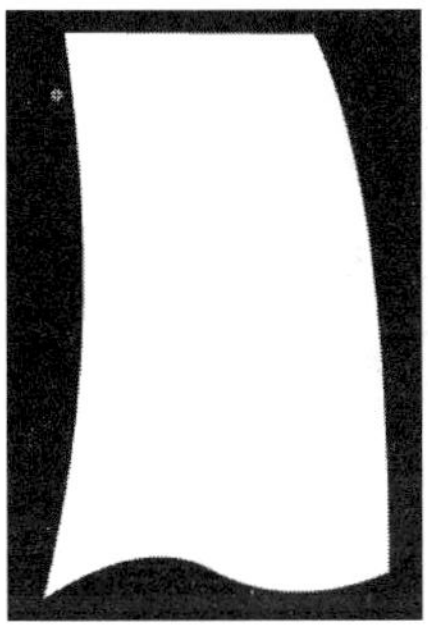

图 6-50　窗帘素材

图 6-51　调整窗帘形状

步骤 4　在"窗纱飘动"元件的第 20 帧插入关键帧，在第 20～38 帧之间创建形状补间动画。

步骤 5　回到主场景，将"窗纱飘动"影片剪辑元件拖到舞台创建实例。在属性面板中设置窗纱的透明度为 25%。选中窗纱实例，对其做复制粘贴操作，得到一个新的窗纱。执行【修改】|【变形】|【水平翻转】命令，将其放置在窗户的另一侧，并适当调整两个窗纱的大小，使其有所不同，如图 6-52 所示。

图 6-52　复制另一边窗纱

步骤 6　用同样的方法制作不同形状、不同飘动效果的窗纱进行叠加，使其看起来层次更丰富，如图 6-53 所示。

5. 知识延伸：复杂形状的变形技巧

在创建较复杂形状的补间动画时，如果想要获得更好的变形效果，最好能遵循以下几条原则。

(1) 在复杂的补间形状中，可以创建一些中间形状再进行补间，而不要只定义起始和结束的形状。

(2) 如果使用了形状提示，确保形状提示是符合逻辑的。比如一个图形起始的提示点有 3 个，为 a、b、c，分别在边缘按顺时针分布，结束的提示点却以 a、c、b 的形式顺时针排列在图形边缘，这是不合逻辑的。

(3) 对于复杂的图形，系统生成的变形过程往往都会比较杂乱，如果想要寻求最佳的形

图 6-53 叠加更多窗纱

状变化效果最好使用逐帧动画。可以在补间上右击,在弹出的快捷菜单中选择【转换为逐帧动画】命令,将形状补间动画转为逐帧动画,然后调整对应帧中的内容,使其达到最佳效果。

6. 能力拓展:密室中的小球

参考动画"密室中的小球.swf"的效果,制作一段关在弹性密室中的小球四周撞壁的动画。因为小球和密室的内壁都具有弹性,所以在运动的过程中会出现变形效果,如图 6-54 所示。

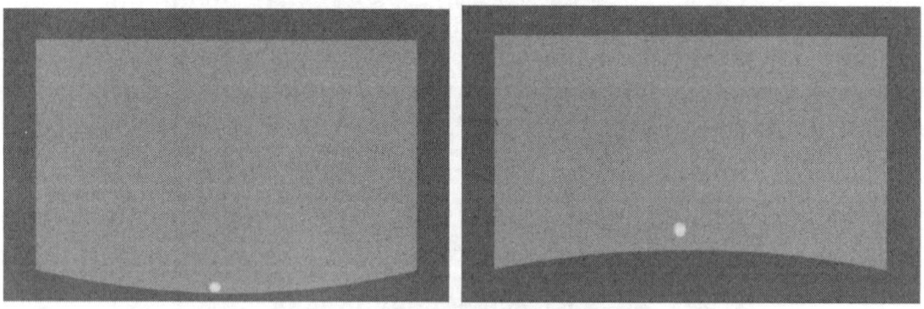

图 6-54 密室中的小球动画效果

6.6 补间动画

传统补间动画基于关键帧,通过两个关键帧来设置动画的起始和结束效果,而补间动画是一种基于对象的动画,它作用于动画元件本身,整个补间范围内只有一个动画对象。

6.6.1 补间动画的原理

补间动画主要用来制作对象在一个或多个属性上的过渡效果,其动画对象只能是元件与文本对象,可编辑性很强。

在整段补间动画中只有一个关键帧,它是指定动画对象的帧,即动画对象通过这一帧被添加到舞台上,同时它也是补间动画的起始帧。在深入介绍补间动画的创建之前,需要先掌握两个概念:补间范围和属性关键帧。

补间范围是补间动画效果的作用范围，动画对象的一个或多个属性值在这个范围内随时间而改变。在每个补间范围内，只能对舞台上的一个对象进行补间处理，此对象称为补间范围的目标对象。

属性关键帧是在补间范围内定义属性值的帧，可以设置的属性包括位移、缩放、旋转、透明度等，Animate 会在同一属性的不同属性关键帧之间进行自动计算，从一个值逐渐过渡到下一个值。

6.6.2 补间动画与传统补间动画的区别

补间动画与传统补间动画有相似的地方，也有很多不同的地方，主要表现在以下几点。

(1) 传统补间动画是基于关键帧的动画，需要两个关键帧来定义动画对象的变化，两个关键帧中可以是两个不同的对象；补间动画是基于对象的动画，整个补间范围内只有一个对象。

(2) 补间动画和传统补间动画都只允许对特定类型的对象进行补间，在遇到不支持类型的对象时，若应用传统补间动画会将对象转为图形元件，若应用补间动画会将对象转为影片剪辑元件。

(3) 补间动画将文本对象视为可补间的类型，可以直接对文本对象应用补间；传统补间动画不能直接对文本对象应用补间，需要先将其转为元件，才能应用补间。

(4) 补间动画中不允许帧脚本；传统补间动画中允许帧脚本。

(5) 补间动画中不允许帧标签；传统补间动画中允许帧标签。

(6) 只能使用补间动画来制作 3D 变化效果，传统补间动画不能制作 3D 变化效果。

(7) 对补间属性中旋转与缓动的设置，在传统补间动画中会作用于两个关键帧之间，而在补间动画中则作用于整段补间动画，且在中间可能有多个属性关键帧。

(8) 补间动画在导出为 HTML5 格式时会被转为逐帧动画，传统补间动画则不会。因此在 HTML5 文档中同样的效果如果用传统补间动画和补间动画都能实现，优先使用传统补间动画。

(9) 只有补间动画才能保存为动画预设。

6.6.3 创建补间动画

创建补间动画的方法有两种。一种是选中动画对象所在的关键帧，右击，在弹出的快捷菜单中选择【创建补间动画】命令；另一种是直接选中舞台上需要制作补间动画的对象，而无须关心它在哪个图层，然后右击，在弹出的快捷菜单中选择【创建补间动画】命令。补间动画在时间轴上帧的颜色为土黄色，帧上没有像传统补间动画或者形状补间动画那样的双向箭头，如图 6-55 所示。

图 6-55 补间动画在时间轴上帧的样式

1. 如果关键帧中有多个对象

补间动画的对象只能是元件与文本对象,而且整个补间范围中只能有一个补间对象,这就可能出现一个问题,即如果关键帧中有多个对象如何处理。这个问题要分两种情况来讨论。

(1) 右击关键帧创建补间动画。如果关键帧中有多个符合补间动画条件的对象,系统会弹出一个对话框,如图 6-56 所示,问是否将关键帧中的多个对象合并为一个元件,如选择"确定",补间动画会作用在关键帧中的所有对象上,此时这些对象已经被合并成为一个大元件。

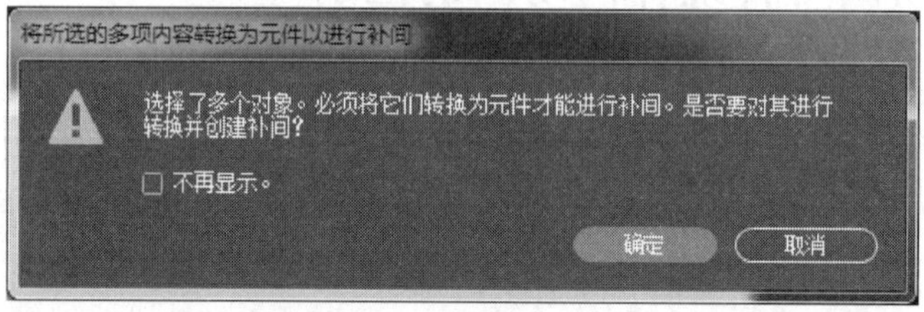

图 6-56 "将所选的多项内容转换为元件以进行补间"对话框

(2) 右击舞台上的对象来创建补间动画,如果该对象所在的关键帧中有多个对象,其他对象会被分散到一个新创建的图层中,而原来的图层只剩补间动画对象。

2. 补间动画的时长

补间动画中只有动画起始的关键帧,没有动画结束的关键帧,那么动画的时长如何确定呢? 这个问题也要分两种情况来讨论。

(1) 动画对象所在的关键帧后面还有普通帧延长,那么补间动画到最后一个普通帧处结束,动画的时长就是关键帧的显示时长。

(2) 动画对象所在的关键帧在其图层中有且仅有这一帧,在其后方既无关键帧也无普通帧,那么为其创建补间动画时会自动生成一段时间为 1 秒的动画。

6.6.4 编辑补间动画

补间动画创建好之后还可以对它的效果进行多种编辑,非常灵活。

1. 编辑运动轨迹

补间动画创建完成后,舞台上会出现一条虚线,这是动画的运动轨迹,默认沿直线运动。虚线上的每一个小点对应动画中的一帧。如图 6-57 所示。

可以对这条代表运动轨迹的虚线进行任意调整,调整它的方法与调整一般的线条一样,即使用选择工具的变形操作、部分选取、转换锚点等对路径的形状进行修改。如图 6-58 所示。

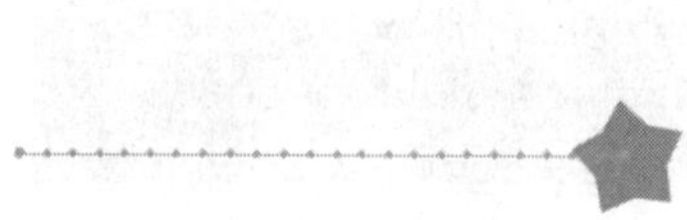

图 6-57 补间动画的运动轨迹

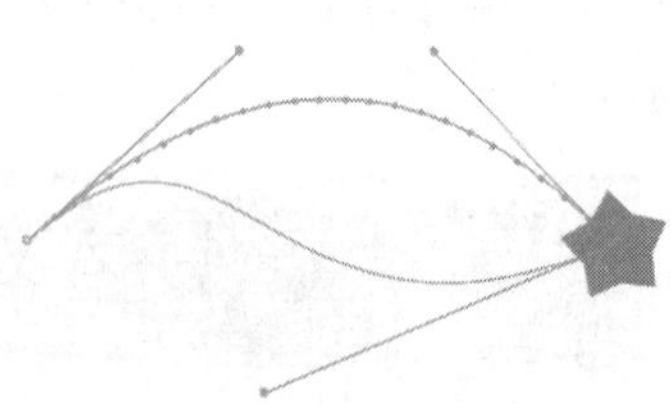

图 6-58 修改运动轨迹

2. 指定运动轨迹

如果运动轨迹太复杂，用慢慢调整轨迹形状的方法去做会比较麻烦，也可以使用绘图工具将这个轨迹直接绘制出来，再指定给补间动画作为它的轨迹。

在时间轴上创建一个新图层，使用线条绘制工具比如钢笔、铅笔等，绘制出满意的路径形状。选中绘制的线条后按快捷键 Ctrl＋C，再到补间动画中任意单击一帧并按快捷键 Ctrl＋V，绘制的线条就作为路径指定给了补间动画，如图 6-59 所示。而用来绘制路径的那个图层也可以删除了。

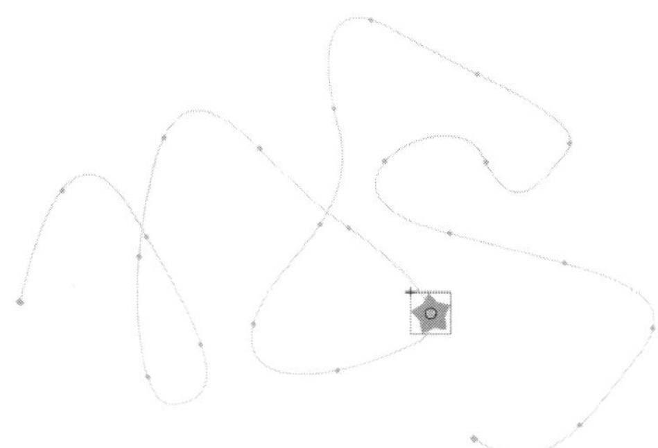

图 6-59　指定运动轨迹

3. 编辑属性关键帧

Animate 中“关键帧”和“属性关键帧”的概念不同，“关键帧”是指在【时间轴】面板上实实在在的动画对象所处的动画帧，而“属性关键帧”是指在补间动画的特定时间或帧中为对象定义属性值的帧。

创建补间动画后，可以单击补间范围内任意一帧，利用各种操作和各种工具修改对象的属性，比如位置、大小、旋转、倾斜、透明度、亮度等。在该帧中修改过对象属性后，这帧上面会出现一个黑色的菱形小点，代表这一帧是属性关键帧，如图 6-60 所示。

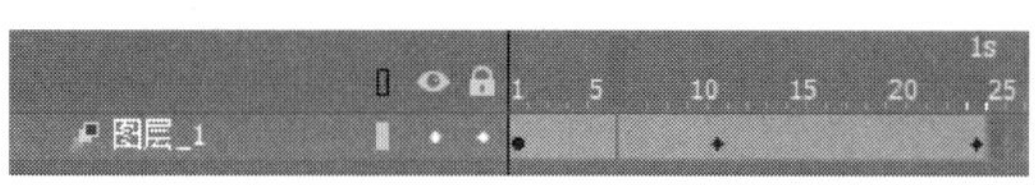

图 6-60　属性关键帧

也可以在补间范围内插入属性关键帧，在要插入属性关键帧的位置右击，选择【插入属性关键帧】，能够针对六种属性进行插入，也能够针对全部属性进行插入，如图 6-61 所示。也可以查看某种动画类型的属性关键帧。删除属性关键帧时可以指定只删除某种类型的属性关键帧。

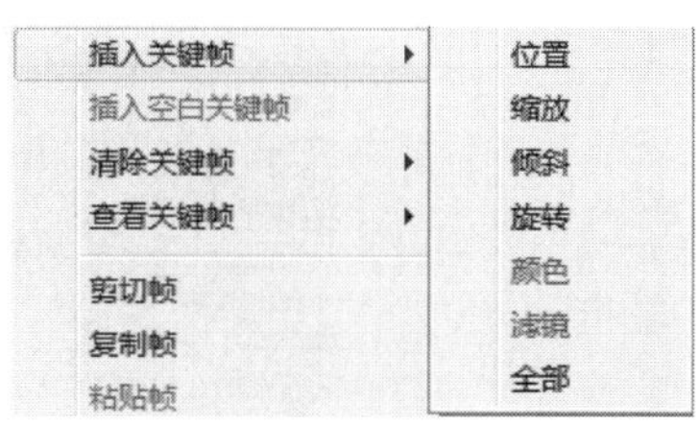

图 6-61　插入属性关键帧

4. 调整动画时长与速度

将鼠标指针放在补间动画的开头或末尾位置，鼠标指针会变成双向小箭头，此时按住鼠标拖动，会增加或减少补间范围内的帧数，这时动画的内容依然保持完整，但动画的速度改变了，如图 6-62 所示。

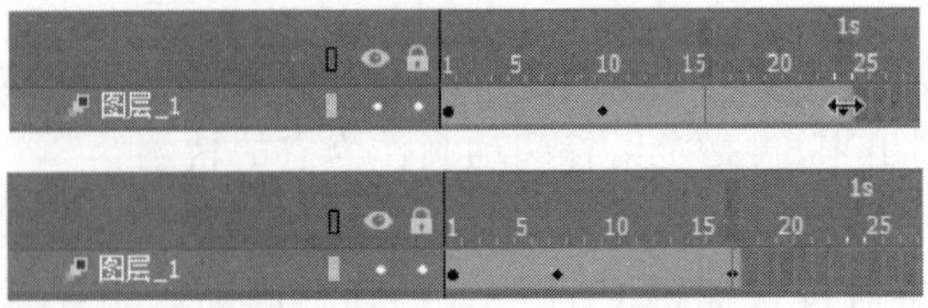

图 6-62　调整动画时长与速度

5. 编辑补间属性

补间动画创建好之后，也可以单击补间范围内任意一帧，在【属性】面板中针对补间属性进行修改，包括缓动和旋转。方法和传统补间动画中一致，如图 6-63 所示。

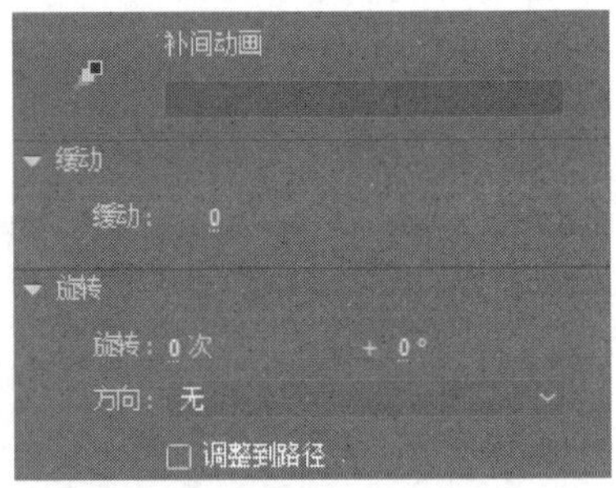

图 6-63　编辑补间属性

6.6.5　实战案例：冲浪

这是一个卡通人物冲浪的动画，旋转着飞上高处，再在远方透明消失，如图 6-64 所示。

图 6-64　冲浪动画界面

步骤 1　打开素材文件“冲浪.fla”，新建一个图层起名为“卡通人物”，将库里面的元件“卡通”拖到舞台的左下角创建实例，如图 6-65 所示。

图 6-65　创建卡通人物实例

步骤 2　选中舞台上的卡通实例右击，在弹出的快捷菜单中选择【创建补间动画】，系统自动生成一段 30 帧的动画，在背景图层的第 30 帧处单击并按 F5 键，将背景也延长到 30 帧显示。

步骤 3　单击“卡通人物”图层的第 30 帧，将卡通实例拖到舞台的右边，并进行适当缩小，如图 6-66 所示。

图 6-66　将卡通人物拖到舞台右边

步骤 4　选择【选择工具】在运动轨迹上按住鼠标左键拖动，将轨迹调整为曲线，再用【部分选取工具】对路径两端的节点做进一步调整，使路径成为图 6-67(b)所示形状。

(a)　　(b)

图 6-67　调整路径形状

步骤 5　拖动播放头播放动画效果，找到卡通人物冲上最高点的那一帧，在这一帧中选中卡通实例，在【变形】面板中修改实例的“旋转”值为 360°，使卡通人物旋转 360°翻转到最高点，如图 6-68 所示。

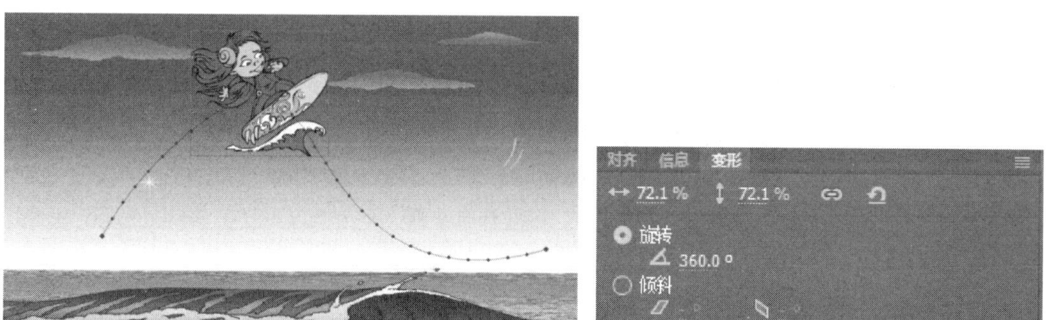

图 6-68　设置旋转角度

步骤 6 如果想要延长这个动画，继续做出其他的补间效果，此处在背景和卡通人物两个图层的第 40 帧位置都插入普通帧做延长，以实现卡通人物透明消失的效果。

步骤 7 单击“卡通人物”图层的第 40 帧，再单击舞台上的卡通实例，在【属性】面板中“色彩效果”一栏下方修改 Alpha 值为 0，将卡通人物实例设为透明显示，如图 6-69 所示。

图 6-69 修改透明度

步骤 8 拖动播放头查看效果，会看到透明的效果从第 1 帧一直过渡到第 40 帧。此处选择第 30 帧，在该帧中选择卡通实例，在【属性】面板中“色彩效果”一栏下方修改 Alpha 值为 0，使透明过渡效果只存在于第 30～40 帧之间。

步骤 9 测试动画，可以看到卡通人物旋转着飞上最高点，然后滑下并在远方逐渐透明消失的动画效果。

6.6.6 知识延伸：拆分与合并补间动画

可以将一个补间动画拆分为多个补间动画，也可以将多个补间动画合并为一个补间动画。但是，合并后的动画只作用于同一对象。

选中补间动画中要拆分的位置，右击，在弹出的快捷菜单中选择【拆分动画】命令，即可完成在此位置拆分动画的操作，如图 6-70 所示。

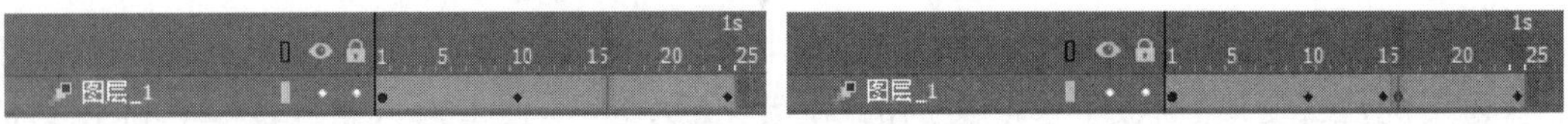

图 6-70 拆分补间动画

若要将两个补间动画合并，只需选中连续的补间动画并右击，在弹出的快捷菜单中选择【合并动画】命令，即可将它们合并成为一个补间动画，如图 6-71 所示。

图 6-71 合并补间动画

6.6.7 能力拓展：足球之夜

参考动画“足球之夜. swf”的效果，制作一个足球活动的宣传动画，其中所有的动画效果都用补间动画来实现。素材见“足球之夜. fla”。要求舞台大小为 650×400，帧频为

24fps，动画总长度为 150 帧，如图 6-72 所示。

图 6-72　足球之夜动画效果图

6.7　动画预设

动画预设是 Animate 中预先设置好的一些动画效果，可以直接将它们应用于舞台上的对象，从而节省动画制作时间，提高工作效率。动画预设中的动画效果都是由补间动画实现的。

1. 应用动画预设

执行【窗口】|【动画预设】命令，可以打开【动画预设】面板，在“默认预设”一栏中，有一些常用的动画效果已经以预设动画的方式提供在列表中，包括跳跃、放大、飞入、飞出等。选择一个预设效果后，可以在上方的预览窗口中看到这个预设应用在一个圆球上的效果，如图 6-73 所示。

要应用动画预设需要先选中动画对象，再选择列表中的一种预设效果，然后单击【应用】按钮，就会在这个对象上创建一段相应的补间动画。如果已经为这个对象创建了补间动画或应用了动画预设，再次应用动画预设会替换之前的补间动画效果，一个关键帧里的一个对象只能应用一种预设。

如图 6-74 所示，是给冲浪中的卡通人物应用“小幅度跳跃”动画预设的效果，这段动画代替了卡通人物之前的动画。

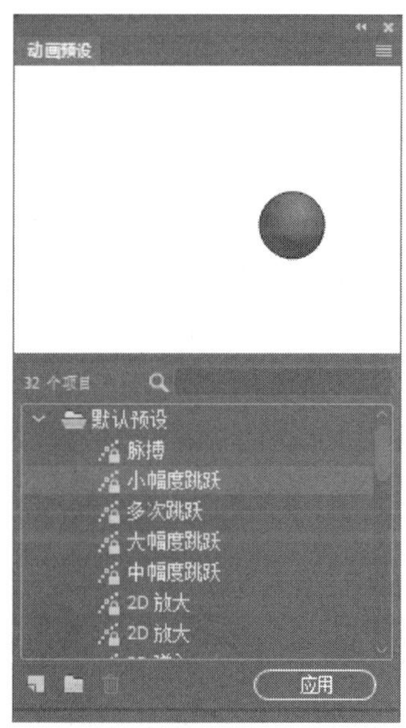

图 6-73　动画预设面板

图 6-74　应用动画预设

2. 自定义动画预设

对于动画片段的重复使用,常用的方法是使用影片剪辑,即把需要反复使用的一段动画做在一个影片剪辑元件中,就可以通过多次为这个影片剪辑元件生成实例来重复使用它。这种方法有一个缺点,就是动画对象已经固定,不能更换。

如果要做一段跳跃的动画,有多个对象都要做同样的动作,这时就不能使用影片剪辑的方法,而是创建一个自定义的动画预设,然后应用到多个对象上。

创建自定义动画预设的方法:需要先创建好实现所需效果的补间动画,注意此处只能使用补间动画,不能使用传统补间动画。然后选中整个补间范围,或者单击选中补间对象,然后单击【动画预设】面板下方的【将选区另存为预设】按钮,如图 6-75 所示。之后将会弹出【将预设另存为】对话框,如图 6-76 所示。在其中输入自定义动画预设的名字,单击确定之后这个预设的名字就会出现在"自定义预设"列表中,如图 6-77 所示。选择其他动画对象再选中这个自定义预设,单击【应用】按钮,就可以将自定义的动画效果应用在别的对象上面了。

图 6-75　单击将选区另存为预设按钮

图 6-76　将预存另存为对话框

3. 导入和导出动画预设

自定义动画预设只保存在本地系统中,如果在另一个系统中也需要使用这个动画预设,可以通过导出或导入操作来实现共享。右击某个动画预设,在弹出的快捷菜单中选择【导出】命令,这个动画预设会被保存为同名 xml 文件,如图 6-78 所示。

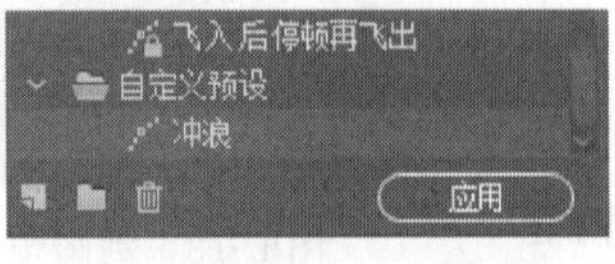

图 6-77　创建自定义预设

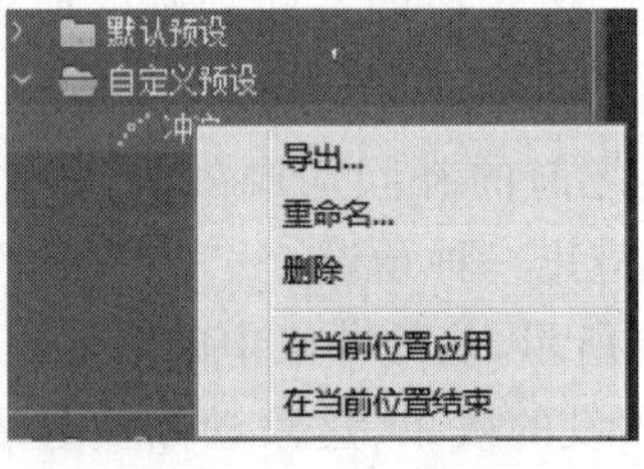

图 6-78　导出动画预设

若要导入动画预览，先选中【动画预设】面板中的文件夹。然后单击【动画预设】面板右上方的▤，在弹出的菜单中选择【导入】命令，在【导入动画预设】对话框中选择要导入的动画预设 xml 文件，单击【打开】按钮，这个动画预设就被导入【动画预设】面板中，如图 6-79 所示。

图 6-79　导入动画预设

4. 知识延伸：如何对自定义动画预设进行预览

自定义的动画预设是不能在【动画预设】面板中预览的，而其他系统默认预设在选择之后，会在【动画预设】面板中显示所选对象应用该预设后的预览效果。

可以为自定义动画预设创建预览：通过将演示效果的 SWF 文件存储于动画预设 XML 文件所在的目录中，即可在【动画预设】面板中预览效果。

若系统中已有自定义动画预设但无法预览，可以新建一个文档，创建一个元件，然后应用指定的自定义动画预设，测试动画生成一个 SWF 文件，再将该 SWF 命名为与所应用的动画预设同名。将自定义动画预设导出为 xml 文件，将 xml 文件和同名 SWF 文件复制到 Animate 的安装目录下\Adobe Animate CC 2019\Common\Configuration\Motion Presets 文件夹中，再次启动 Animate，就可以在【动画预设】面板中看到这个自定义动画预设的预览效果，如图 6-80 所示。

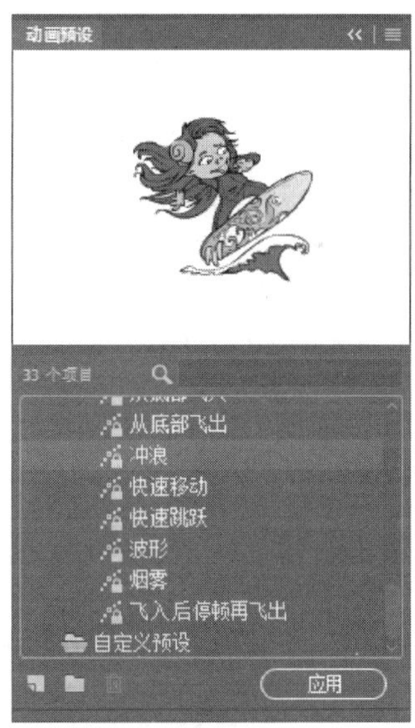

图 6-80　预览自定义预设

6.8　动画编辑器

对于已经创建好的补间动画，如果想要继续对动画效果做更复杂的调整（如希望动画对象的不同属性有不同的变化效果），或者想要制作模仿真实物理现象的动画（如物体的弹跳和回弹等),可以使用动画编辑器来对补间动画进行编辑。

6.8.1 使用动画编辑器

动画编辑器是集成到时间轴上的高级面板,只有在编辑补间动画时才能访问,该面板以曲线的形式展示了对象的各个属性是如何在补间动画过程中发生变化的。例如“一个对象从舞台左上角旋转着运动到舞台右下角,移动过程中逐渐放大”这样一段动画,双击打开动画编辑器后的显示如图 6-81 所示。

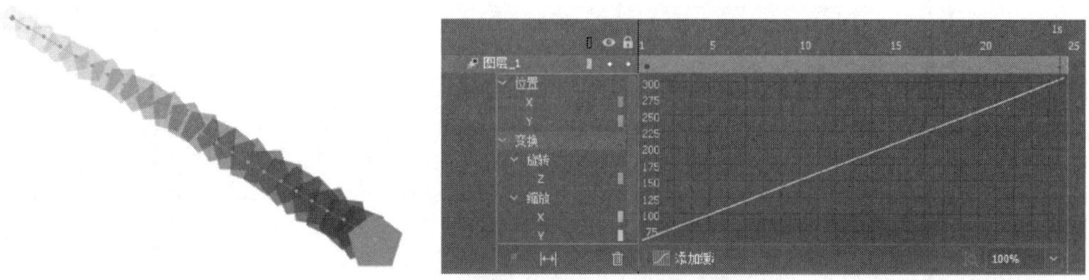

图 6-81　打开动画编辑器后的显示示例

对任意一个属性的曲线,都可以通过添加或删除锚点来修改属性曲线,从而改变这个属性的动画效果。选中左边属性列表中的一个属性,单击【在图形上添加锚点】按钮,在属性曲线上单击,即可创建一个锚点。调整锚点两侧的控制手柄,可以修改属性曲线的形状,如图 6-82 所示在 X 属性上添加锚点并做调整后,对象的运动轨迹也做了相应的改变。

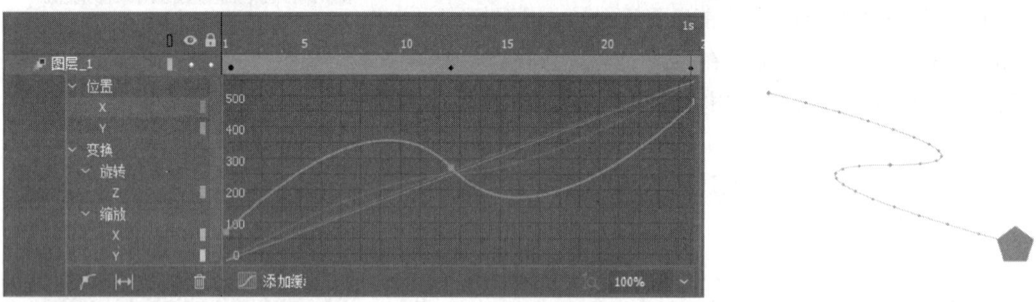

图 6-82　修改属性曲线

右击属性曲线,可以将其复制,然后粘贴到其他属性上,如图 6-83 所示。

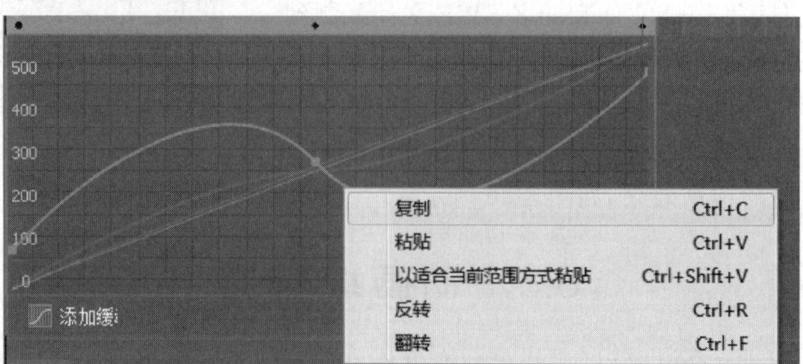

图 6-83　复制属性曲线

单击【添加缓动】按钮，可以对动画应用复杂的缓动效果，如图 6-84 所示。

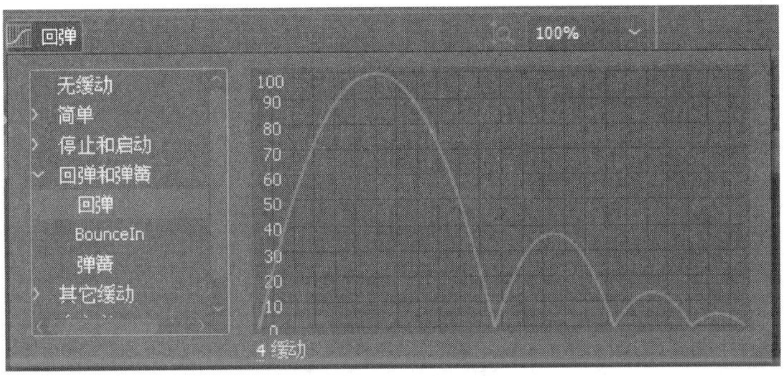

图 6-84　应用复杂缓动效果

6.8.2　实战案例：街头皮球弹跳动画

这是街头一角处一个皮球弹跳着进入画面的动画效果，如图 6-85 所示。皮球的弹跳动作用动画编辑器中添加预设缓动的方法来实现。

图 6-85　皮球弹跳动画效果图

步骤 1　打开素材"皮球弹跳.fla"，在时间轴上创建一个新的图层起名为"皮球"，将库里面的"皮球"元件拖到这个图层中，适当缩小该元件大小，并将其放置在舞台左边，如图 6-86 所示。

图 6-86　在场景中加入皮球

步骤 2 右击舞台上的皮球实例，在弹出的快捷菜单中选择【创建补间动画】命令，将背景图层也相应延长到 24 帧显示。

步骤 3 单击“皮球”图层的第 24 帧，将舞台上的皮球移动到舞台的右下角，并在【属性】面板中设置皮球的旋转角度为 720°，如图 6-87 所示。

图 6-87 设置皮球旋转角度

步骤 4 双击“皮球”图层上的补间动画，打开动画编辑器。

步骤 5 选中 Y 属性，单击【添加缓动】按钮，打开缓动编辑对话框，展开“回弹和弹簧”列表，选择其中的 BounceIn 缓动预设，舞台上皮球的跳动路径也随之更改，如图 6-88 所示。

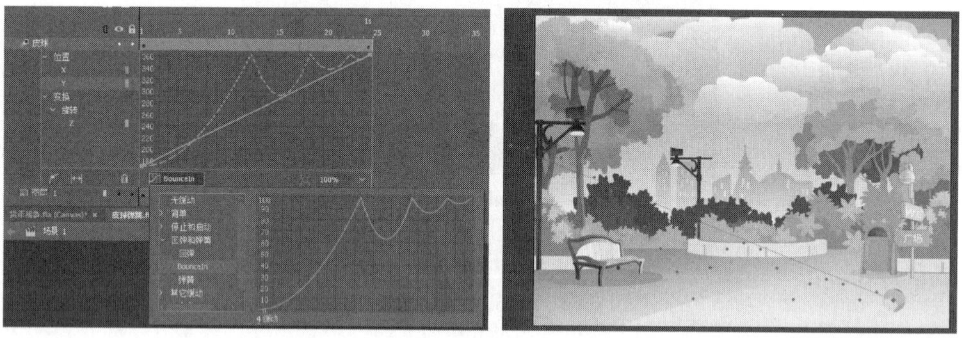

图 6-88 添加预设缓动

步骤 6 右击“皮球”图层的第 24 帧，在弹出的快捷菜单中选择【复制帧】命令，在第 25 帧处再次右击，在弹出的菜单中选择【粘贴帧】命令，在第 30 帧处单击并按 F5 键，将“皮球”图层延长到 30 帧。

步骤 7 在“背景”图层的第 30 帧处单击并按键盘上的 F5 键，将“背景”图层也延长到 30 帧。

步骤 8 在“皮球”图层的 30 帧处单击，将皮球拖动到舞台边缘，在【属性】面板中修改皮球的旋转角度为 820°，如图 6-89 所示。

步骤 9 双击“皮球”图层 25～30 帧的补间动画，打开动画编辑器，选择 X 属性，单击【添加缓动】按钮，打开缓动编辑对话框，展开“简单”列表，选择其中的“最快”缓动预设，如图 6-90 所示。

步骤 10 播放动画观看效果，小球从舞台左边弹跳着进入画面并滚动到舞台右边。

图 6-89　调整皮球的位置和旋转角度

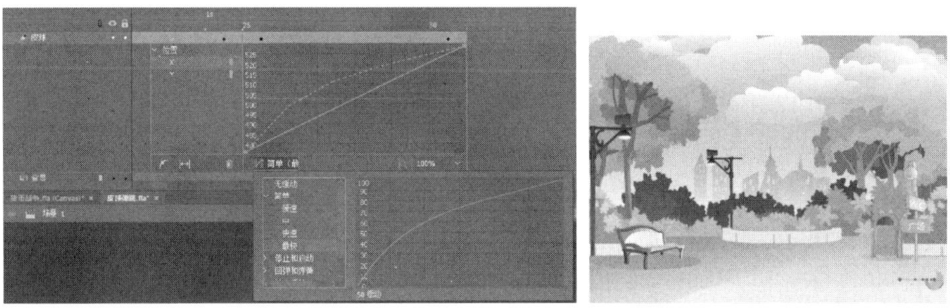

图 6-90　添加预设缓动

6.8.3　能力拓展：货币战争

参考动画“货币战争.swf”的效果，制作一个关于货币战争的 HTML5 动画，如图 6-91 所示，要求如下。

图 6-91　货币战争动画效果图及时间轴

(1) 帧频每秒 24 帧，动画长度 90 帧。

(2) 第 1～24 帧，三个小方块弹起再下落。

(3) 第 40～55 帧，红旗向右推出。

(4) 第 56～90 帧，三个方块弹跳旋转着落下。其中，X 属性为简单、快速、50 缓动(做减速)；Y 属性为 BounceIn 缓动预设(做弹跳)。

第 7 章　高级动画效果制作

7.1　引导层动画

在传统补间动画中，对象总是沿着直线路径从起点运动到终点。如果想制作更特殊的运动路径效果，比如做曲线运动，可以使用引导层动画。引导层是一个特殊的图层，用于设置对象的运动路径，使被引导对象沿着特定的路径运动，而引导层上的路径在动画播放时不显示。

7.1.1　创建引导层动画

在引导层动画中，被引导层里只能是传统补间动画，不能是形状补间动画，也不能是补间动画。在创建引导层动画时是先指定引导层，还是先指定被引导层，对应两种不同的创建过程。

1. 先指定被引导层

打开素材文件“蝴蝶飞舞. fla”，素材中已有两个图层分别是背景和蝴蝶。蝴蝶图层中已经有一段传统补间动画，蝴蝶沿直线从舞台的右边飞往左边，如图 7-1 所示。

图 7-1　蝴蝶沿直线飞行

在蝴蝶图层上右击，在弹出的快捷菜单中选择【添加传统运动引导层】命令，图层面板中自动增加一个名为“引导层：蝴蝶”的新图层，且图层左边会显示 图标，如图 7-2 所示。

在引导层中用铅笔工具绘制如图 7-3 所示曲线路径。在蝴蝶图层的开始关键帧和结束关键帧中分别拖动蝴蝶对象，使其吸附到路径上。

测试动画，就可以看到蝴蝶扇动翅膀沿路径飞舞的效果。

2. 先指定引导层

重新打开素材文件“蝴蝶飞舞. fla”，在蝴蝶图层上方创建一个新图层，并使用铅笔工具在其中绘制一条路径。在该图层上右击，选择【引导层】命令，图层的名字不变，其右边的图

标变成 图案，如图 7-4 所示。

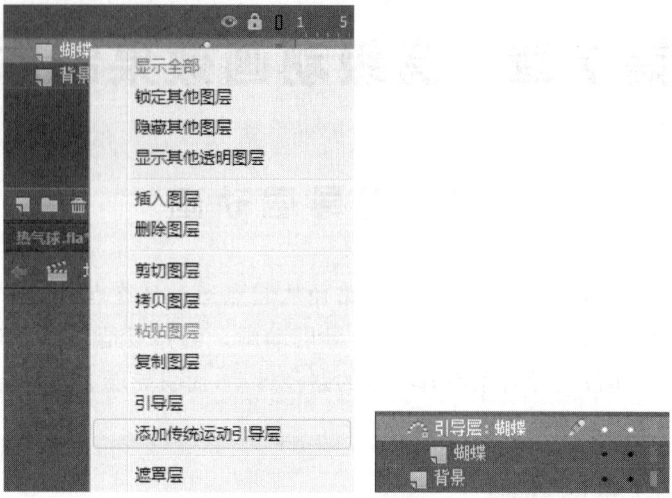

图 7-2　添加传统运动引导层

图 7-3　绘制引导路径

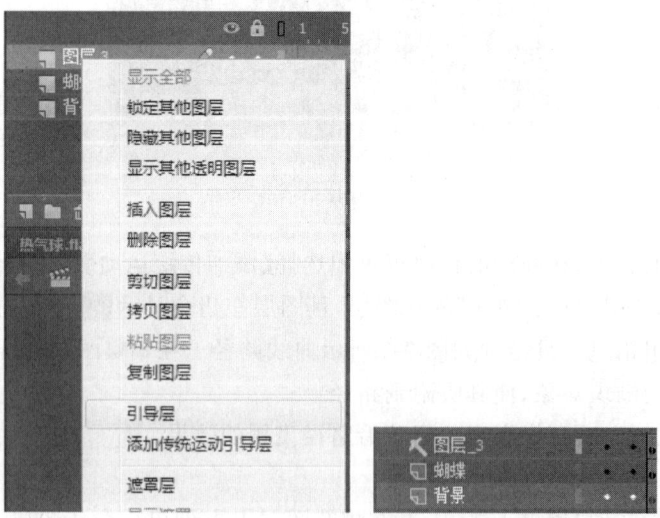

图 7-4　指定普通图层成为引导层

同时我们会发现，就算在蝴蝶图层中拖动蝴蝶对象将其吸附到路径上，测试时蝴蝶依然不会沿着路径飞行。原因是，如果采用直接指定普通图层成为引导层的方法，还需手动为引导层指定被引导层。

单击蝴蝶图层，按住鼠标左键向斜右上方拖动，如图 7-5 所示，松手后可以看到图层_3 左边的图标变成了 图案，也就是说，它与蝴蝶图层成功建立了引导与被引导的关系。测试动画，可以看到蝴蝶扇动翅膀沿路径飞舞。

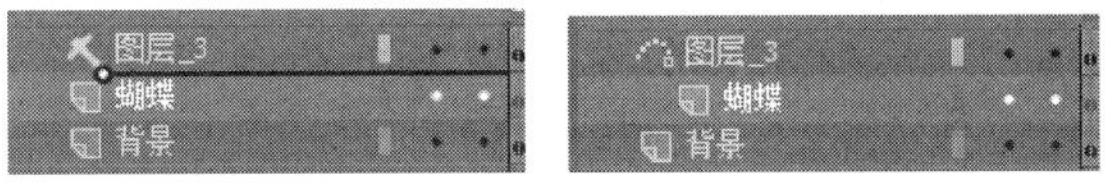

图 7-5　建立引导与被引导关系

7.1.2　实战案例：蜜蜂采蜜动画

下面来制作一段蜜蜂采蜜的动画。与上面蝴蝶飞舞动画不同，蜜蜂先减速飞到花丛中停留片刻，然后再加速飞走。这个效果准备用设置缓动的方法来实现。

步骤 1　打开素材文件“蜜蜂采蜜.fla”，这是一个 HTML5 Canvas 文档。在背景图层的上方插入一个新的图层，起名为“蜜蜂”，将库里面的蜜蜂元件拖到舞台的左边并适当缩放大小，如图 7-6(a)所示。

步骤 2　在蜜蜂图层的第 85 帧处按 F6 键插入关键帧，将蜜蜂移动到舞台右边，在第 1～85 帧创建传统补间动画，如图 7-6(b)所示。

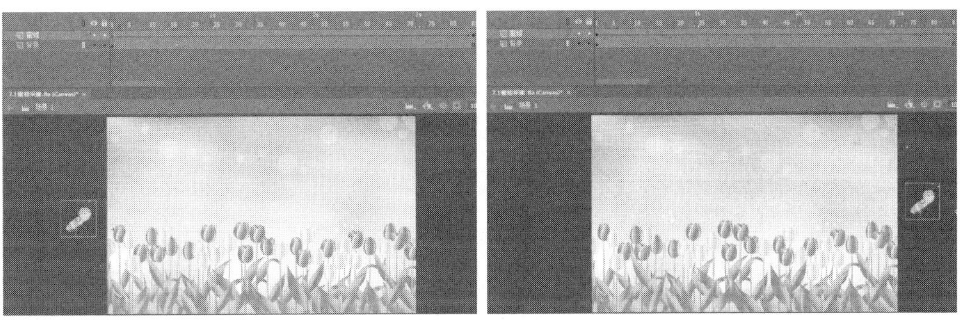

(a)　　(b)

图 7-6　为蜜蜂对象制作传统补间动画

步骤 3　右击蜜蜂图层，选择【添加传统运动引导层】，在引导层中绘制一条曲线飞行路径，并将第 1 帧和第 85 帧中的蜜蜂对象贴到路径上。

步骤 4　拖动播放头，可以观察到蜜蜂在第 37 帧时飞到舞台中间的花朵上，如图 7-7 所示。

步骤 5　单击蜜蜂图层中的任意一帧，在【属性】面板中单击“补间”一栏下方的笔形按钮 ，打开【自定义缓动】对话框，在第 37 帧位置插入一个锚点，拖动锚点两端手柄，如图 7-8 所示。

步骤 6　测试动画，可以看到蜜蜂先是减速飞行后停留在花朵上采蜜，然后又加速向舞台右边飞走。

图 7-7　蜜蜂停留采蜜位置

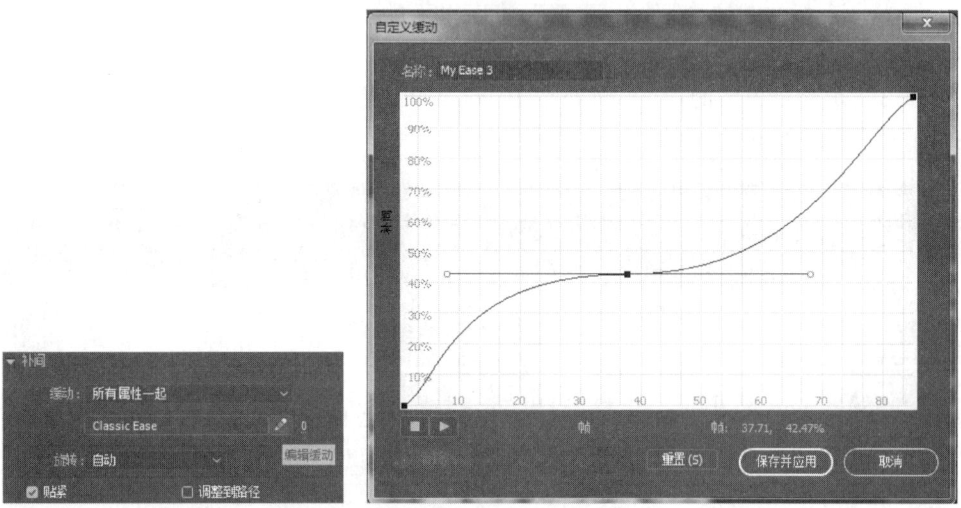

图 7-8　自定义缓动

7.1.3　知识延伸：隐藏图层小技巧

在制作动画的时候，如果想让某个图层的内容在测试的时候暂时隐藏起来，会发现，就算在图层面板中将这个图层设为不可见，测试的时候这个内容还是会出来，除非是将文档的发布设置进行修改，取消“包括隐藏图层”这一项的设置。

那么有没有什么办法既不用修改发布设置，又能让某个图层在测试的时候不可见呢？有一个小技巧，就是将这个图层设为引导层。只需在这个图层上右击，在弹出的菜单中选择【引导层】命令，这个图层的内容在测试的时候就消失了。如果想让它恢复也很简单，再次在这个图层上右击，将【引导层】命令旁边的“√”取消就可以了。

7.1.4　能力拓展：泡泡漂浮

打开素材文件“泡泡.fla”，参考动画“泡泡参考效果.swf”的效果，制作场景中泡泡漂浮的动画，如图 7-9 所示。

图 7-9　泡泡漂浮动画效果图

7.2　遮罩层动画

当需要显示某个对象或某个场景的局部画面时，常常用遮罩层来实现。和引导层动画相似，在 Animate 中遮罩层动画的创建也需要至少两个图层才能完成，分别是遮罩层和被遮罩层。位于上方用于设置遮罩范围的图层称为遮罩层，而位于下方的则是被遮罩层。

遮罩层其实是由普通图层转化而来的，它如同一个窗口，透过遮罩层中的填充区域，可以看到其下被遮罩层中的对象，而被遮罩层中其他区域的对象将不会显示。如图 7-10 所示，分别为遮罩层、被遮罩层和遮罩出来的效果。

图 7-10　遮罩层效果

7.2.1　创建遮罩层动画

打开素材“海岛.fla”，通过制作一个模拟从望远镜看海岛的动画，来介绍遮罩层动画的创建。在背景海岛图层的上方插入一个新图层，并将该图层起名为“遮罩”，在其中绘制一个圆形，如图 7-11 所示。

单击“遮罩”图层并右击，在弹出的快捷菜单中选择【遮罩层】命令，会看到图层和舞台场景都发生了变化，“背景”图层缩进到“遮罩”图层下方成为它的被遮罩层。“遮罩”图层和“背景”图层左边出现两个不同的图标，代表这是遮罩层，而代表这是被遮罩层，两个图层都被加了锁。舞台中除了两个图层内容有重叠的区域，其他区域都被隐藏起来，显示出来的是舞台的背景颜色，如图 7-12 所示。

图 7-11　绘制遮罩图形

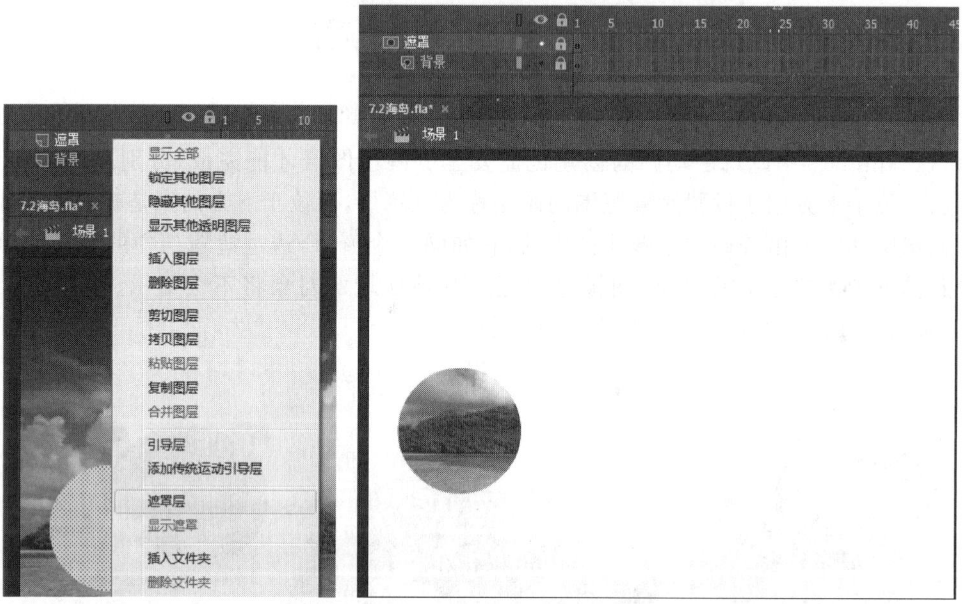

图 7-12　创建遮罩层

如果需要修改遮罩层和被遮罩层的内容，需要单击图层后方的锁按钮，将其解锁后才能进行。也可以在遮罩层和被遮罩层中创建动画，制作更复杂的遮罩效果。将“遮罩”和“背景”两个图层解锁，右击“遮罩”图层的第 1 帧，在弹出的快捷菜单中选择【创建补间形状】命令，在第 24 帧处将圆形图案移动到舞台右侧之后。右击“背景”图层的第 1 帧，在弹出的快捷菜单中选择【创建补间动画】命令，在第 24 帧处将背景图片适当放大，如图 7-13 所示。

测试动画，可以看到人站在船上往海岛驶去，从望远镜中看到海岛越来越大的动画效果。

图 7-13　为遮罩层和被遮罩层分别制作动画

7.2.2　实战案例：辉光文字

下面利用遮罩层动画的方法来制作一段辉光在文字上扫过的动画效果，如图 7-14 所示。

步骤 1　打开素材文件“辉光文字. fla”，插入一个新图层，将【库】里面的“文字”和“辉光”元件分别拖到两个图层创建实例，使辉光位于上层，文字位于下层，如图 7-15 所示。

图 7-14　辉光文字效果

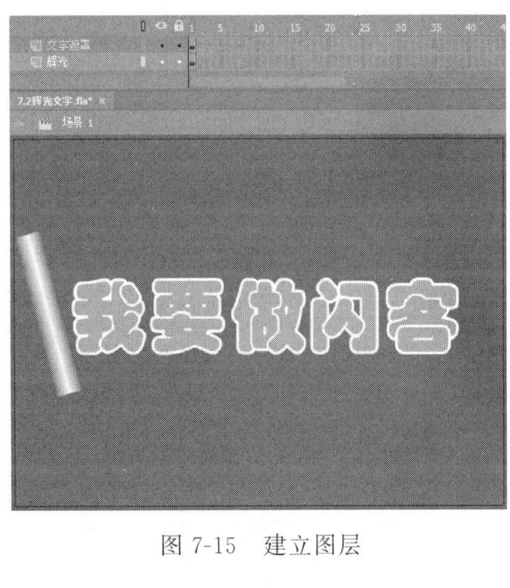

图 7-15　建立图层

步骤 2　单击“遮罩”图层并右击，在弹出的快捷菜单中选择【遮罩层】命令，将“文字遮罩”和“辉光”两个图层解锁，分别在两个图层的第 120 帧处按 F5 键延长动画到 120 帧。

步骤 3　在辉光图层的第 1 帧处右击并选择【创建补间动画】命令，在第 120 帧处右击并选择【插入关键帧】|【位置】命令。在第 60 帧处单击，按住 Shift 键并移动辉光到文字右边，如图 7-16 所示。

步骤 4　将两个图层再次加锁，会发现遮罩出来的效果如图 7-17 所示，只能看到移动的辉光，看不到背后的文字。

图 7-16　制作辉光移动动画

图 7-17　移动的辉光

步骤 5　右击“文字遮罩”图层，在弹出的快捷菜单中选择【复制图层】命令，将复制出来的图层拖动到所有图层下方。右击该图层，将【遮罩层】命令右边的“√”取消。再次测试动画，就可以看到辉光在文字上扫过的效果，如图 7-18 所示。

图 7-18　辉光在文字上扫过效果图

7.2.3 知识延伸：遮罩技术小技巧

（1）遮罩层中使用线条形状无效。如必须要用到线条形状的图形作为遮罩，可以通过【修改】|【形状】|【将线条转为填充】命令将线条形状的图形转为填充后，再在遮罩图层中使用。

（2）如果已经知道这个效果需要使用遮罩技术来实现，也知道会用到哪两个对象作为遮罩层和被遮罩层，但不能肯定哪个对象是遮罩层哪个对象是被遮罩层，那么大家要记住一个小技巧：往往填充了特殊色彩效果的对象是在被遮罩层里，因为它如果被放在遮罩层里，那么它的填充效果就没有意义，因为在遮罩层中只有图形的形状才会产生作用。

（3）遮罩不能产生嵌套效果，也就是说不能用一个遮罩层试图去遮蔽另一个遮罩层。

7.2.4 能力拓展：烟花

打开素材文件“烟花.fla”，参考“烟花.swf”的效果，使用遮罩层动画的方法制作如图 7-19 所示的烟花绽放动画。在这个动画中遮罩层和被遮罩层都在运动，产生特殊的颜色变化效果。

图 7-19 烟花绽放效果图

7.3 骨骼动画

骨骼动画又被称为反向运动(IK)动画，是一种使用骨骼的关节结构对一个对象或彼此相关的一组对象进行动画处理的方法。骨骼链称为骨架。骨架可以是线性的，也可以是分支的，源于同一骨骼的骨架分支称为同级。骨骼之间的连接点称为关节，当一个骨骼移动时，与其连接的骨骼也发生相应的移动。

使用骨骼进行动画处理时，用户只需做很少的设计工作，然后通过反向运行即可创建出骨骼的运动，从而轻松地创建人物动画，如胳膊、腿的动作和面部表情的变化等。

7.3.1 添加骨骼

在 Animate 中通过【骨骼工具】来完成骨骼的添加，可以向元件实例或单个图形内部添加骨骼。

1. 创建基于元件的骨架

可以使用骨骼将元件实例连接起来，这个元件实例可以是影片剪辑、图形元件或按钮元件。连接在一起的元件实例彼此协调，共同完成一套动作，其中一个元件实例上只有一个骨骼。

打开素材文件“机器人.fla”，双击舞台上的机器人实例进入元件内部，可以看到机器人的身体由各个部件所组成，每个身体部件对应着库里面的一个元件。

单击【工具】面板中的骨骼工具，按住鼠标左键从机器人手臂最上方的关节处向中间一根关节处拖动，也就是从骨骼的根部向骨骼的末端拖动，建立第一根骨骼，如图 7-20 所示。

此处注意骨骼的根部和末端要分别位于两个元件实例中，这样才能通过骨骼将两个元件实例连接起来。同样的方法建立第二根骨骼，完成机器人手臂的骨架创建，如图 7-21 所示。

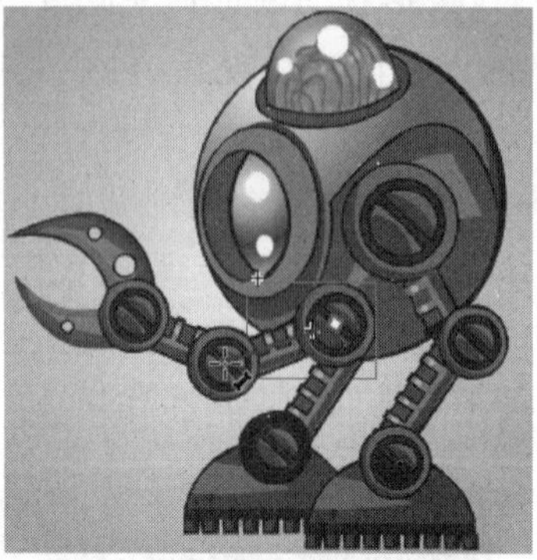

图 7-20　建立第一根骨骼

图 7-21　建立第二根骨骼

此时来看一下【图层】面板。系统自动创建了一个新图层，名字为“骨架_1”。图层左边的标志代表这是一个骨架图层，它在时间轴上帧的颜色是绿色。而图层中有几个变成了空图层，包括钳子、机械手臂 1 和机械手臂 2 图层，这几个图层在创建骨架前都是有内容的，现在变成空图层，是因为原本图层中的对象被骨架连接起来，一起属于骨架图层了，如图 7-22 所示。

选择【选择工具】并单击骨架对象，按住鼠标拖动可以调整骨骼的姿势，如图 7-23 所示。

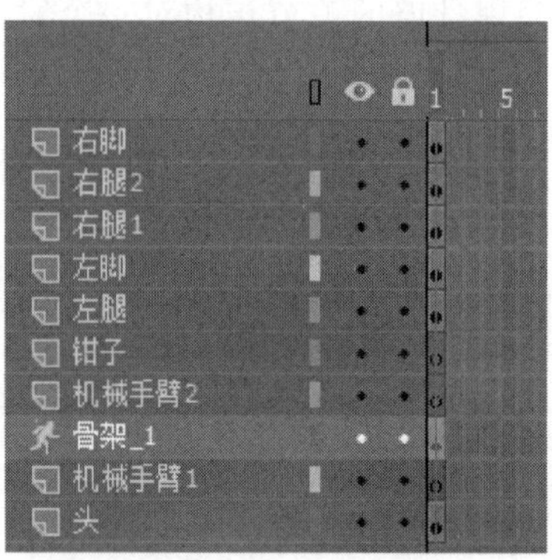

图 7-22　骨架图层

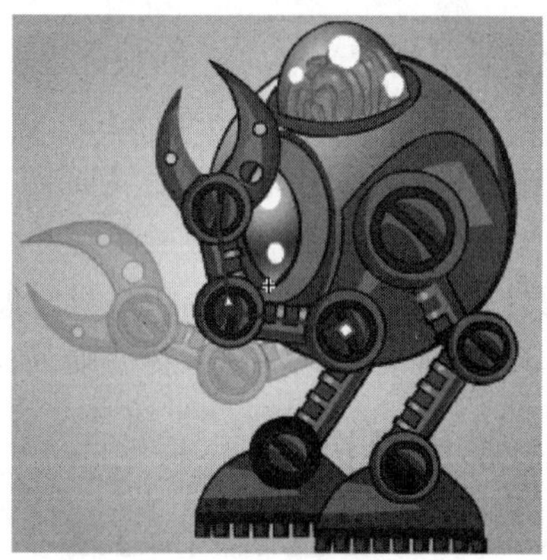

图 7-23　调整骨骼的姿势

2. 创建基于形状的骨架

使用骨骼工具可以直接为简单的图形形状添加骨骼动画，这对没有明显连接和分段，但仍具有连接运动的对象很有用。例如，章鱼的手臂没有实际的分段，但可以通过为平滑的触角添加骨骼，来制作波动运动。

下面为一个人形矢量图形添加骨架制作动作。打开素材“动感人物.fla”，舞台上的三个人形角色来自于库里面的“动感人物”元件，双击“动感人物”元件进入编辑状态，会看到它是一个可编辑的矢量图形——身体各个部位连接在一起，并没有像上一节中的机器人一样独立成为元件。

对这样的矢量图形可以直接创建骨架。单击【工具】面板中的【骨骼工具】，从身体中部往上方，再从身体上部往左右手臂按住鼠标拖动创建骨骼。骨架创建好后，选择【选择工具】单击骨架对象，按住鼠标拖动也可以调整骨架的姿势，如图 7-24 所示。

图 7-24　创建基于形状的骨架

7.3.2　编辑骨骼

骨架创建好之后，就可以使用多种方法来编辑骨骼，例如重新定位骨骼及其关联的对象，在对象内移动骨骼，更改骨骼的长度，删除骨骼，以及编辑包含骨骼的对象等。

1. 选择骨骼

要编辑骨骼，首先要选中骨骼，可以通过以下方法来选择骨骼。

(1) 要选择单个骨骼，可以使用【选择工具】单击骨骼。

(2) 按住 Shift 键单击，可以选择同一个骨架中的多个骨骼。

(3) 选中一个骨骼后，通过【属性】面板中的【上一个同级】【下一个同级】【父级】和【子级】按钮，可以在同一个骨架中切换选择其他的骨骼，如图 7-25 所示。

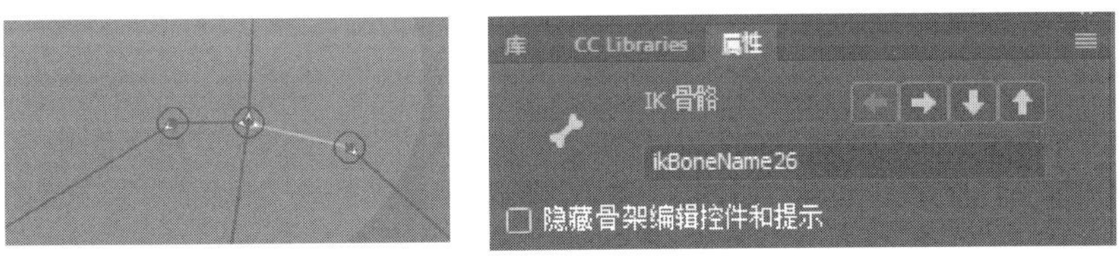

图 7-25　切换骨骼选择

(4) 单击骨骼图层中包含骨架的帧，可以选中整个骨架并显示骨架的属性和骨架图层，如图 7-26 所示。

2. 移动骨骼

可以移动骨骼来对骨架进行重新定位，通过以下方法实现。

(1) 要重新定位骨架的某个分支，可以拖动该分支中的任何骨骼，该分支中的所有骨骼都将移动，而骨架其他分支中的骨骼则不会移动，如图 7-27 所示。

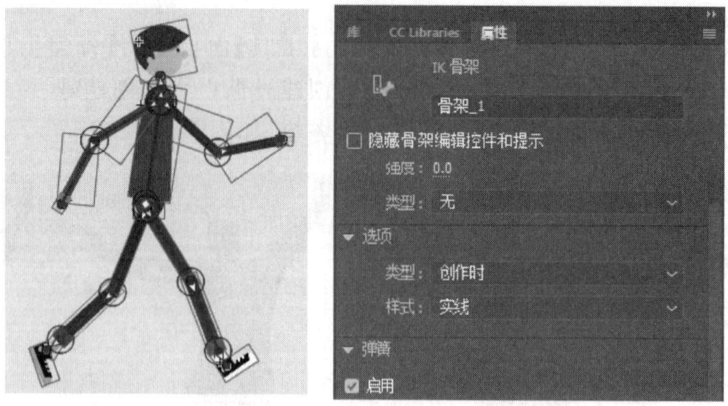

图 7-26　选中整个骨架

(2) 要移动单个元件实例而不移动任何其他连接的元件实例,可以按住 Alt 键拖动该元件实例,或者使用【任意变形工具】拖动。连接到元件实例的骨骼会自动调整长度,以适应元件实例的新位置,如图 7-28 所示。

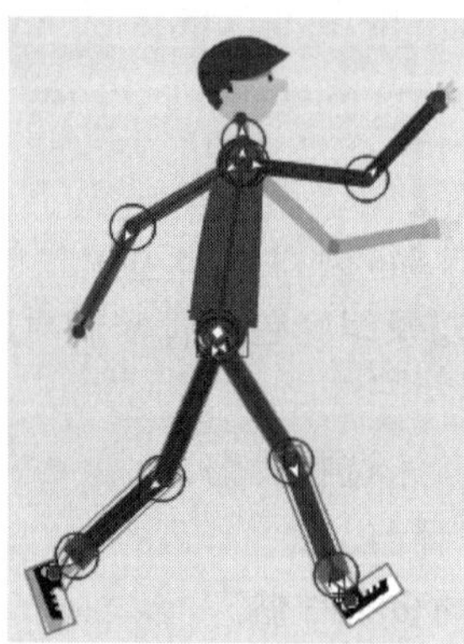

图 7-27　重新定位骨架的某个分支

图 7-28　移动单个元件实例

3. 隔离单根骨骼的旋转

当选择一根骨骼并对它进行旋转的时候,可能会发现很难控制,因为骨骼与骨骼之间的连接会导致骨骼旋转相互影响。要将某个骨骼与子级骨骼一起旋转而不影响父级骨骼,可以按住 Shift 键后再旋转该骨骼,如图 7-29 所示。

图 7-29　旋转单根骨骼

4. 删除骨骼

删除骨骼可以删除单个骨骼或所有骨骼，通过以下方法实现。

(1) 选中单个骨骼按 Delete 键，可以删除该骨骼及所有子级骨骼。

(2) 右击骨架图层上的关键帧，在弹出的快捷菜单中选择【删除骨架】命令，可以删除整个骨架。

5. 修改骨骼连接点

如果要更改一根骨骼连接到另一根骨骼的位置，可以通过以下方法实现。

(1) 对基于形状的骨骼，如果要移动骨骼任一端的位置，可以选择【部分选取工具】，拖动骨骼的一端来进行调整，如图 7-30 所示。

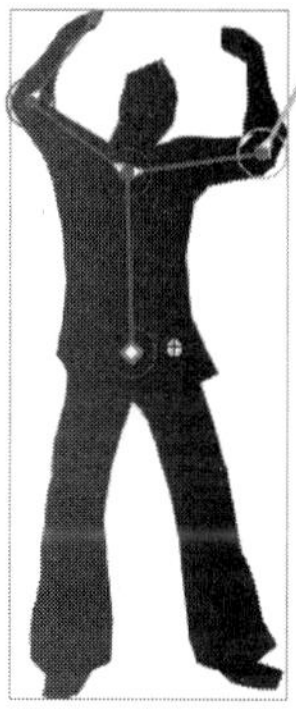

图 7-30　修改基于形状的骨骼

(2) 对基于元件的骨骼，使用【任意变形工具】选中骨骼之后，拖动元件实例的变形点，骨骼将随变形点移动(在插入姿势前调整，插入姿势后不能再进行调整)，如图 7-31 所示。

图 7-31　修改基于元件的骨骼

7.3.3　约束骨骼

对于创建的骨骼，默认它是可以随意控制的，能旋转 360°，也能任意调整骨骼的位置。但在现实中对于骨骼的运动可能会有很多的限制，比如人类的前臂可以朝向二头肌的方向向上旋转，但它不能在另一个方向上旋转超过二头肌；再比如虽然人类的臂部可以随躯干摆动，但程度有限。这些限制都可以通过为骨骼添加约束来实现。

1. 禁止连接的旋转

可以禁止骨骼在连接位置进行旋转。单击选中需要设置禁止旋转的骨骼，此时在【属性】面板中会显示 IK 骨骼；取消选中"联接：旋转"下的"启用"复选框，骨骼连接处的圆圈消失。再次拖动这个骨骼会发现只能改变它的位置，而无法使它旋转，如图 7-32 所示。

2. 限制旋转范围

有些情况下允许骨骼在连接处旋转，但对旋转角度有要求，比如身体的盆骨，它可以绕着躯干做轻微的旋转，却不能做 360°的自由旋转。

单击选中需要设置限制旋转范围的骨骼，此时在【属性】面板中会显示 IK 骨骼，选中

“联接：旋转”下的“启用”和“约束”复选框，然后在“左偏移”和“右偏移”中设置允许这个骨骼旋转的范围。设置完成后会在连接处看到一个绿色的扇形，这块扇形区域以内就是骨骼的旋转范围，如图 7-33 所示。

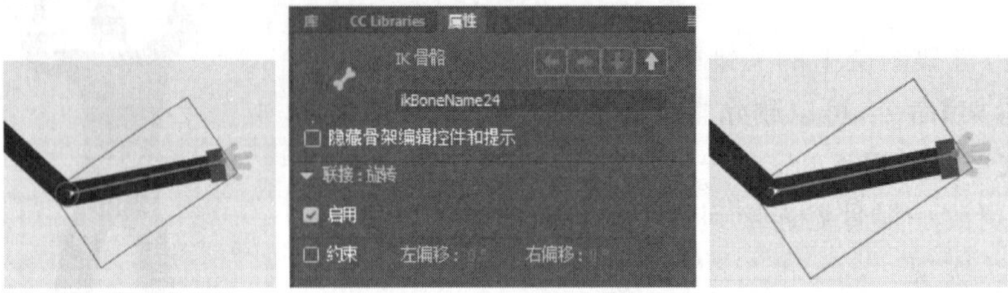

图 7-32　禁止连接的旋转

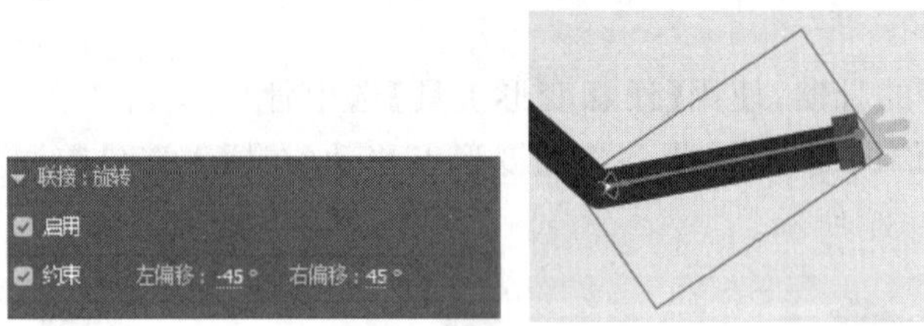

图 7-33　限制旋转范围

3. 限制联接的平移

一般情况下，联接只允许骨骼的旋转，但如果有特殊需求，也允许联接在水平或垂直方向平移滑动，并可以对连接可行进平移的距离设置限制。

单击选中需要进行平移的骨骼，此时在【属性】面板中会显示 IK 骨骼。若允许骨骼在水平方向上滑动，选中“联接：X 平移”下方的“启用”复选框；若需要对允许平移的距离进行限制，则选中“约束”复选框，并设置允许平移的距离。垂直方向的设置通过“联接：Y 平移”做同样的操作，如图 7-34 所示。

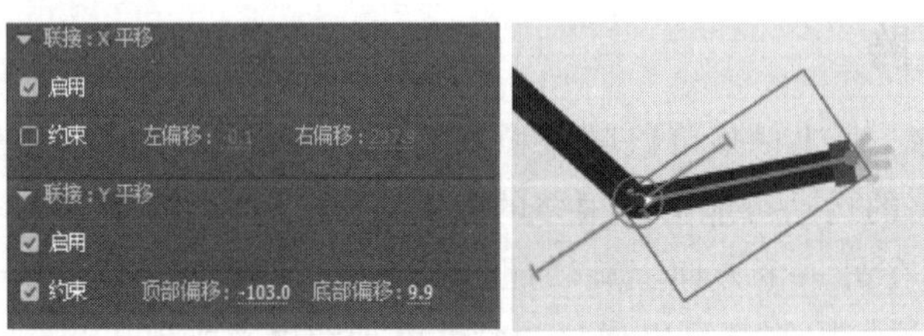

图 7-34　限制联接的平移

7.3.4　添加姿势

在创建好骨架并设置好骨骼的约束之后，就可以为骨架插入姿势来完成动作。在需要调整姿势的帧处右击，在弹出的快捷菜单中选择【插入姿势】命令，就会在时间轴上增加一个新的姿势帧，帧上以菱形小方块显示，帧的颜色为绿色。

骨骼动画中的姿势帧类似于补间动画中的属性关键帧，系统会自动从上一个姿势补间过渡到下一个姿势，但骨骼动画的补间又与补间动画不同，无法对除骨骼的位置和旋转角度之外的其他属性进行补间。

姿势帧的操作与关键帧类似。对姿势帧进行删除、复制、剪切和粘贴等操作，均可通过对指定帧右击后，用弹出的快捷菜单中的命令完成操作。

如图 7-35 所示，调整机器人动画中骨架图层第 1 帧的姿势，使机器人的机械臂向上举起。在第 25 帧和第 50 帧处分别插入姿势，其他图层也相应延长到 50 帧显示。调整第 25 帧的姿势，使机器人的机械手臂向下伸出。播放动画，可以看到机器人举起手臂再放下的动画过程。

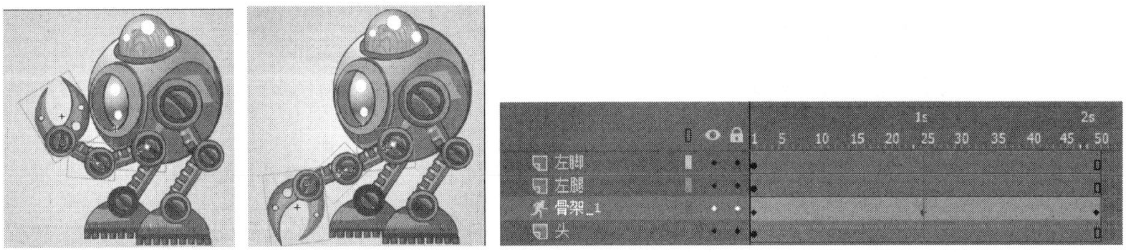

图 7-35　机器人举臂动画

7.3.5　为骨骼设置弹性

利用骨架可以为角色和对象创建平滑、自然的运动，如果想要在运动中添加一些物理特性，比如柔性物体通常会具有一些弹性，使其在移动时自行摆动，甚至在整个身体的运动停止之后还在继续抖动。这样的效果可以通过弹簧功能来实现，通过设置弹簧的强度，甚至可以为骨架中的每根骨骼设置不同的弹性，如图 7-36 所示。

图 7-36　设置弹簧强度

强度：设置弹性的强度值，弹性的大小取决于物体的形状和材质，强度值可以从 0（无弹性）到 100（最大弹性）。

阻尼：弹簧效应随时间减少的量，如果弹性运动无限期地继续，这是不现实的，随着时间的推移，弹性摇摆幅度应该减小，最终停止。通过为骨骼设置阻尼值从 0（无阻尼）到 100（最大阻尼），控制弹性效果减弱的速度。

下面为一片树叶制作被风吹动的动画。因为叶子具有弹性，所以它的运动也会有抖动效果。

步骤 1　打开素材“树叶.fla”，这是一个 HTML5 Canvas 动画文档。选择【骨骼】工具，从叶子图形的叶柄处往下拖动，创建骨架，如图 7-37 所示。

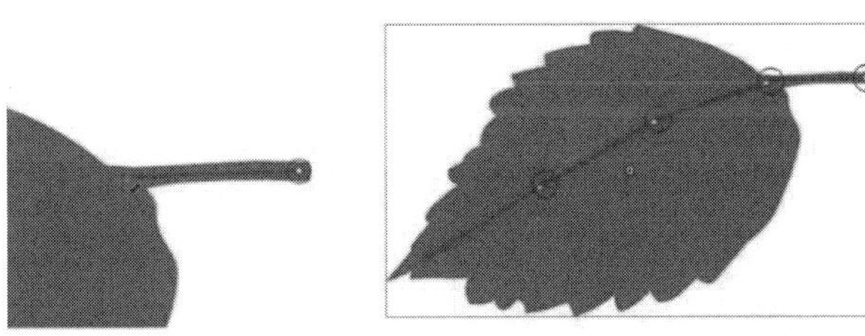

图 7-37　创建叶子骨架

步骤 2 选择骨架的最后一根骨骼，在属性面板“弹簧”处输入强度值 100，并依次为前面两根骨骼设置弹簧强度分别为 80 和 60，如图 7-38 所示。

步骤 3 在骨架图层的第 90 帧位置插入普通帧，选择第 25 帧，抓住叶尖的骨骼，将其向下拖动，如图 7-39 所示。

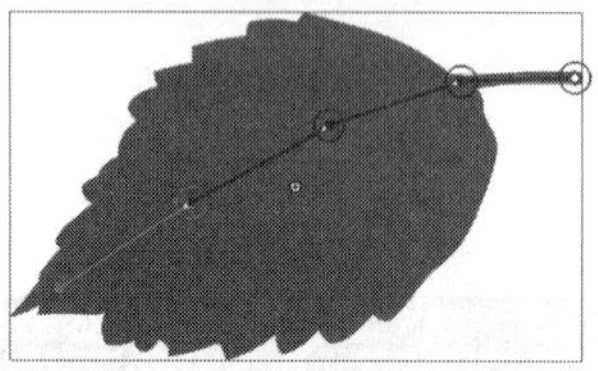

图 7-38 设置弹簧强度值

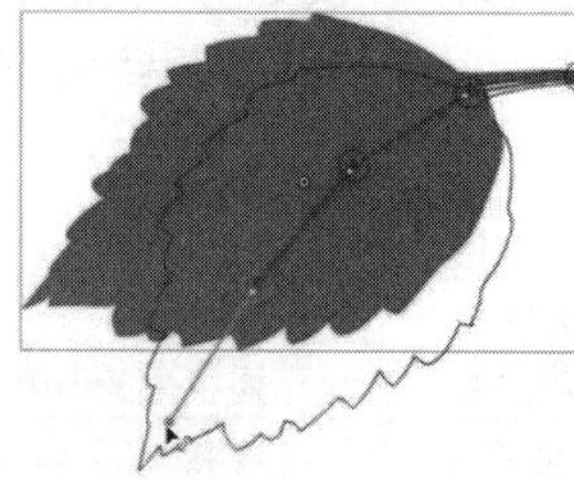

图 7-39 调整骨骼姿势

步骤 4 播放动画查看效果，如图 7-40 所示，此时叶片会重复摇摆，每次摇摆幅度不变。随着时间推移，摇摆减轻，并最终停止。

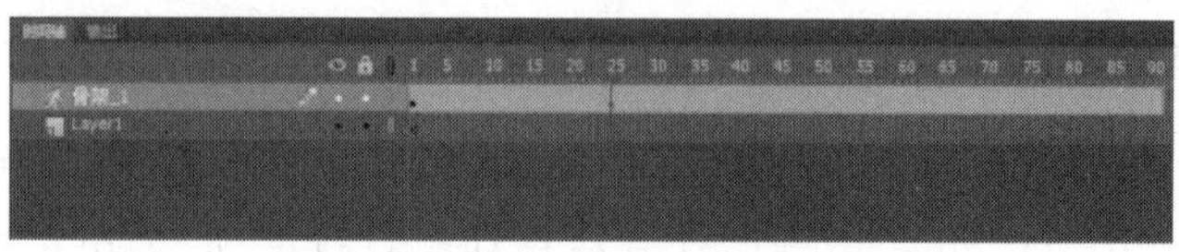

图 7-40 查看动画效果

步骤 5 选择骨架的最后一根骨骼，在属性面板中输入阻尼值 50，如图 7-41 所示。依次设置上一根骨骼阻尼值为 75，再上一根骨骼阻尼值为 100。

图 7-41 设置阻尼值

步骤 6 播放动画，可以看到树叶摇摆几下最终停止。按 Ctrl＋回车键测试动画，系统自动打开默认的浏览器测试动画。因为部分浏览器不支持 Animate 中弹簧的设置效果，会看到树叶只晃动一次，不会上下摇摆。此时可以回到动画中，右击骨架图层的任意一帧，在弹出的快捷菜单中选择【转换为逐帧动画】命令，并选择逐帧动画的节拍数，比如此处选择【每三帧设为关键帧】，如图 7-42 所示。再次按 Ctrl＋回车键，就可以在浏览器中看到树叶摇摆并停止的动画效果。

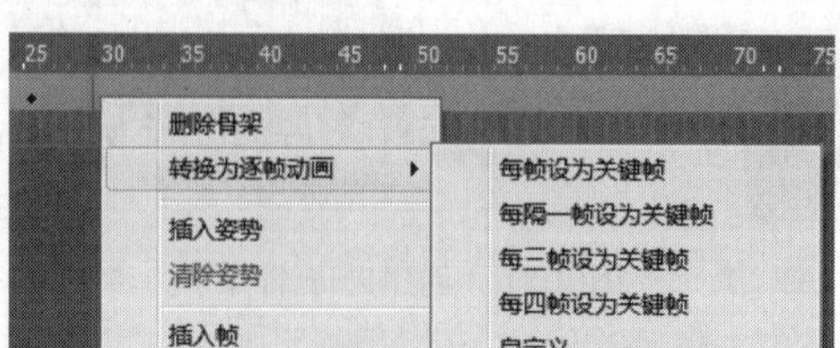

图 7-42 转换为逐帧动画

7.3.6　实战案例：猴子走路动画

对于身体构成比较复杂的角色，一般采用以下流程来创建骨架。

(1) 将角色身体各部件拉开松散摆放，保证元件与元件之间没有遮挡覆盖。

(2) 创建骨架，子骨骼所在的元件会默认在父骨骼的上层。

(3) 按住 Alt 键调整元件的位置，消除元件之间的空隙，将角色各元件摆放的位置恢复正常。

(4) 调整各元件的排列顺序。

(5) 编辑骨骼，设置骨骼约束。

(6) 插入姿势做动作。

下面就采用该流程来制作猴子角色走路动画。

步骤 1　打开素材文件“猴子走路.fla”，猴子身体的各个部分已经独立为元件保存在库中，如图 7-43 所示。

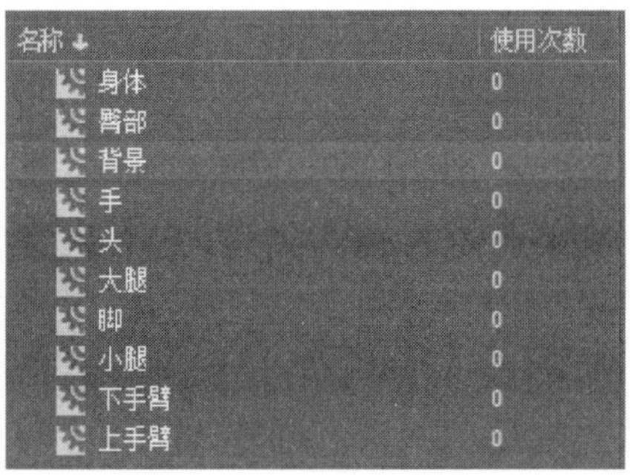

图 7-43　猴子身体各个部分

步骤 2　新建一个影片剪辑起名叫“走路”，将猴子所有身体组成部分从【库】面板拖到该影片剪辑中，其中为脚、手、大腿、小腿、上手臂和下手臂分别创建两个实例，将它们排列成猴子的身体造型，在部件之间保留一些空间方便连接骨骼，如图 7-44 所示。

步骤 3　为猴子创建如图骨架，第一根骨骼由身体向臀部拖动来创建，骨架的根关节在身体上方靠肩部位置，如图 7-45 所示。

图 7-44　排列猴子身体造型元件

图 7-45　为猴子创建骨架

步骤 4 按住 Alt 键依次移动猴子身体的各个部件，使它们靠近在一起，以消除联接中的缝隙，同时注意调整它们之间的叠放次序，如图 7-46 所示。

步骤 5 调整猴子走路的起始姿势，如图 7-47 所示。

图 7-46 消除联接中的缝隙

图 7-47 调整起始姿势

步骤 6 此时移动猴子的盆骨，会看到连接躯干与盆骨的骨骼可以自由旋转，这是不现实的。选择连接猴子躯干和盆骨的骨骼，在【属性】面板中取消选中“联接：旋转”下的“启用”复选框，如图 7-48 所示。

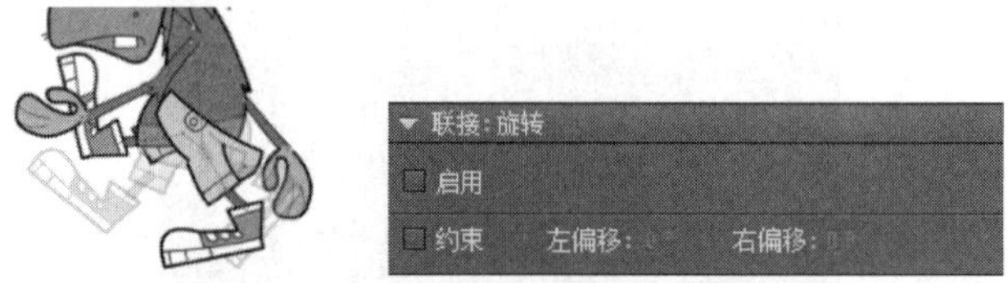

图 7-48 取消盆骨的旋转

步骤 7 调整之后盆骨虽然不能围绕躯干自由旋转，但仍然可以围绕子联接作 360°旋转。选中连接盆骨与其中一条腿的骨骼，在【属性】面板中选中“联接：旋转”下的“约束”复选框，设置最大旋转角度为－3°～9°，如图 7-49 所示。

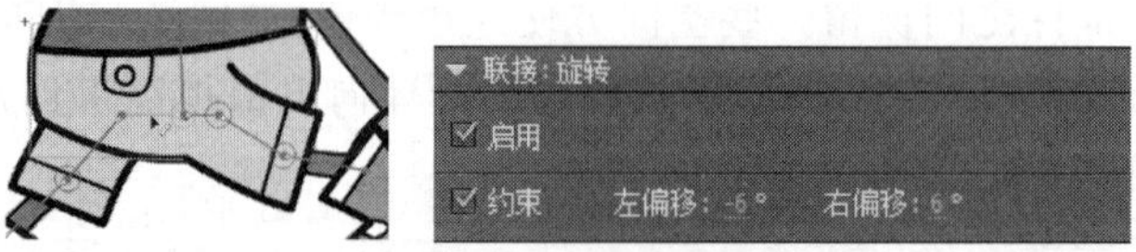

图 7-49 约束盆骨的旋转

步骤 8 一般联接只允许骨骼的旋转，在特殊情况下也允许联接在水平或者垂直方向滑动，比如猴子的盆骨，可以让它有轻微的上下摇动效果。选择连接盆骨与腿的骨骼，在【属性】面板中选中“联接：Y 平移”下的“约束”复选框，设置它的最大平移值为－11.8～0.2，如图 7-50 所示。

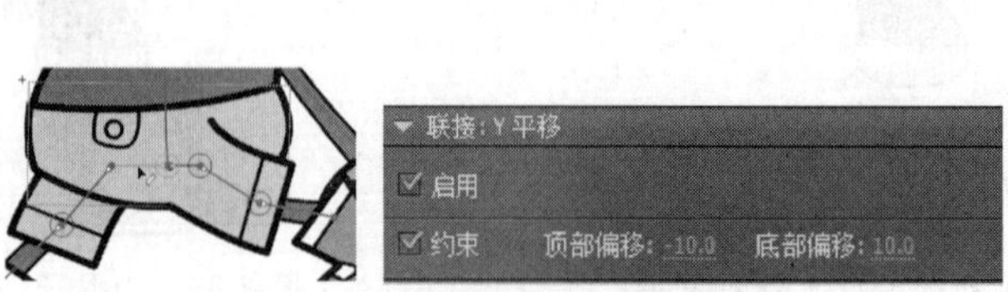

图 7-50 设置盆骨的平移约束

步骤 9　做好适当约束后就容易摆姿势了(骨骼的调整和约束的设置一定要在插入姿势前完成),在时间轴上插入姿势,第 1、10、20、30 帧的姿势分别如图 7-51 所示,然后将第 1 帧的姿势复制到第 40 帧。为了让猴子的行走动作更自然,可以在第 1、30 和 50 帧中让猴子的头向上昂起一些,第 20 和 40 帧中让猴子的头向下低一下。

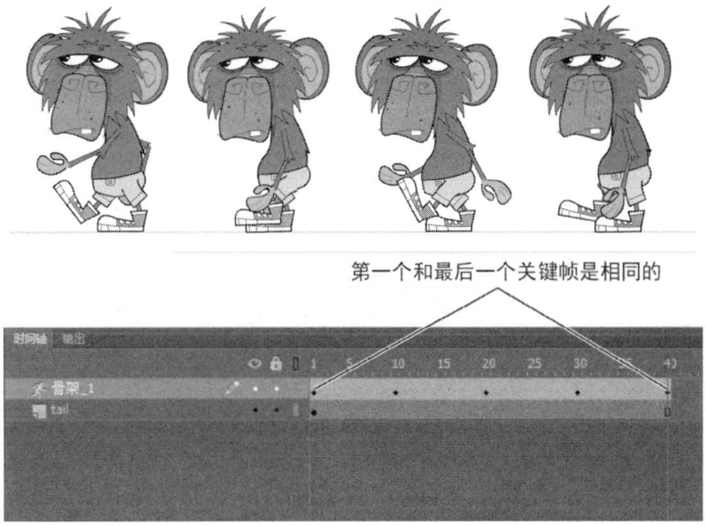

图 7-51　插入姿势

步骤 10　继续新建一个名为"尾巴"的影片剪辑,在其中绘制如图 7-52 所示形状的尾巴,并为其创建骨架。

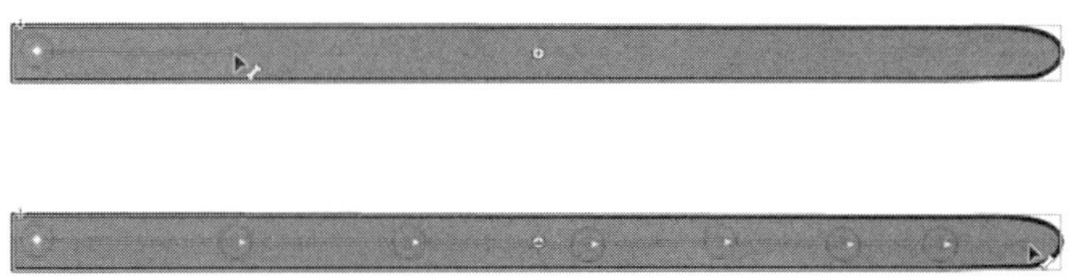

图 7-52　为尾巴创建骨架

步骤 11　在猴尾巴影片剪辑的第 60 帧处插入普通帧延长动画时间,然后在第 1 帧位置调整尾巴姿势,如图 7-53 所示。

步骤 12　在猴尾巴影片剪辑的第 20 帧处插入姿势,再在第 30 帧处插入姿势并调整猴尾巴形态,如图 7-54 所示。

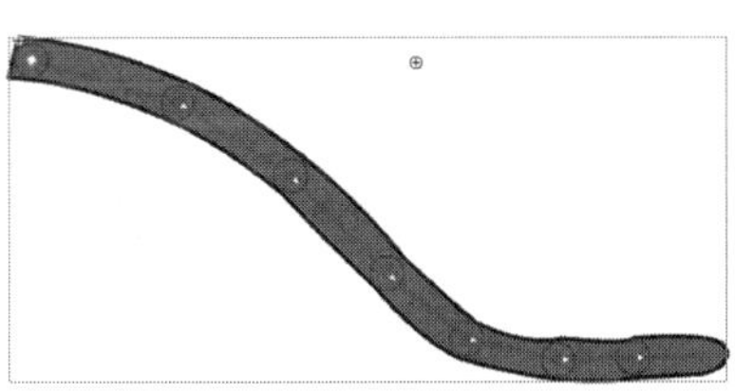

图 7-53　第 1 帧尾巴姿势

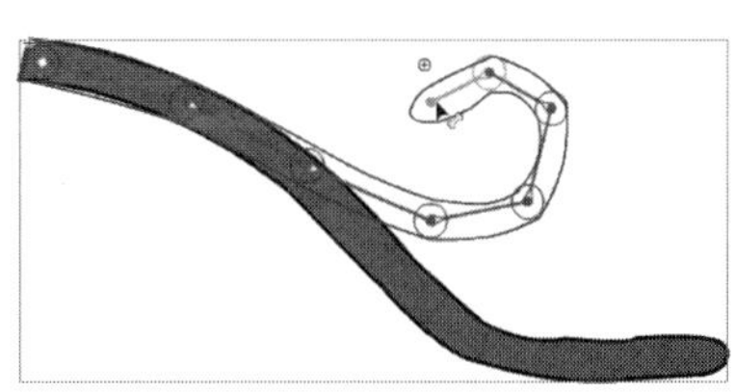

图 7-54　第 30 帧尾巴姿势

步骤 13　在第 50 帧处插入姿势,复制第 1 帧的姿势到第 60 帧处粘贴,各帧的尾巴形态如图 7-55 所示。

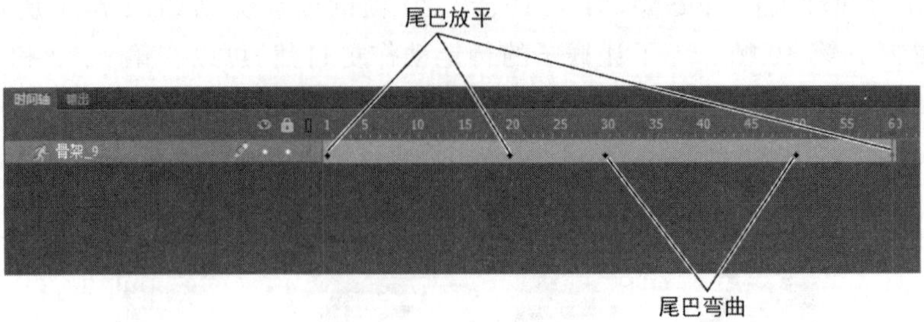

图 7-55 各帧的尾巴形态

步骤 14 在猴子走路的影片剪辑中拖入尾巴放置在骨架图层下方，如图 7-56 所示。

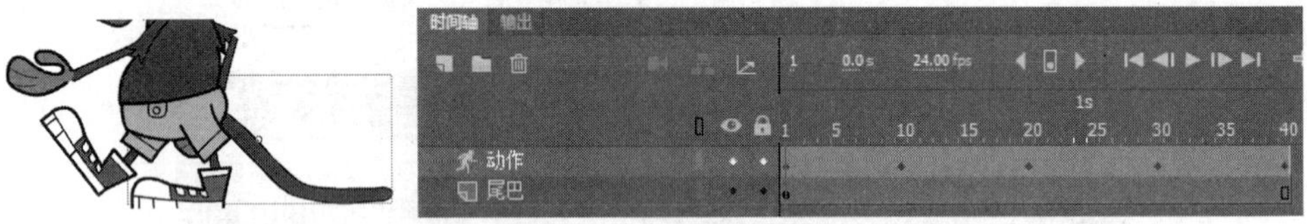

图 7-56 加入尾巴

步骤 15 双击打开"背景"影片剪辑，在图层 1 的第 40 帧处插入关键帧，将最左边的线条水平翻转后移动到最右边，如图 7-57 所示。为该图层创建形状补间动画。将图层 2 的内容延长到第 40 帧显示。

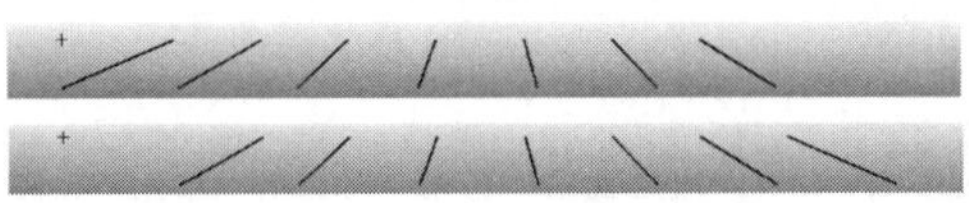

图 7-57 制作背景移动动画

步骤 16 最后将制作好的猴子行走影片剪辑和滚动背景的影片剪辑都拖到主场景中，测试影片观看完整的动画效果，如图 7-58 所示。

图 7-58 完整动画效果

7.3.7 知识延伸：直接在舞台上约束联接运动

除了在【属性】面板中对联接进行约束之外，也可以通过直观显示在联接上的控件对联接的旋转或者平移约束进行快速调整。

单击选中一根骨骼，并将鼠标指针移动到骨骼的联接上，一个带有四个箭头的圆圈出现并以蓝色突出显示，如图 7-59 所示，单击它即可访问控件。

若要对联接进行旋转约束，则将鼠标指针移动到圆形的外边缘，圆形将突出显示为红色。单击红色圆圈的中心锁定，即可禁止该联接处的旋转，单击圆形内部以定义联接旋转的最小和最大角度，如图 7-60 所示。

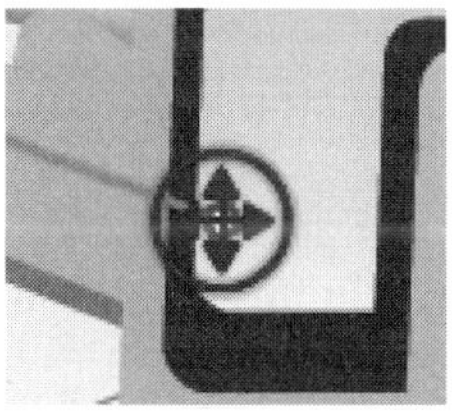

图 7-59　访问联接约束控件

图 7-60　对联接进行旋转约束

将鼠标指针放在骨骼的末端，鼠标指针会变成一根针的样子，单击可以将联接锁死在这个位置，既不能旋转也不能移动，如图 7-61 所示。

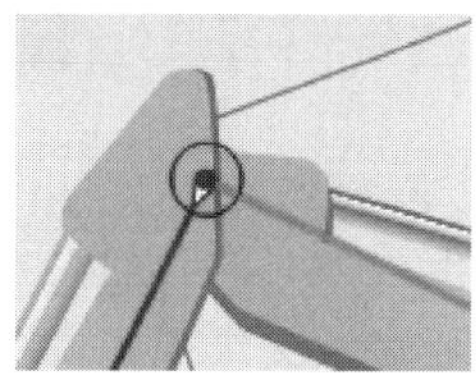

图 7-61　锁死联接

7.3.8　能力拓展：为卡通人物设计动作

打开素材文件“卡通人物. fla”，为卡通角色创建骨骼并设计一个动作，如图 7-62 所示。

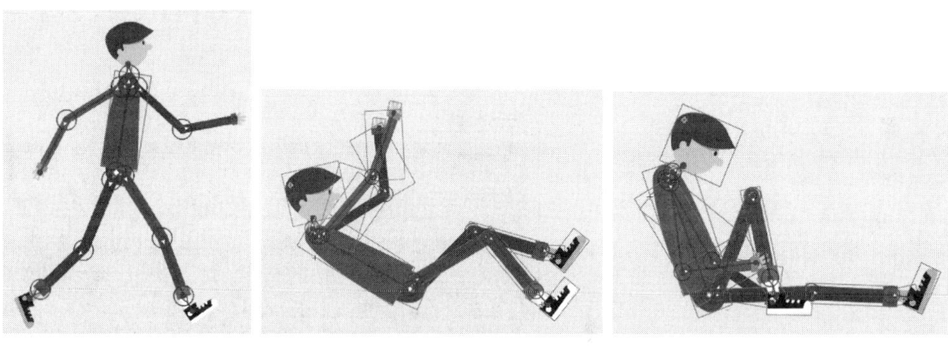

图 7-62　为卡通角色创建骨骼并设计动作

7.4　父级视图

动画角色在很大程度上依赖于对象的层次结构，对象层次结构主要用来描述一个对象如何联接到另一个对象。例如，人的手与前臂相连，前臂与上臂相连，上臂又与躯干相连。当移动上臂时，人的前臂和手也会跟着移动；当移动躯干时，所有与躯干相连的部分也会移动。

对于这种层次结构，一种解决方法是使用上一节中学过的骨架，骨架中父骨骼会带动着子骨骼运动。除此之外，也可以通过父级视图来建立父子图层关系，使图层之间具有层次结构，父图层带动着子图层运动。

7.4.1　显示父级视图

在【时间轴】面板的上方有一个【显示父级视图】按钮，单击这个按钮就可以打开父级视图，如图 7-63 所示。

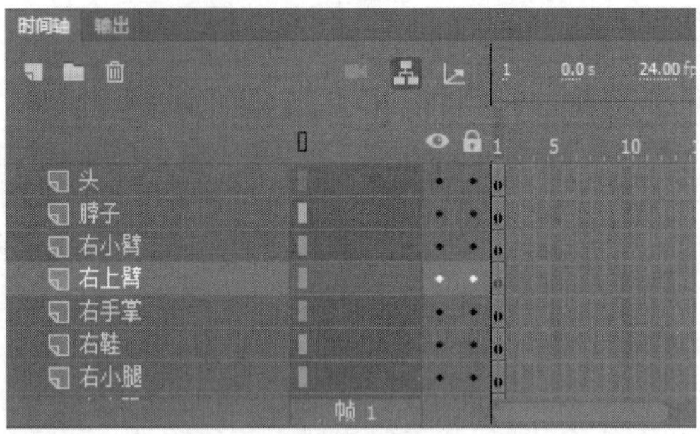

图 7-63　父级视图

但很多时候我们会发现时间轴上方的【显示父级视图】按钮是灰色的，不可用。原因是如果要显示父级视图，需要文档打开高级图层，而新建文档默认情况下高级图层是关闭的。

可以在【属性】面板中打开高级图层。单击舞台的空白区域，在【属性】面板中“属性”一项的下方单击【高级设置】按钮，打开【文档设置】对话框，选中“使用高级图层”一项，就能开启高级图层，如图 7-64 所示。此时再去看时间轴上方的【显示父级视图】按钮，它就变成可用的了。

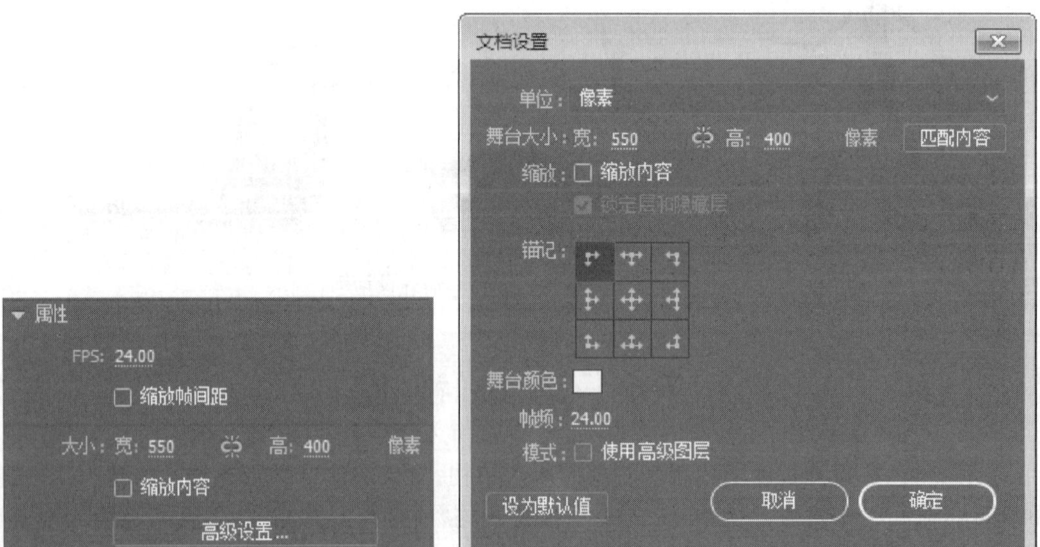

图 7-64　打开高级图层

7.4.2　建立图层父子关系

默认情况下图层之间只有堆叠覆盖关系，上层图层会盖住下层图层，它们之间没有从属上的层次关系。通过父级视图可以为图层创建层次结构，使子图层被联接到父图层。

在建立父子关系之前要先明确接下来准备操作的两个图层谁是父图层谁是子图层，然后在父级视图中单击子图层并按住鼠标左键往父图层拖动，松开鼠标之后就会看到在两个图层之间出现一根线条，线条的颜色是父图层的轮廓颜色，父图层的小矩形方块在前，子图层的小矩形方块在后，如图 7-65 所示。

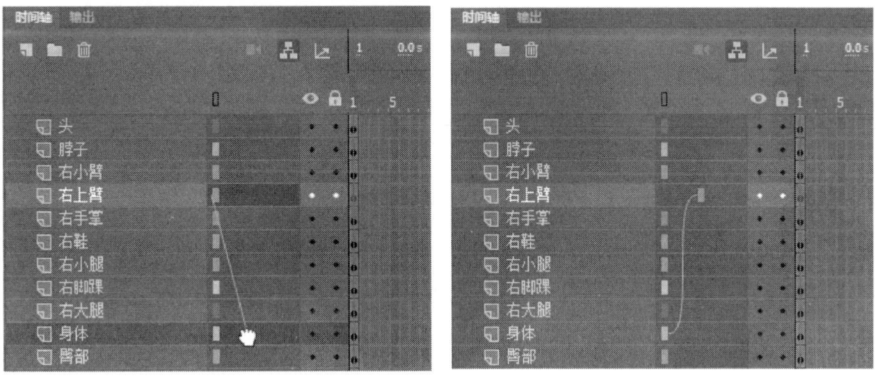

图 7-65　建立图层父子关系

对于建立了父子关系的两个图层，如果移动或者旋转父图层中的对象，子图层中的对象也会跟着做相应的操作，如图 7-66 所示。

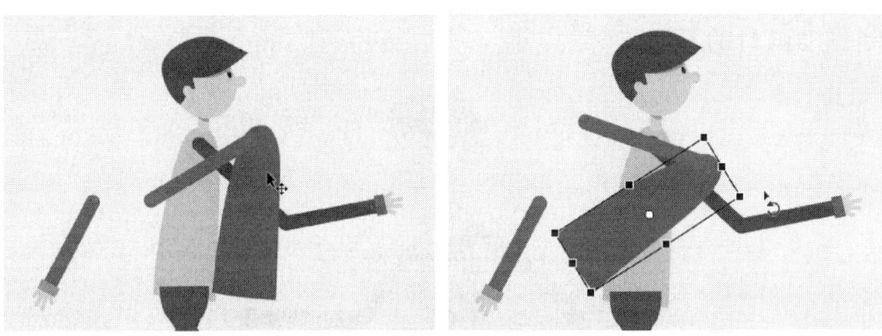

图 7-66　父图层带动子图层运动

7.4.3　编辑图层父子关系

在图层结构已经建立好之后，也可以修改某个图层的父子关系或者删除父子关系。

1. 删除图层的父子关系

要想删除已建立的图层父子关系，单击子图层的父级视图区域，在弹出的快捷菜单中选择【Remove Parent】，就可以删除与父图层的父子关系，两个图层之间联接的那根线条也会消失，如图 7-67 所示。

2. 改变图层的父子关系

要想改变已建立的图层父子关系，单击子图层的父级视图区域，在弹出的快捷菜单中选择【Change Parent】,就可以在其后的图层中选择一个来作为自己新的父图层,同时父级视图中的线条也会联接向新的父图层,如图 7-68 所示。这个操作也可以通过直接在子图层上按住鼠标左键向新的父图层拖动来实现。

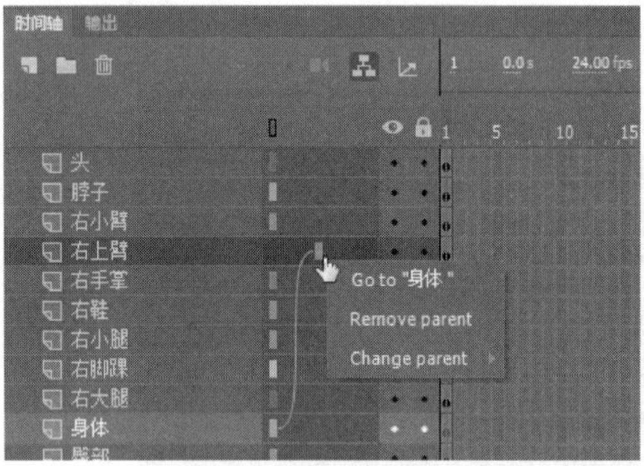

图 7-67　删除图层父子关系

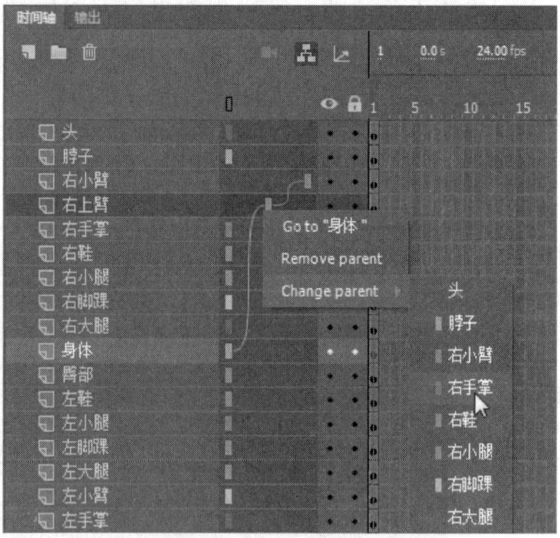

图 7-68　改变图层父子关系

7.4.4　实战案例:卡通人物行走动画

在上一节中用创建骨骼的方法为图 7-69 所示卡通人物制作过动作,这里将用另一种方法,也就是父级视图的方法再次为卡通人物制作行走动画。大家可以通过这个案例对比这两种方法在制作动画时的不同。

图 7-69　卡通人物行走效果图

步骤 1　打开素材“卡通人物. fla”，单击舞台的空白区域，在【属性】面板中“属性”一项的下方单击【高级设置】按钮，打开【文档设置】对话框，在其中选中“使用高级图层”复选框，如图 7-70 所示。

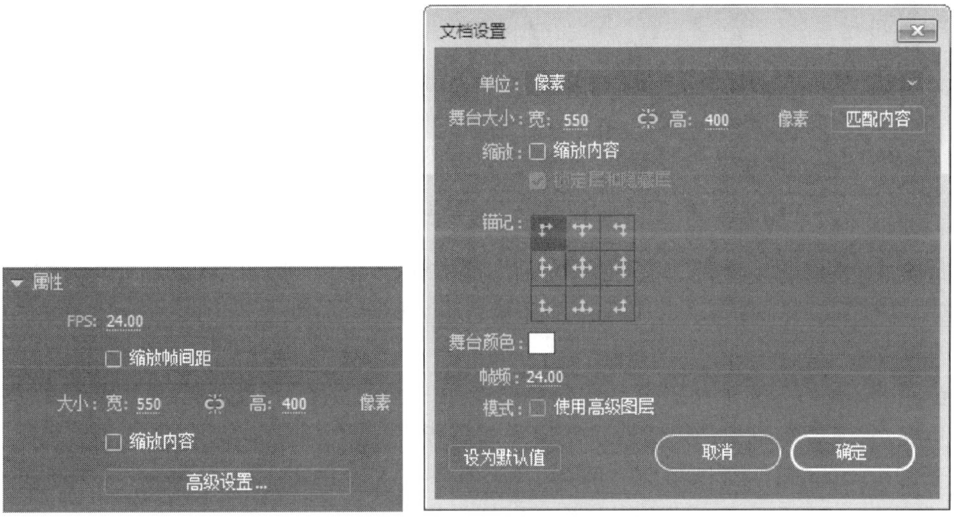

图 7-70　使用高级图层

步骤 2　在父级视图区域中，按住鼠标左键从子图层向父图层拖动，依次建立图层之间的父子关系，如图 7-71 所示。

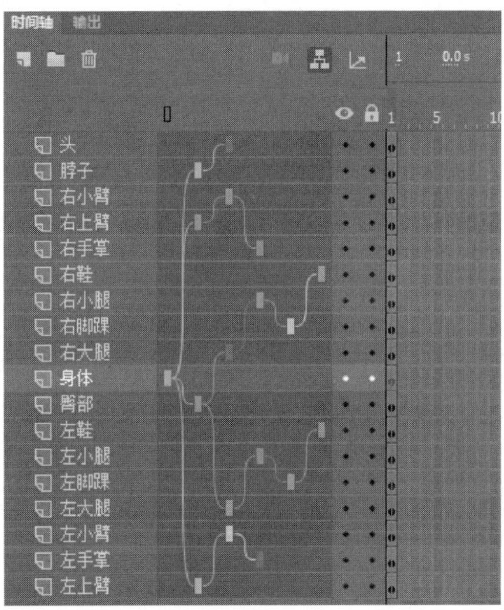

图 7-71　建立图层父子关系

步骤 3　按如图 7-72 所示动作分解图，确认第 1 帧中的卡通人物身体各个部件已经摆为与图中第 1 帧动作一致。

第1帧　第5帧　第8帧　第12帧　第17帧　第21帧　第25帧

图 7-72　动作分解图

步骤 4　单击第一个图层“头”的第 5 帧，然后按住 Shift 键，再单击最后一个图层“左上臂”的第 5 帧，此时所有图层的第 5 帧都会被选中，按 F6 键，为所有图层在第 5 帧处均插入一个关键帧。

步骤 5　在第 5 帧中对照着动作分解图里第 5 帧的姿势，调整各个身体部件的位置和旋转角度，父图层的调整会带动着子图层一起进行。

步骤 6　单击第一个图层“头”的第 1 帧，然后按住 Shift 键，再单击最后一个图层“左上臂”的第 5 帧，右击，在弹出的快捷菜单中选择【创建传统补间】命令。

步骤 7　用同样方法完成其他关键帧和相应传统补间动画的操作，最终时间轴如图 7-73 所示。

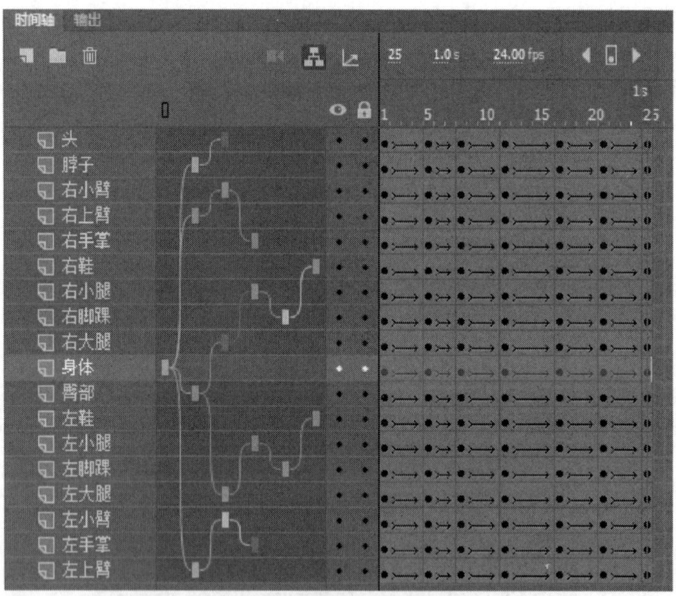

图 7-73　时间轴最终效果

7.4.5　知识延伸：父级视图小技巧

在利用父级视图制作动画时，可以利用如下两个技巧。

（1）父子视图中各图层之间的连接是基于关键帧的，这意味着它们可以在新的关键帧中被打破和更改。

(2) 父级视图中父子图层的连接关系与图层的堆叠关系是相互独立的，图层在时间轴中出现的顺序决定了图层中的对象在舞台上是如何相互重叠的。可以对图层进行重新排序，以更改图层对象的重叠关系，但图层的父子关系保持不变。

7.4.6　能力拓展：猴子与骷髅头

打开素材文件“猴子.fla”，参考“猴子与骷髅头.swf”中的动作效果，利用父级视图的方法，为猴子建立父子图层关系，并制作动画，如图 7-74 所示。

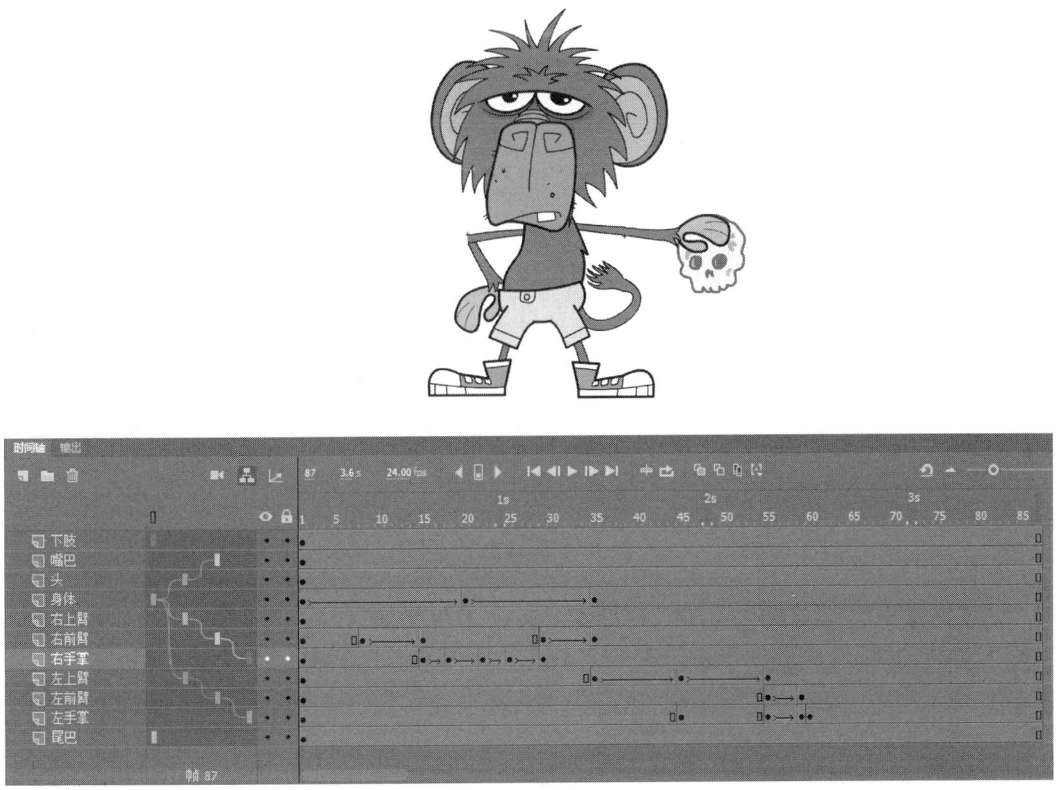

图 7-74　猴子与骷髅头动画效果图

7.5　模拟摄像头动画

Animate CC 从 2017 版本开始增加对虚拟摄像头的支持，通过对摄像头图层添加补间或者关键帧，可以轻松模拟摄像头移动的动画效果，这让动画制作人员更像是一部电影的导演。制作人员可以利用摄像头工具来控制场景中舞台的平移、缩放与旋转，并能对场景应用色彩效果添加滤镜。在摄像头视图下观看动画作品时，下方的图层会像透过摄像头来看一样。

7.5.1 启用摄像头

1. 使用高级图层

打开素材“街角场景.fla”，给这个场景制作蜻蜓飞舞的动画效果，并通过模拟摄像头的使用，使得画面跟随蜻蜓的飞行进行拉伸和位置调整。摄像头的启用操作可以通过工具面板中的【摄像头工具】，或者是时间轴下方的【添加/删除摄像头】按钮来进行，但目前两个操作按钮都是灰色的，不可用，如图 7-75 所示。

图 7-75　工具面板与时间轴面板中的摄像头工具

这是因为如果要在动画中使用摄像头，也必须打开高级图层。如图 7-76 所示，单击【文档】属性中的【高级设置】按钮，在【文档设置】对话框中选中“使用高级图层”复选框，这会将图层转换为符号，以便进行摄像头、图层深度、图层效果和建立图层父子关系等操作。

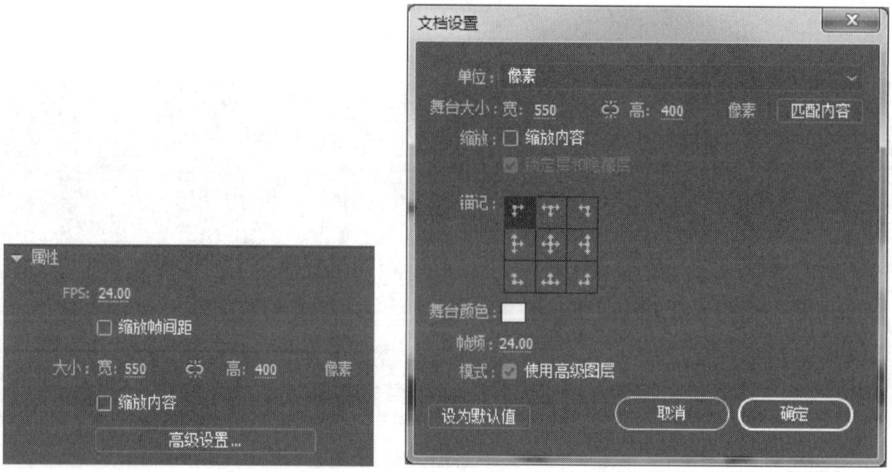

图 7-76　使用高级图层

2. 打开摄像头

在打开高级图层之后，就可以通过单击【工具】面板上的【摄像头工具】，或单击【时间轴】面板下方的【添加摄像头】按钮来启用摄像头。此时一个摄像头图层将被添加到所有图层上方，舞台底部显示摄像头工具的调节杆，舞台边界显示一个带颜色的轮廓，颜色与摄像头图层的颜色相同，如图 7-77 所示。

7.5.2 控制摄像头

通过对摄像头调节杆的操作，可以对摄像头进行控制。

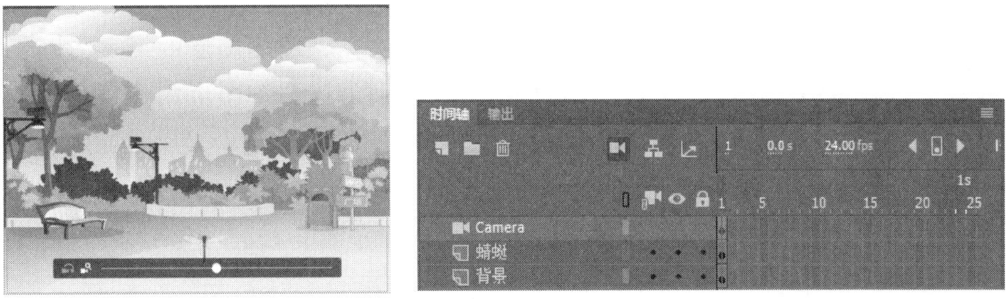

图 7-77　添加摄像头

1. 缩放摄像头

拖放摄像头调节杆的滑块，可以对场景内容进行缩放，如图 7-78 所示。每拖动一次，滑块都会再次回到中心，以便进行下一次拖放。

图 7-78　缩放摄像头

2. 移动摄像头

默认情况下摄像头对焦于舞台的中间，可以通过移动摄像头使焦点对焦在其他位置。将鼠标指标移动到舞台内，如图 7-79 所示，可以看到鼠标指针变成摄像头形状并带十字箭头，这时移动摄像头，就可以将摄像头聚焦到舞台的其他位置。移动摄像头后如果背景图片不够大，就会露出舞台背景，这时往往会再配合放大摄像头的操作，来制作移动并拉近摄像头的动画效果。

图 7-79　移动摄像头

如图 7-80 所示，在三个图层的第 20 帧位置按 F5 键将动画延长为 20 帧。再将 Camera 图层的第 20 帧转为关键帧，在舞台上移动并放大摄像头。将蜻蜓图层的第 20 帧转为关键帧，在舞台上移动蜻蜓的位置并旋转一定的角度，再分别为这两个图层创建传统补间动画，就可以制作出蜻蜓向左边飞行同时镜头逐渐拉近的动画效果。

图 7-80　蜻蜓飞行动画

3. 旋转摄像头

单击摄像头控制杆上的旋转控件使其处于活动状态，如图 7-81 所示。此时向左拖动滑块，可以顺时针旋转舞台；向右拖动滑块，则逆时针旋转舞台。

图 7-81　激活旋转控件

继续将街角场景动画延长至第 40 帧，为 Camera 图层的第 40 帧插入关键帧，顺时针旋转舞台并适当放大舞台。将蜻蜓图层的第 40 帧转为关键帧，在舞台上移动蜻蜓的位置并旋转一定的角度，如图 7-82 所示，分别为这两个图层的第 20～40 帧创建传统补间动画，就可以制作出蜻蜓继续向场景中间飞行同时镜头逐渐拉近的动画效果。

图 7-82　蜻蜓继续向场景中间飞行

7.5.3　创建景深

在现实生活中移动摄像机来拍摄景色时会有一种深度感，是由于前景元素在镜头中的移动速度要比背景元素快一些，这称为视差效应。这种效应对我们来说很熟悉，比如我们透过行驶汽车的车窗向外看时，近处的树木和街道标志从车窗中一闪而过，而远处的山脉则缓慢移动。

Animate 提供了创建这种深度感的能力，就是使用【图层深度】面板来进行景深的设置，图层深度表示图层内容与摄像头之间的距离。在默认情况下图层深度面板是关闭的，所有图层的深度值都为 0，在图层深度关闭的状态下，摄像机的平移和缩放则不会显示深度感，整体效果如同摄像机在一个平面图片上平移或者缩放，如图 7-83 所示。

如果想要进行图层深度设置，需要打开【图层深度】面板，单击【时间轴】面板上方的【单击以调用图层深度面板】按钮，如图 7-84 所示。

【图层深度】面板中管理着每一个图层到摄像头图层的距离。在面板中显示图层顺序与在时间轴中的顺序一致，在每一个图层旁边有个 0，表示它当前的深度值，而在深度值的右边有一个带颜色的矩形，代表着它在右边深度图中的显示颜色。

增大图层深度，图层与摄像头之间的距离增加；减小图层深度，图层与摄像头之间的距离减小；将深度减小为负数，图层会出现在摄像头的后面。如图 7-85 所示在调整了图层深度后场景内容会缩小，所以深度值较大的背景内容要提供较大的尺寸图，不然可能会在设置

图 7-83　图层深度面板关闭效果

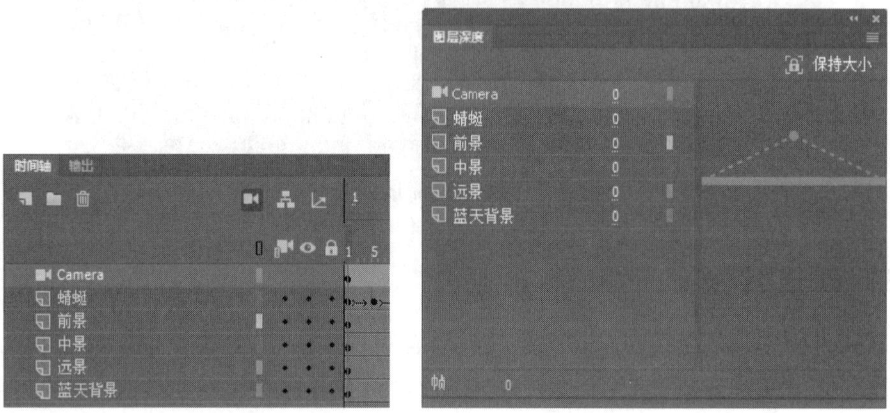

图 7-84　打开图层深度面板

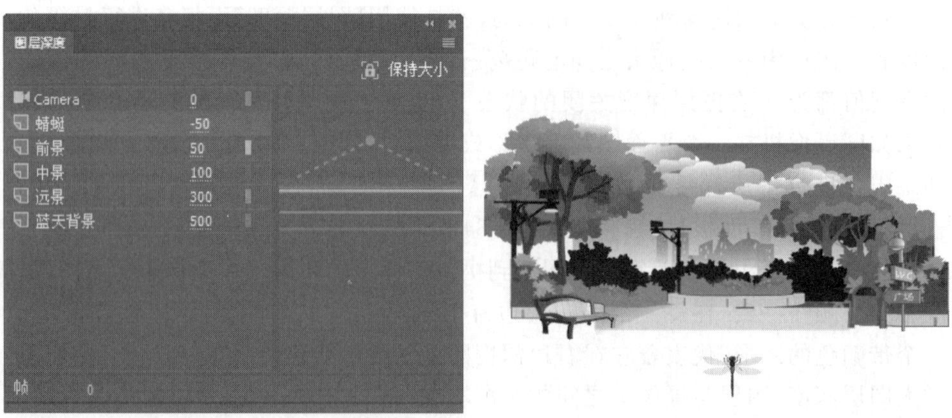

图 7-85　调整图层深度

了景深值后在舞台上露出空白区域。

图层深度是关键帧属性。可以为同一个图层的不同关键帧设置不同的图层深度并创建补间动画，可以制作时而靠近摄像头时而远离摄像头的动画效果，这也是 Animate 中除了 3D 平移和 3D 旋转之外的另一个可以在三维维度上进行动画处理的功能。

7.5.4　实战案例：电影海报宣传动画

下面来制作一个电影海报的宣传动画，通过模拟摄像机镜头的拉伸来突出展示男、女主角以及海报全景，如图 7-86 所示。

图 7-86　电影海报

1. 启用并移动摄像头

步骤 1　打开素材“电影海报. fla”，时间轴上已包含简单的补间动画。

步骤 2　单击时间轴面板上的【添加摄像头】按钮，移动摄像头到左边女演员位置。之后向右拖动摄像头控制滑块，将舞台放大到如图 7-87 所示的效果；也可以在【属性】面板的【摄像头属性】中直接输入放大倍数为 270%，如图 7-88 所示。

图 7-87　移动并放大摄像头

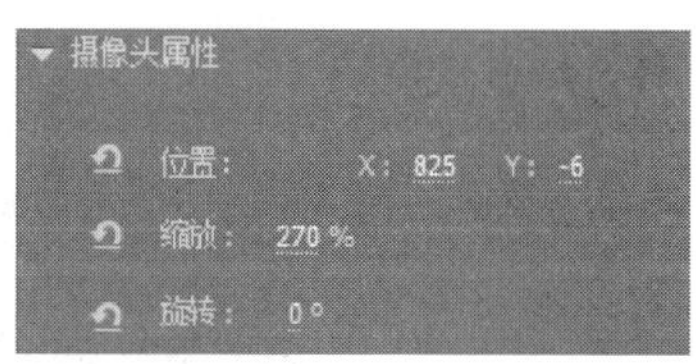

图 7-88　在属性面板中设置放大倍数

步骤 3　选择 Camera 图层中的任意一帧右击，在弹出的快捷菜单中选择【创建补间动画】命令。

步骤 4　在 Camera 图层的第 25 帧处单击，向上拖动摄像头以显示女主角的脸，拖动的同时按住 Shift 键将运动限制为垂直拖动，如图 7-89 所示。

图 7-89　第 25 帧摄像头位置

步骤 5　在 Camera 图层的第 40 帧处单击并按 F6 键创建关键帧，使女主角的脸部画面在第 25～40 帧保持无变化。

步骤 6　在 Camera 图层的第 70 帧处单击，移动摄像头到右边男主角脸部位置，向左拖动缩放滑块适当缩小摄像头，使男主角脸部完整居中于舞台，如图 7-90 所示。

图 7-90　第 70 帧摄像头位置

步骤 7　在 Camera 图层的第 90 帧处单击并按 F6 键创建关键帧，使男主角的脸部画面在第 70～90 帧保持无变化。

步骤 8　在 Camera 图层的第 140 帧处单击，在【属性】面板的"摄像头属性"处输入缩放倍数为 100%，移动摄像头将画面居中，如图 7-91 所示。

图 7-91　第 140 帧摄像头位置

2. 调整色彩效果

步骤 1　在 Camera 图层的第 160 帧处单击并按 F6 键创建关键帧，在属性面板的"颜色效果”处单击【应用颜色滤镜至摄像头】按钮后将出现亮度、对比度、饱和度和色相值，如图 7-92 所示。

图 7-92　打开应用颜色滤镜按钮

步骤 2　在 Camera 图层的第 190 帧处单击并按 F6 键创建关键帧，在【属性】面板中将饱和度的值改为－100，使舞台画面变为黑白色，如图 7-93 所示。

图 7-93　将舞台画面变为黑白色

步骤 3　测试影片观看效果，会发现影片从第 1 帧开始一直在慢慢褪色。在 Camera 图层的第 190 帧处单击，会发现饱和度的值为－84，将其修改为 0，再次测试影片，可以看到画面褪色过程只发生在第 160～190 帧。最终完成后的时间轴效果如图 7-94 所示。

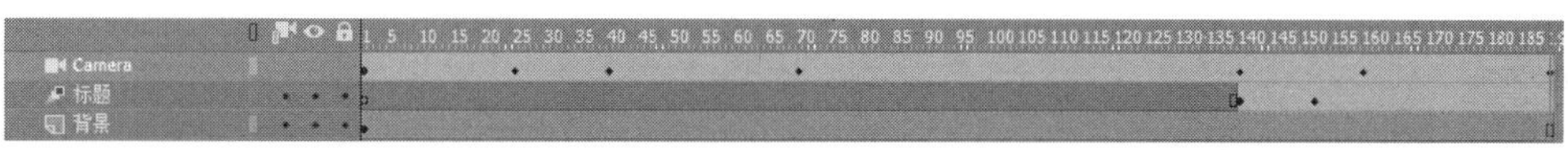

图 7-94　案例最终的时间轴效果

7.5.5　知识延伸：摄像机使用小技巧

（1）摄像头仅适用于场景，不能在元件内启用摄像头。

（2）如果动画文档包含多个场景，添加摄像头的时候仅添加到当前活动场景中，且摄像头图层总是位于所有图层的最顶层。

（3）可以在摄像头图层中添加传统补间动画和补间动画，但不能添加形状补间动画。

（4）在模拟摄像头拉近的过程中舞台画面会被放大，如果背景采用的是位图图片，可能会因为放大倍数太大而使图片出现马赛克效果，如图 7-95 所示。解决的办法是使用高分辨率大图、适当控制放大倍数或者使用矢量图形作为背景。

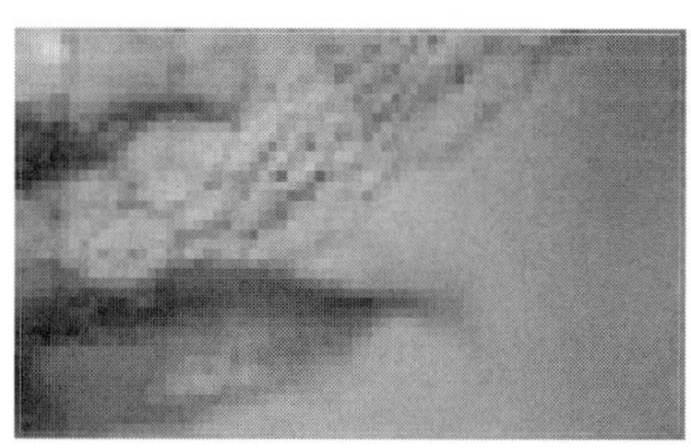

图 7-95　背景放大出现马赛克效果

7.5.6 能力拓展：朱诺的木星之旅

打开素材文件“朱诺的木星之旅.fla”，参考“朱诺的木星之旅.mov”的动画效果(图 7-96)，制作航天飞机朱诺的木星之旅动画。

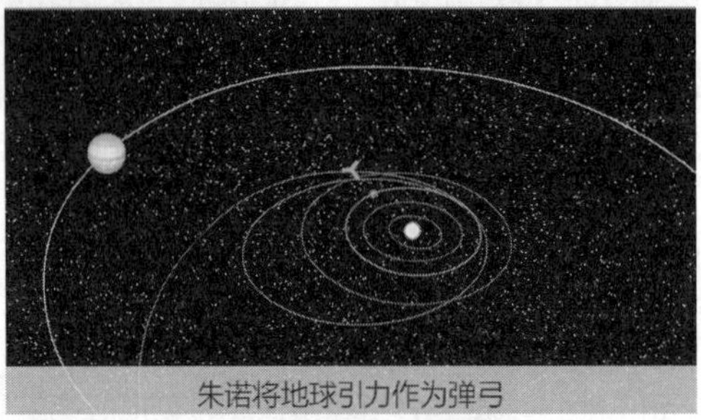

图 7-96 朱诺的木星之旅动画效果图

7.6 VR 动 画

虚拟现实技术(virtual reality)也称为 VR 技术，通过计算机模拟虚拟环境从而给人以环境沉浸感。在 Animate 中也可以通过创建一个 360°环绕或者全景环绕的环境，使用户仿佛置身于虚拟世界，并从各个方向来观察这个虚拟世界。

Animate 为 VR 环境提供了两种文档类型，VR 360 和 VR Panorama，如图 7-97 所示。文档类型的选择取决于你想要的环境投影类型，VR 360 文档将纹理映射到一个球形的环境中，而 VR Panorama 文档将纹理映射到一个圆柱形环境中。

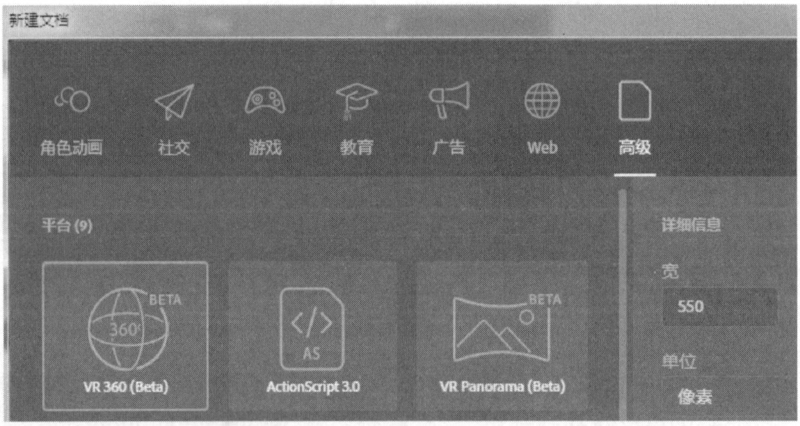

图 7-97 VR 文档类型

7.6.1 VR 360 动画

VR 360 文档将动画映射到一个球形的环境中，它是一种球面投影。

1. 球面投影

球面投影使用的是等矩形图像，大家可能在网上看到过这种图片，如图 7-98 所示，它们的宽度总是高度的两倍(宽高比为 2∶1)，其中的物体看起来是失真的，尤其是物体的边缘。但是这个矩形图像一旦被投影到球体上，失真就会消失。这和普通的地理地图刚好相反，地理地图是地球(球形物体)投射到一个平面上的产物。可以把 VR 360 环境和地球仪来进行比较，在 VR 360 环境中用户是在球体里面看球体的内表面，而地球仪则是用户在外面看球体的外表面。

准备导入动画中的全景照片最好不要使用中文命名，否则可能在预览和测试的时候不能正常显示，尽量使用英文命名。

图 7-98　VR 360 图片

2. 创建 VR 360 文档

在【新建文档】对话框中单击【高级】标签页，选择“VR 360(Beta)”，就可以创建一个 VR 360 文档。此处 Beta 的意思是说这种类型的文档仍处于测试阶段，于 2018 年 10 月加入发布的新版本中，所以可能在使用过程中出现一些不可预知的问题。

因为等矩形图像的宽高比是 2∶1，所以 VR 360 文档的舞台大小也应保持 2∶1 的宽高比，例如上面那幅海边的全景图的尺寸是 1440×720，在这里将舞台的大小设为和它一致，如图 7-99 所示。

3. 设置纹理图层

在 VR 360 环境中，可以设置一些图层投影于球体内表面，投影于球体内表面的图层叫作纹理图层。

将 360 全景图片拖到舞台上并完全覆盖舞台，这里一定要记得将舞台的宽高比设为 2∶1，如果全景图片的尺寸和舞台大小不一致，那么需要将图片大小缩放到和舞台一样，然后居中放置在舞台上。

图 7-99　创建 VR 360 文档

在【图层】面板上方有一个【为所有图层创建纹理变形】按钮，单击它可以将所有图层的内容设置为投影到球体上。如果只想投影一个图层的内容，可以单击这个图层右边位于【为所有图层创建纹理变形】按钮下的小黑点，如图 7-100 所示。

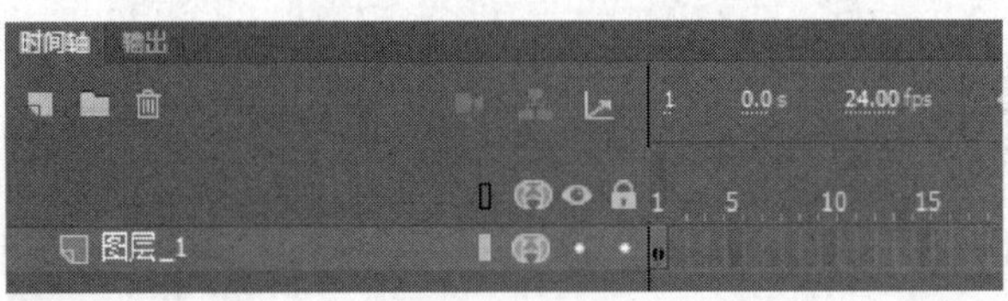

图 7-100　设置纹理图层

4. 启动 VR 视图

对于 VR 文档，它的动画效果具有三维立体空间感，但它在舞台上进行的却是平面操作，平面上的变形使我们无法真实感受到这种立体感，也无法进行精确的对象放置，如图 7-101 所示。比如要在场景中添置一张长椅，很难直接在舞台上看出来它到底应该被放置在三维空间中的哪个位置，此时使用 VR 视图就可以解决这个问题，在 VR 视图中可以将对象移动到 VR 环境中的任意一个位置，同时舞台上的对象位置也会做相应地调整。

执行【窗口】|【VR 视图】命令，会打开【VR 视图】窗口，如图 7-102 所示。单击【启动 VR 视图】按钮，就会出现舞台内容的交互预览，此时可以拖动图像查看所有方向，也可以拖动长椅调整它的摆放位置。此处长椅是位于球体内部的物体，它不需要被投影到球体内表面，所以也不需要将它设为纹理图层。

如果在舞台上而不是在 VR 视图中编辑了舞台中的内容，VR 视图里的显示不会自动更新，必须要单击右上方的【刷新】按钮，才会将更改反映在 VR 视图中。

5. 测试 VR 360 动画

并非所有的 Animate 操作都可以用于 VR 360 动画中，例如遮罩、父级视图、3D 旋转、3D 平移和摄像头工具这些操作在 VR 360 动画中均不可用。

图 7-101　在三维空间中放置物体

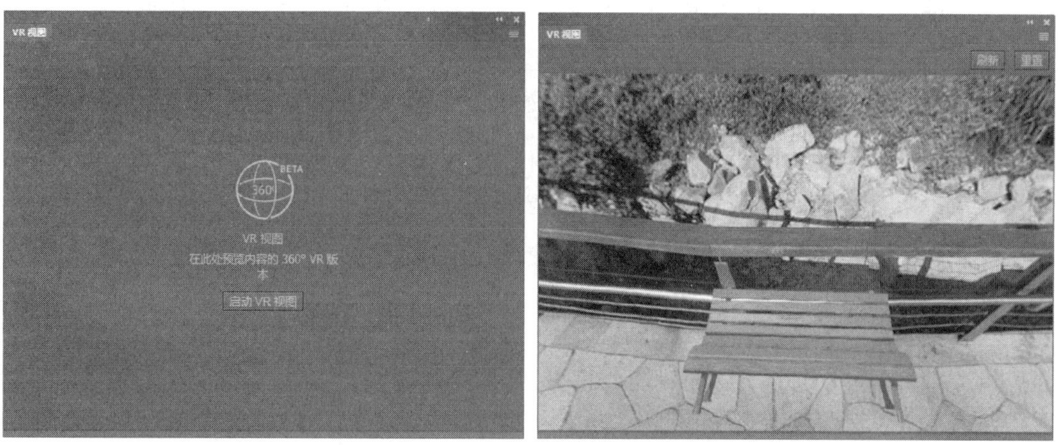

图 7-102　打开 VR 视图

在 VR 视图中只能进行定位预览，不能播放动画，VR 360 动画的效果需要在浏览器中进行测试。可以通过【控制】|【测试影片】|【在浏览器】命令进行测试，也可以直接按"Ctrl＋回车"组合键进行测试。系统将自动打开默认的浏览器，在页面中显示测试效果，测试时可以按住鼠标拖动观看环境的各个角度。如图 7-103 所示。

并不是所有的浏览器都支持 VR 360 效果，如果是 Win10 系统最好将自带的 Edge 作为默认浏览器，如果是 Win10 以下的系统最好使用火狐作为默认浏览器，使用其他浏览器可能无法正常显示 VR 动画效果。

测试动画的时候会在源文件同一目录中生成一个 html 网页文件和两个文件夹，如图 7-104 所示，这是 Animate 自动导出的文档。但我们发现，如果直接在本地双击打开这个网页文件，是无法显示的，这是因为浏览器的安全协议使它们无法正常运行。需要将 html

图 7-103　测试 VR 360 动画

和依赖文件（assets 和 libs 文件夹）上传到一个远程 Web 服务器中，或者启动一个本地 Web 服务器后，才可以使项目正常显示。

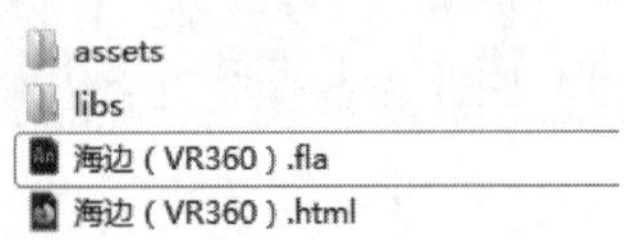

图 7-104　VR 动画导出文档

7.6.2　VR Panorama 动画

VR Panorama 文档将动画映射到一个圆柱形的环境中，它是一种柱面投影。柱面投影使用的是全景图像，而且是 360°环绕拍摄的全景图像，对图像的尺寸没有宽高比要求。但柱面投影要求图像左右两端的画面无缝连接，否则接缝处会出现明显的画面跳跃。

VR Panorama 动画将环境投影到圆柱形虚拟世界，纹理图层被投影到圆柱内壁。同样，准备导入动画中的全景照片最好不要使用中文命名，否则可能在预览和测试的时候不能正常显示，尽量使用英文命名。

在【新建文档】对话框中单击【高级】标签页，选择 VR Panorama(Beta)，就可以创建一个 VR Panorama 文档，舞台大小不限，与全景素材图片尺寸一致即可，如图 7-105 所示。

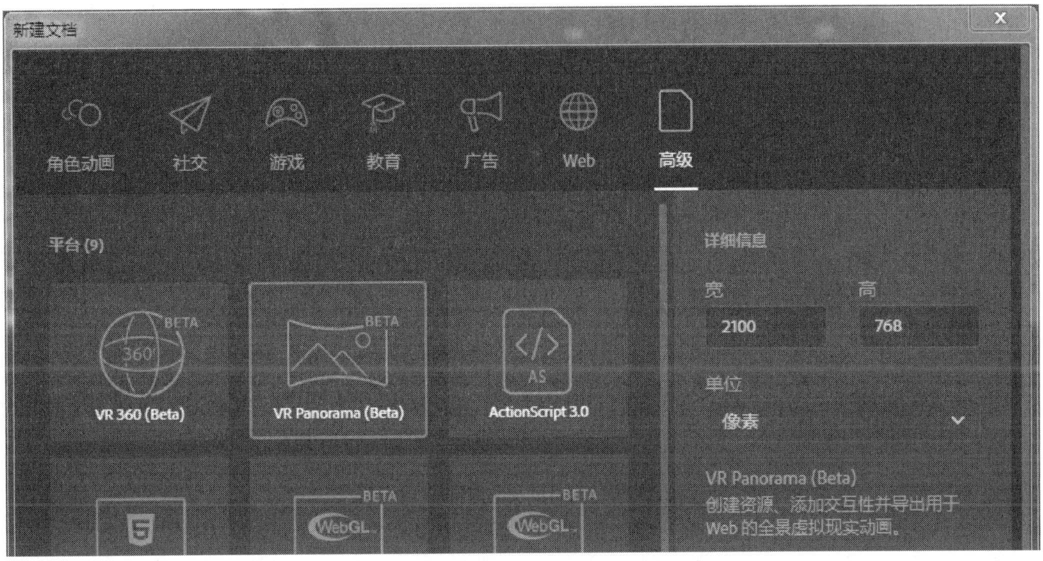

图 7-105　新建 VR Panorama 文档

将全景图片导入舞台后，将其所在的图层设为纹理图层，如图 7-106 所示，其他操作与在 VR 360 文档中一样。

图 7-106　设置纹理图层

7.6.3 实战案例：快乐城市

创建一个 VR Panorama 项目，城市高楼大厦中两只小鸟在飞行，一只大象在行走，还有一个老人在楼顶上跳舞。要求完成后可以通过左右拖动鼠标来观看城市的各个位置，也可以追随小鸟和大象的步伐绕行城市，如图 7-107 所示。

图 7-107　快乐城市效果图

步骤 1　打开素材文件“快乐城市.fla”，这是一个 VR Panorama 文档，舞台大小为 6000×600，如图 7-108 所示。城市的近中远景已经分层次布局好，制作时也可以按自己的喜好，利用库里面的建筑素材，对城市做重新规划布局。

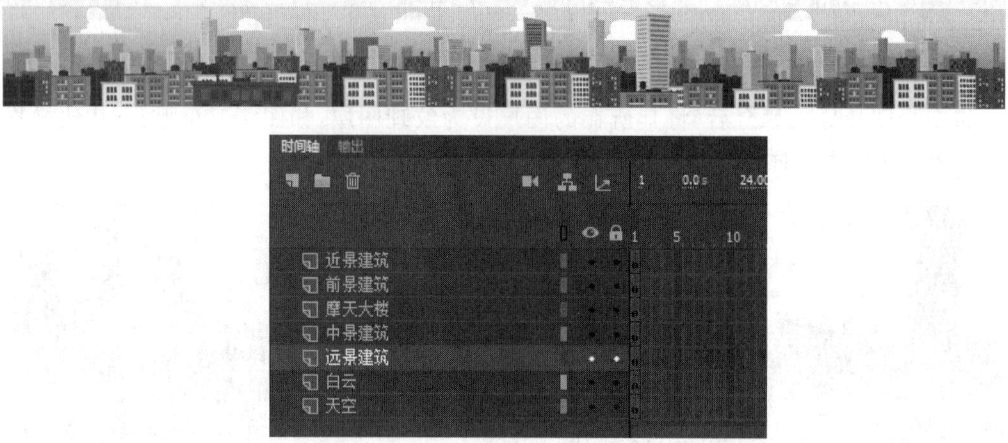

图 7-108　城市景观布局

步骤 2　单击【为所有图层创建纹理变形】按钮，将所有图层设为纹理图层，并将所有图层延长到 1000 帧显示。

步骤 3　在“摩天大楼”图层上方创建一个新图层，起名为“提示文字”，将库里面的“文字提示”元件拖到该图层的第 1 帧创建实例，位置如图 7-109 所示（为了便于观察，暂时隐藏了“前景建筑”图层）。

图 7-109　创建提示文字图层

步骤 4　在"提示文字"图层的第 67 帧插入关键帧，如图 7-110 所示，将"文字提示"实例移动到舞台上方，在第 1～67 帧之间创建传统补间动画，在第 121 帧处插入一个空白关键帧。

图 7-110　调整提示文字位置

步骤 5　继续在"摩天大楼"图层上方创建一个新图层，位于"提示文字"图层之下，起名为"大象"。将库里面的"大象动作"元件拖到该图层的第 1 帧创建实例，位置位于舞台的右侧边缘，如图 7-111 所示。再在"大象"图层的第 1000 帧处插入关键帧，将大象移动到舞台的左侧边缘，使大象露在舞台外面的部分刚好就是第 1 帧中进入舞台的部分。在第 1～1000 帧之间创建传统补间动画。

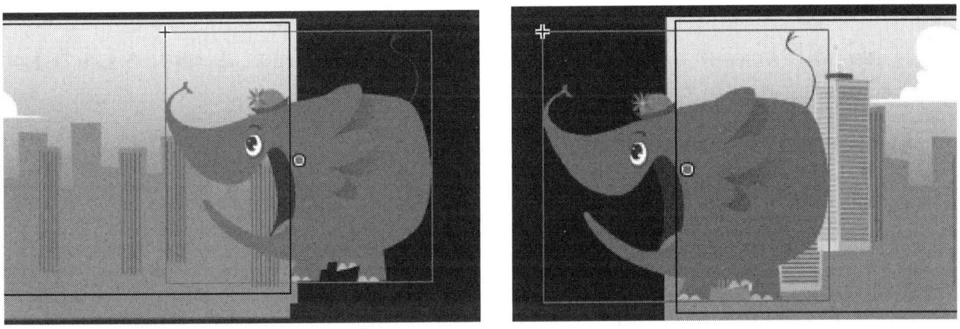

图 7-111　添加大象

步骤 6　在"前景建筑"图层上方创建一个新图层起名为"小鸟_近"，将库里面的"小鸟飞行动作"元件拖到该图层的第 1 帧创建实例，位置位于舞台的左侧边缘，如图 7-112 所示。再在"小鸟_近"图层的第 1000 帧处插入关键帧，将小鸟移动到舞台的右侧边缘，使小鸟露在舞台外面的部分刚好就是第 1 帧中进入舞台的部分。在第 1～1000 帧之间创建传统补间动画。

图 7-112　添加近处的小鸟

步骤 7 在“中景建筑”图层上方创建一个新图层起名为“小鸟_远”，将库里面的“小鸟飞行动作”元件拖到该图层的第 1 帧创建实例，位置位于舞台的左侧边缘，如图 7-113 所示。再在“小鸟_远”图层的第 1000 帧处插入关键帧，将小鸟移动到舞台的右侧边缘，使小鸟露在舞台外面的部分刚好就是第 1 帧中进入舞台的部分。在第 1～1000 帧之间创建传统补间动画。

图 7-113 添加远处的小鸟

步骤 8 在“小鸟_近”图层上方创建一个新图层起名为“老人”，将库里面的“老人跳舞动作”元件拖到该图层的第 1 帧创建实例，位置位于近处绿色建筑之上，并在【属性】面板中修改实例类型为“影片剪辑”，如图 7-114 所示。

图 7-114 添加老人

步骤 9 测试动画观看效果。

7.6.4 知识延伸：在 VR 动画中使用 3D 模型

可以将 3D 建模软件中建造的三维模型导入 VR 动画中，作为虚拟空间中的立体对象。导入的三维模型必须以 .glb 格式保存，glb 是用二进制来保存三维模型的一种文件格式。

执行【文件】|【导入】|【导入到舞台】或者【导入到库】命令，将模型导入 VR 文档中，库里面的三维模型对象如图 7-115 所示，它不能在预览区域进行预览。

将三维模型添加到舞台上，舞台上显示如图 7-116 所示，同样也不能对模型进行预览。启动【VR 视图】，在视图中就能看到模型的效果。

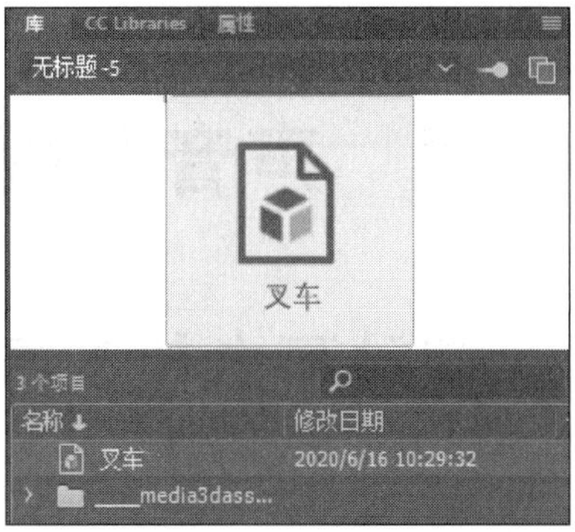

图 7-115　三维模型对象

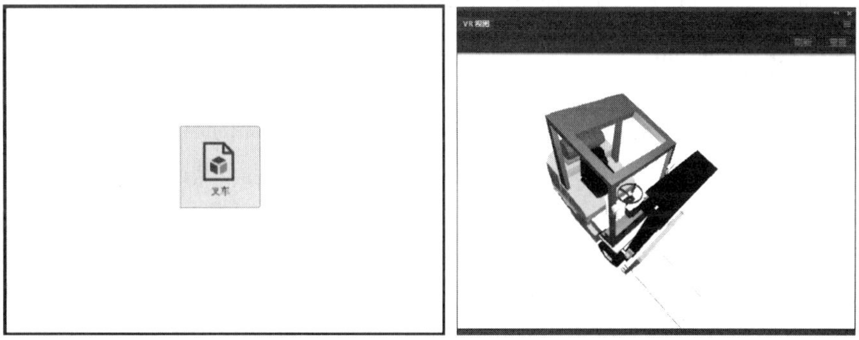

图 7-116　将三维模型添加到舞台上

7.6.5　能力拓展：小鸟在 VR 360 场景中飞行

制作 VR 360 动画，要求：

(1) 使用自己制作或者拍摄的，或者网上下载的 360 全景照片作为动画背景。

(2) 将快乐城市动画中的小鸟置入这个动画场景，为其制作在场景中随意飞行的效果。

(3) 可以在场景中加入其他的对象并为它们制作动画效果。

第 8 章　声音与视频

8.1　在动画中加入声音

声音是动画的重要组成元素，它可以烘托动画的表现气氛，增加动画的表现能力，调动观看者的情绪，使动画更加引人入胜。

Animate 对声音提供了多种支持，既可以使声音独立于时间轴之外连续播放，也可以让动画和声音同步，甚至可以为声音加上淡入淡出的效果，使动画更有特色。

8.1.1　声音的类型

在动画中导入声音之前，首先需要了解 Animate 中声音的两种类型：事件声音和流声音。

1. 事件声音

事件声音也叫事件驱动式声音，由动画中发生的某个事件触发，例如用户单击了按钮，或者时间轴播放到了某一帧。对于事件声音，声音信息全部集中在设定的触发帧中，下载及播放声音时，由于声音信息全部集中在一个帧里，要等到声音全部下载完毕后才能播放，所以此类声音文件不能过大，以减少下载动画的时间，如果声音文件太大，可能会导致动画播放不流畅。

由于事件类型的声音是一次下载完毕，播放声音时也是一次播放完整段声音，如果没有明确的停止命令，它将一直播到声音结束，可以说事件声音和动画中的帧是相互独立不同步的。

事件声音常用于单击按钮时的音效，或者动画中某些短暂的音效，也可以把它作为循环音乐，作为循环音乐的声音从开始到播放结束都不会被中断。如果事件声音的长度超过动画本身的长度，会出现动画结束后声音还在播放的情况，而如果动画此时又再次重头播放，同一声音会被再次实例化，就会听到几重声音重叠在一起。

事件声音下载到内存后，如需重复播放，不用再次下载。

HTML5 动画中只能使用事件声音。

2. 流声音

流声音与动画中的可视元素同步，在需要播放时才下载，即使它是一个很长的声音，播放前也只需下载很小一部分，然后就开始播放，一边播放一边继续下载。流声音常用于动画的背景音乐。

可以将流声音看作被分成了很多个声音小片段，每一个声音片段对应特定的帧，实现与该帧的同步。在实际操作中，无论从哪帧开始播放，流声音都会从此帧对应的那段声音开始播，而不是从头开始播起，同样，动画画面一旦结束声音也就结束。

如果在声音图层中时间轴的中间某个位置插入一个关键帧，声音会在此处结束，即流声音存在于两个关键帧之间，我们可以用这种方法调节流声音的长度。

8.1.2　导入声音

Animate 不能录音，因此动画中需要使用的声音必须从外部文件导入，支持的声音格式包括 WAV、AIFF 和 MP3 等，而 WebGL 和 HTML5 Canvas 文档类型只支持 MP3 和 WAV 格式。

此外 Animate 对导入声音的采样频率和采样精度也有要求，只能导入采样频率为 11kHz、22kHz 或 44kHz，采样精度为 8 位或 16 位的声音。将声音导入 Animate 时，如果声音的记录格式不是 11kHz 的倍数，例如 8kHz、32kHz 或 96kHz，都将会重新采样。

导入声音时可以将声音导入库中，或者直接导入舞台上。

1. 导入声音到库

执行【文件】|【导入】|【导入到库】命令，在【导入到库】对话框中选择要导入的声音文件，单击【打开】按钮，声音文件就被导入【库】面板中，如图 8-1 所示。库里面的声音项目在它的名字左边会有一个喇叭标志，单击这个项目会在预览区域看到它的波形图，单击右上角的播放按钮，可以播放声音效果。

这个操作也可以通过将声音文件从所在文件夹中直接拖到【库】面板中来完成。

图 8-1　导入声音到库

2. 导入声音到舞台

要将声音文件直接导入舞台上，单击要插入声音的帧，执行【文件】|【导入】|【导入到舞台】命令，声音会直接被导入时间轴上，此时声音所在图层的帧上会出现波形图，同时这个声音对象也会出现在【库】面板中，如图 8-2 所示。

3. 在时间轴上添加声音

已经导入【库】面板中的声音，如果要将它添加到动画中，需要将其插入时间轴。用鼠标单击需要插入声音的关键帧，然后直接将声音从库中拖放到舞台上即可，图层上从此帧开始会出现波形图。

也可以单击需要插入声音的关键帧后，在【属性】面板中“声音”一栏下方，打开“名称”后方的下拉列表，从库里面选择一个已导入的声音添加到时间轴上，如图 8-3 所示。

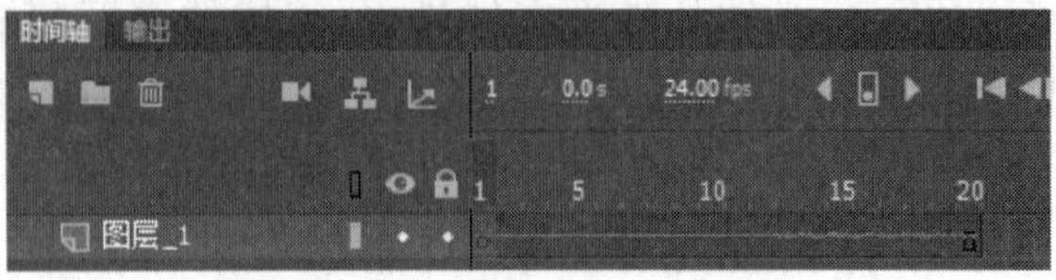

图 8-2　导入声音到舞台

图 8-3　在时间轴上添加声音

8.1.3　编辑声音

对于添加到动画中的声音，我们可以设置它的属性，编辑它的效果。

1. 设置声音的同步类型

单击任意一个上面有波形的帧，在【属性】面板中“同步”一栏的下拉列表中，均可以设置声音的同步类型，如图 8-4 所示。

(1) 事件：系统默认的声音同步类型，将声音和一个事件的发生同步，由某个事件触发声音的播放。事件声音一旦开始播放，就一定会完整地播完一遍，不受时间轴播放的影响。

(2) 开始：与“事件”同步类型效果相似，只是如果同一段声音已经在播放，新声音实例就不会播放。

(3) 停止：使指定的声音停止播放，使用它也可以让事件声音停止播放。

(4) 数据流：强制动画和音频流同步，如果 Animate 不能足够快地绘制动画帧，它就会跳过这些帧，而动画一旦结束，音频流也会停止。

一般来说，对于按钮声音和较短的特效声音，我们通常会用事件声音，而较长的背景音乐会使用数据流声音。

2. 删除声音

在动画中添加了声音后会在图层上出现声音的波形，如果想要将这段声音删除，可以在【属性】面板中将“名称”一栏的下拉列表中设为“无”，这段声音就从时间轴上被删去了，如图 8-5 所示。

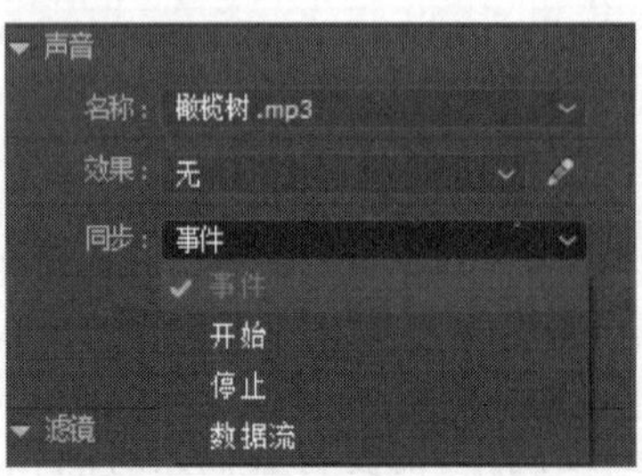

图 8-4　设置声音同步类型

图 8-5　删除声音

3. 设置播放效果

在时间轴上添加声音之后，还可以在【属性】面板中“效果”一项里为声音套用不同的效果，包括淡入、淡出等，如图 8-6 所示。

(1) 左声道：声音只在左声道播放。

(2) 右声道：声音只在右声道播放。

(3) 向右淡出：声音从左声道切换到右声道播放。

(4) 向左淡出：声音从右声道切换到左声道播放。

(5) 淡入：声音逐渐增大音量。

(6) 淡出：声音逐渐减小音量。

(7) 自定义：选择该项，或者单击右侧的【编辑声音封套】按钮，之后打开【编辑封套】对话框，可以在其中根据自己的需要来自定义声音的播放效果，如图 8-7 所示。

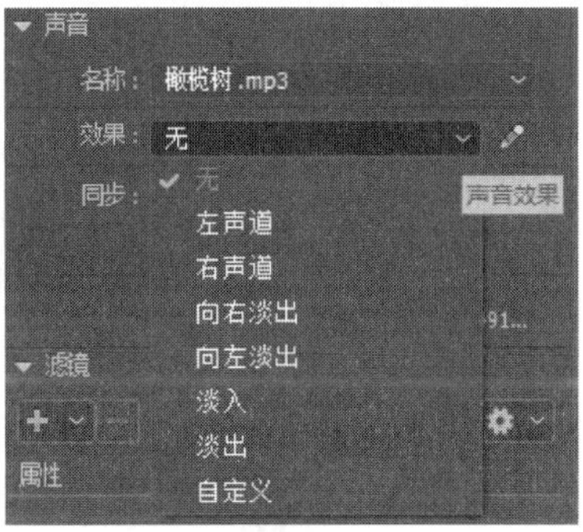

图 8-6　设置播放效果

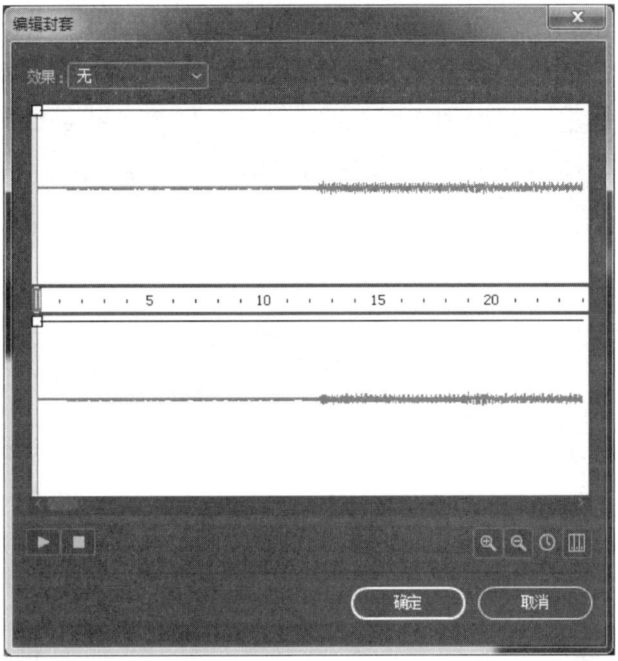

图 8-7　编辑声音封套

4. 裁剪声音

导入的声音如果比需要播放的长度长，可以使用“编辑声音封套”进行裁剪。打开【编辑封套】对话框，如果要对声音的开始部分进行裁剪，就将左边的“开始时间”滑块往右拖动，如果要对声音的末尾部分进行裁剪，就将右边的“结束时间”滑块往左拖动，如图 8-8 所示。完成后单击【播放声音】按钮 ▶ 试听效果。

在【编辑封套】中进行的声音编辑是非破坏性的，可以随时将声音恢复为原始效果。

5. 调节音量

在【编辑封套】对话框中可以对声音的音量做更复杂的调节。在两个声道的波形上方各有一条横线，是音量控制线，可以在上面单击增加控制点，将控制点往上或往下拖动，可以改变音量。通过多个控制点的设置，可以使左右声道的音量分别按自己想要的效果进行播放，如图 8-9 所示。

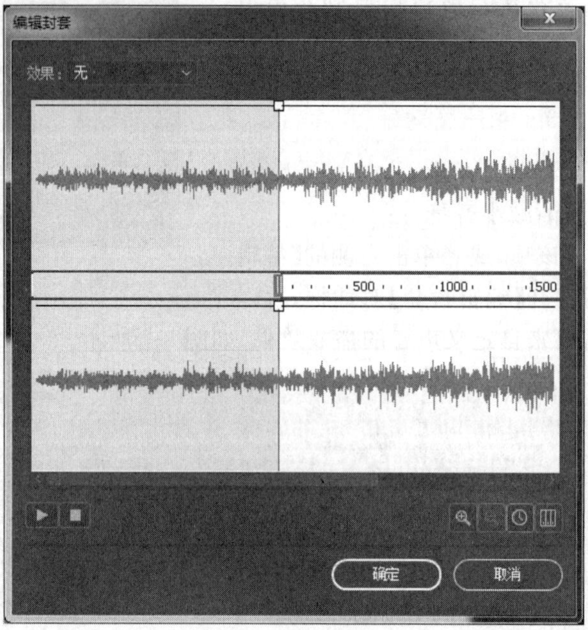

图 8-8　裁剪声音

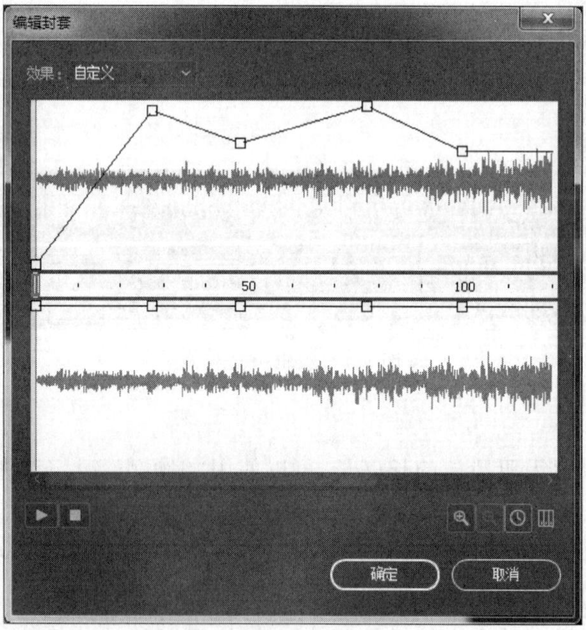

图 8-9　调节音量

6. 循环播放声音

如果某段声音需要循环重复播放，可以在【属性】面板中进行设置，如图 8-10 所示。

(1) 重复：设置声音重复播放，并在右侧的输入框中明确指定重复播放的次数。

(2) 循环：设置声音不间断循环，无须指定次数。

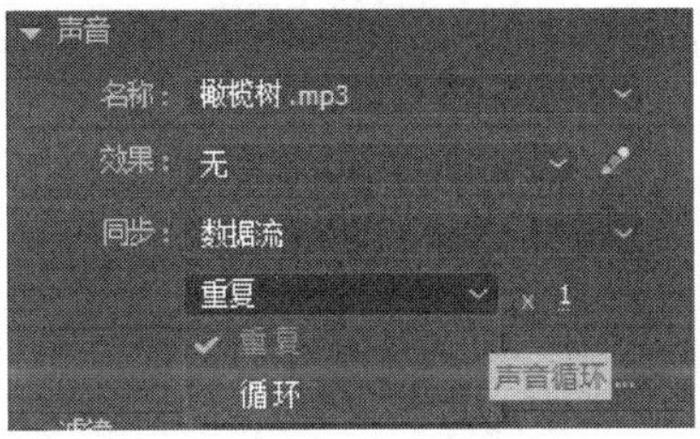

图 8-10　循环播放

8.1.4　实战案例：会演奏音乐的圣诞树

这是一棵会演奏音乐的圣诞树，树上有很多颗星星，鼠标经过每一颗星星都会发出不同的声音，如果以不同的顺序经过这些星星，就会演奏出不同的音乐。如图 8-11 所示。

步骤 1　打开素材文件"会演奏的圣诞树. fla"，在"背景"图层的上方创建一个新图层，起名为"星星"。

步骤 2　选中"星星"图层，将库里面的"星星动画"元件拖到舞台上创建实例，将星星摆放在圣诞树上如图 8-12 所示位置。

图 8-11　会演奏音乐的圣诞树

图 8-12　摆放星星

步骤 3　鼠标右击星星实例，在弹出的快捷菜单中选择【转换为元件】命令，在打开的【转换为元件】对话框中设置新元件的名字为"星星按钮 1"，元件类型为"按钮"，如图 8-13 所示。

步骤 4　双击"星星按钮 1"实例，在"图层_1"的"指针经过"帧处插入关键帧，再在"点击"帧处插入普通帧，如图 8-14 所示。

步骤 5　单击"弹起"帧，选中舞台上的"星星动画"影片剪辑，在【属性】面板中设置元件类型为"图形"元件，在"循环"一栏设置"选项"为"单帧"，如图 8-15 所示。

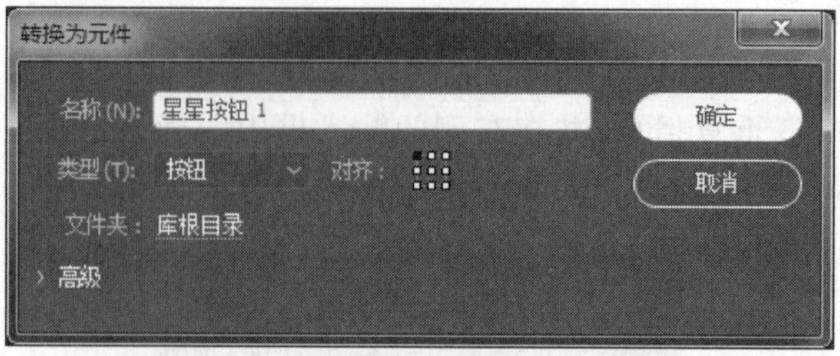

图 8-13　转换元件

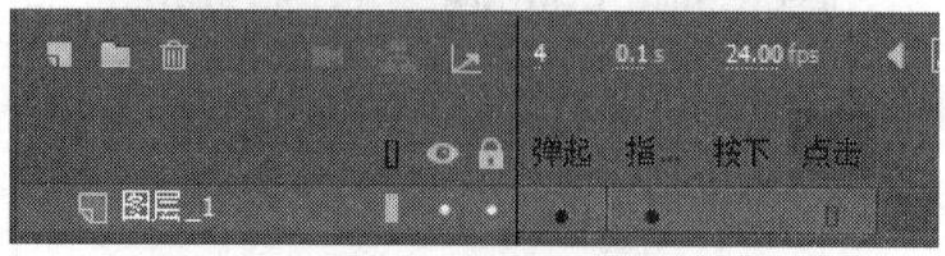

图 8-14　制作星星按钮

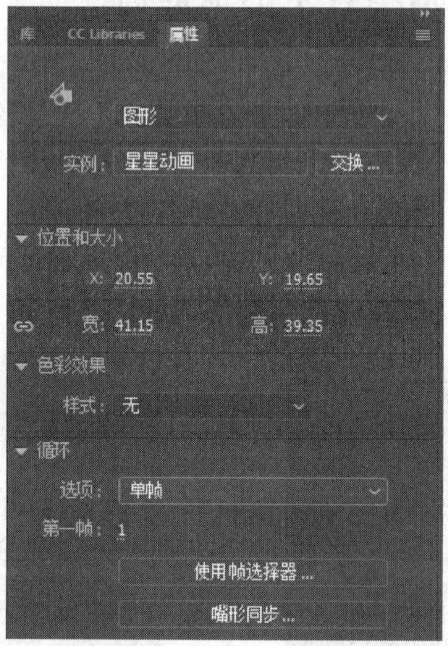

图 8-15　制作按钮的弹起帧

步骤 6　单击“指针经过”帧，将库里面的声音 sound1 拖动舞台中，加入声音，如图 8-16 所示。

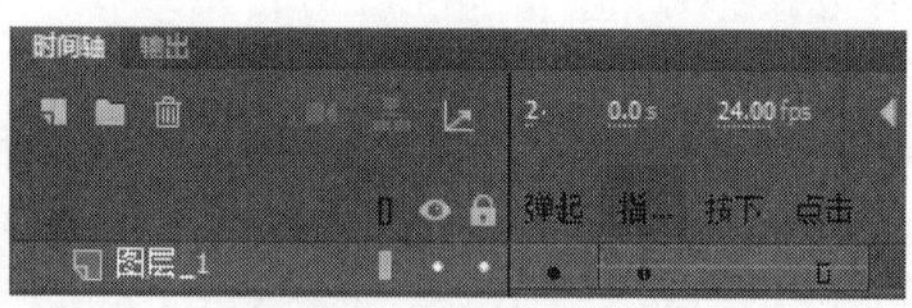

图 8-16　加入声音

步骤 7　用同样的方法继续在圣诞树上放置六颗星星，分别转为按钮元件，并在按钮中分别加入 sound2～sound6 声音。

步骤 8　测试动画，鼠标经过不同的星星演奏出不同的音乐。

8.1.5　知识延伸：怎样让音乐暂停一会儿又继续从原处播放

如果想在时间轴上暂停声音，然后在稍后的时间点从停止的位置处恢复播放声音，可以使用“拆分音频”操作来实现。被拆分的声音必须是数据流声音，事件声音不能被拆分。

在要拆分声音的位置右击，在弹出的快捷菜单中选择【拆分音频】命令，拆分点位置会出现一个新的关键帧，声音在此处会被拆分成两个流。在音频拆分点处的关键帧前面再插入一个关键帧，选中第二段音频流将它移动到其他位置，就实现了声音中断一段时间又继续播放的效果，如图 8-17 所示。

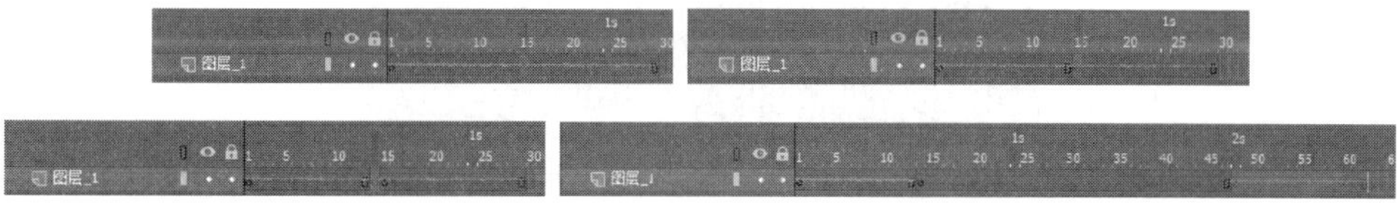

图 8-17　拆分音频

8.1.6　能力拓展：音乐舞台

参考“音乐舞台.swf”效果，打开素材文件“音乐舞台.fla”为动画添加声音，实现在播放该动画背景音乐的同时，把鼠标指针放在架子鼓上时响起架子鼓的声音，把鼠标指针放在吉他上时响起吉他的声音，鼠标指针离开后声音立即停止。音乐舞台素材界面如图 8-18 所示。

图 8-18　音乐舞台素材界面

8.2　在动画中加入视频

Animate 可将数字视频导入动画中，通过结合视频、交互性和动画，为观众创建丰富多彩的多媒体体验。但不是所有的文档类型都支持视频播放，如 WebGL glTF、VR 360 和 VR Panorama 文档均不支持视频播放。

8.2.1 视频的格式

要导入 Animate 中，视频的格式应符合一定的要求，必须使用以 FLV 或 H.264 格式编码的视频，如果使用了不支持的视频格式，会在导入时出现如图 8-19 所示这个提示，即要求先将视频转换为支持的格式。

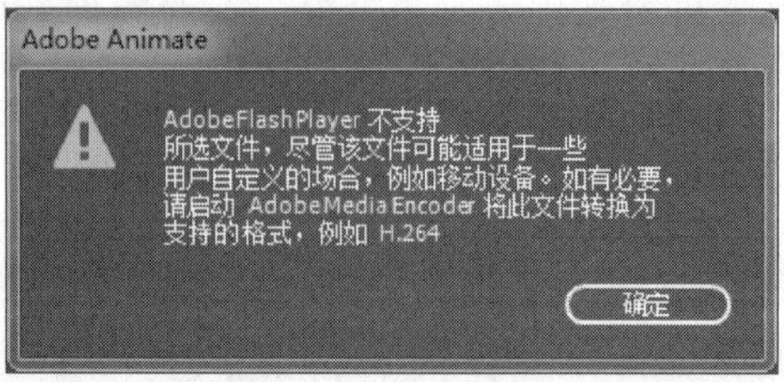

图 8-19　不支持视频格式提示框

H.264 是一种视频编码，使用这种编码的常见视频格式为 MP4 和 F4V 文件。这些文件可用于 ActionScript 3.0、AIR 和 HTML5 Canvas 文档中，播放时需要使用视频播放组件。

8.2.2 在 ActionScript 3.0 中播放视频

如果要在 ActionScript 3.0 文档中播放视频，需要先通过【文件】|【导入】|【导入视频】命令来部署视频内容，以使用播放组件或者嵌入动画中的方式来播放视频，如图 8-20 所示。

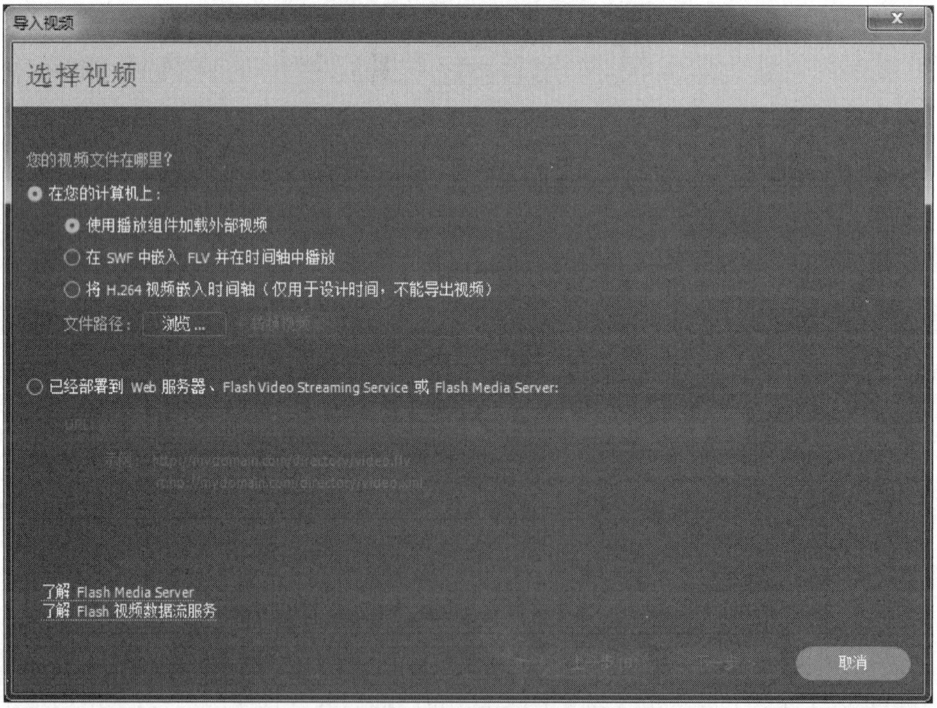

图 8-20　导入视频

1. 使用播放组件加载外部视频

这种方式通过 FLVPlayback 组件播放来自外部的视频文件。视频与 Animate 文档分离但不能脱离，二者必须一起使用才能正常播放 Animate 文档中的视频。

选择“使用播放组件加载外部视频”后，单击【浏览】按钮，打开【打开】对话框，在其中选择要导入的本地视频，视频的格式可以是 F4V 或 MP4 格式，如图 8-21 所示。如果想要导入其他格式的视频，比如 MOV，就会弹出先转换格式的提示。

图 8-21　打开视频

选择符合格式要求的视频文件后，单击【下一步】按钮，进入【设定外观】对话框。在此可以设置播放控制器的外观，包括控制器上的按钮和控制台的颜色，也可以在“外观”下拉列表中选择“无”，即不使用播放控件，如图 8-22 所示。

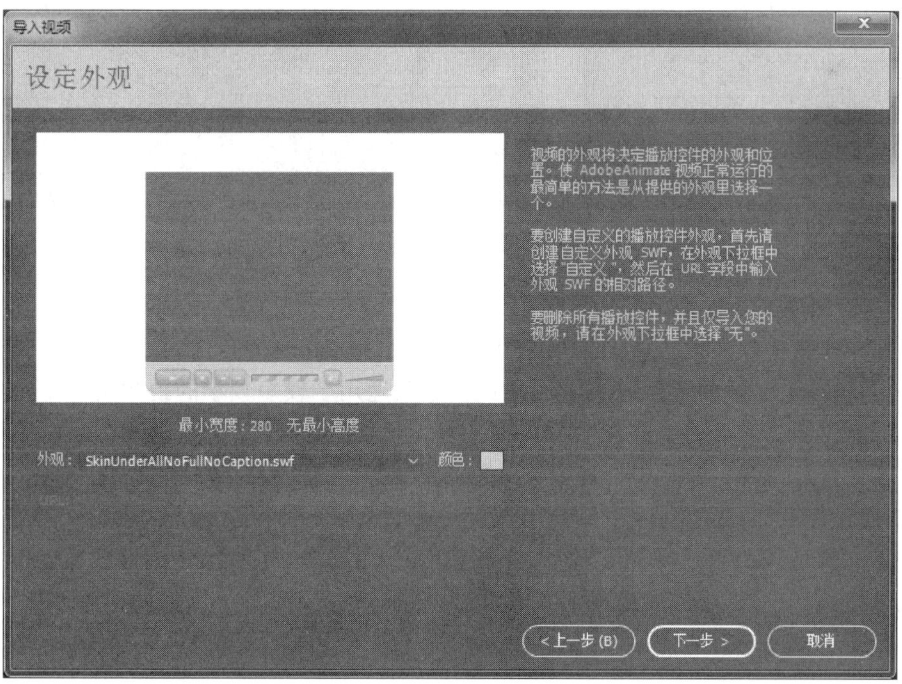

图 8-22　设定外观

完成外观设置后单击【下一步】按钮，完成视频的导入。这时在舞台上会出现该视频以及视频播放控制器，同时在【库】面板中会出现一个 FLVPlayback 组件，如图 8-23 所示。

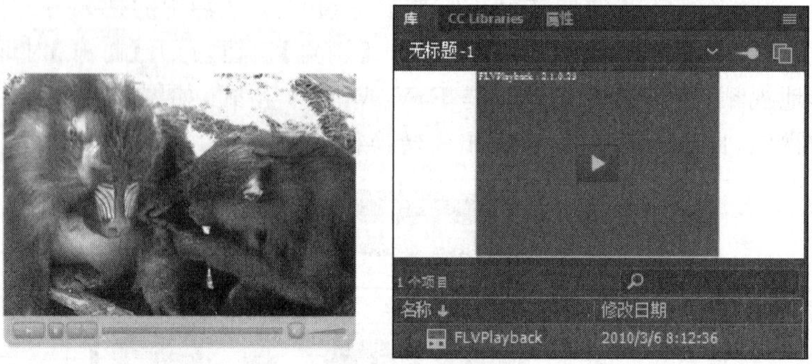

图 8-23　完成视频导入

选中舞台上的视频对象，可以对它做旋转、缩放等操作，也可以单击【属性】面板中的【显示参数】按钮，打开【组件参数】面板，对视频对象的属性进行编辑。例如单击 source 属性右边的笔形按钮，会打开【内容路径】对话框，在其中可以重新选择要播放的视频文件，如图 8-24 所示。

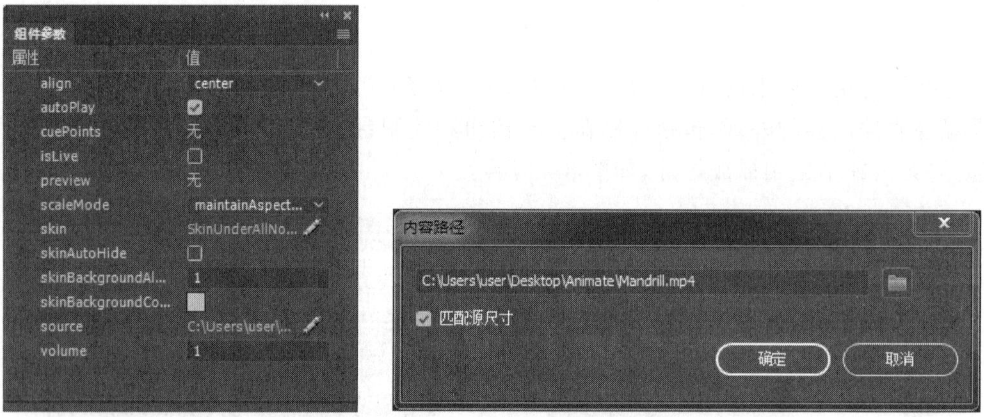

图 8-24　重新选择要播放的视频文件

2. 在动画中嵌入视频

这种方式将视频嵌入 Animate 中，使视频文件和 Animate 文档脱离，无须一起使用。但 Animate 文档大小也因此变得较大，故此方法只适用于较短较小的视频文件。

在【导入视频】对话框中选择“在 SWF 中嵌入 FLV 并在时间轴中播放”，单击【浏览】按钮，打开【打开】对话框，在其中选择要导入的本地视频。对于嵌入的方式，视频格式只能是 FLV，不能使用其他视频格式，否则会出现警告，如图 8-25 所示。

选择符合格式要求的视频文件后，单击【下一步】按钮，进入【嵌入】对话框，在“符号类型”的下拉列表中可以设置视频嵌入方式，即是将视频直接嵌入主场景的时间轴上，还是以影片剪辑的形式嵌入时间轴上，或是以图形元件的形式嵌入时间轴上，如图 8-26 所示。

图 8-25　打开视频及报错对话框

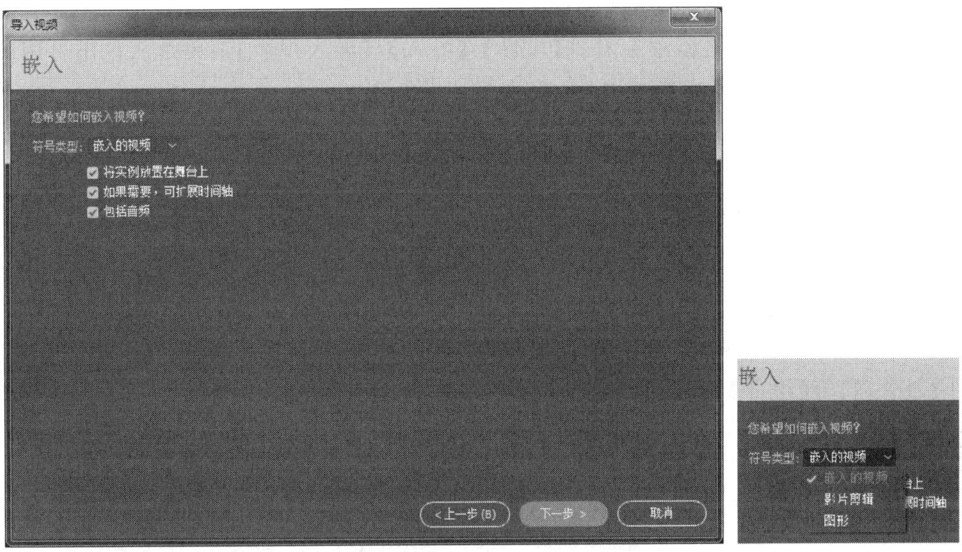

图 8-26　嵌入视频设置

将实例放置在舞台上：选择这项后，视频会同时导入舞台和库，如果不勾选，则视频只导入库中。

如果需要，可扩展时间轴：勾选该项，在导入视频的同时，会根据导入视频的帧数设置相同的时间轴帧数。

包括音频：勾选该项，在导入视频时连同音频一起导入。

完成嵌入设置后单击【下一步】按钮，完成视频的导入，在舞台上会出现该视频此时时间轴被相应延长，同时这段视频也会出现在【库】面板中，如图 8-27 所示。

嵌入时间轴上的视频，就相当于一段逐帧动画，可以单击其中任意一帧进行选择，也可以对这些视频帧做复制、粘贴、剪切、删除等操作。

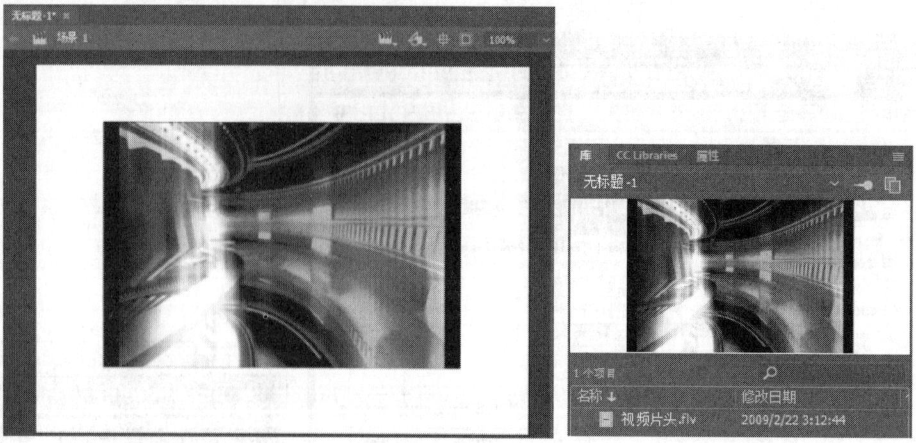

图 8-27　完成导入

8.2.3　在 HTML5 Canvas 中播放视频

在 HTML5 Canvas 文档中会看到【文件】|【导入】|【导入视频】菜单是灰色不可用的，如图 8-28 所示。那么要在其中播放视频，应该怎么操作呢？

图 8-28　导入视频菜单

要在 HTML5 Canvas 文档中播放视频，需要使用视频组件。方法是：执行【窗口】|【组件】命令，打开【组件】面板，将 Video 视频组件拖动到舞台或者【库】面板中，如图 8-29 所示。

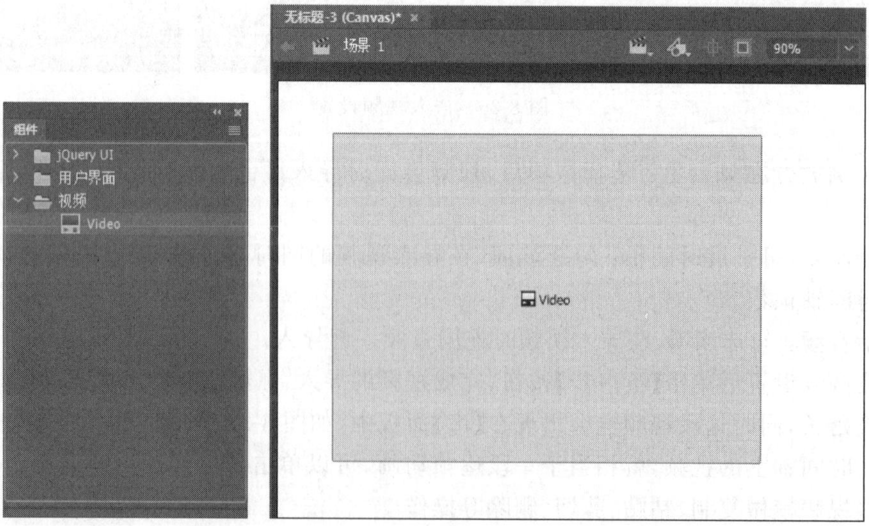

图 8-29　使用 Video 组件

单击舞台上的视频组件，在【属性】面板中单击【显示参数】按钮，打开【组件参数】面板，如图 8-30 所示。

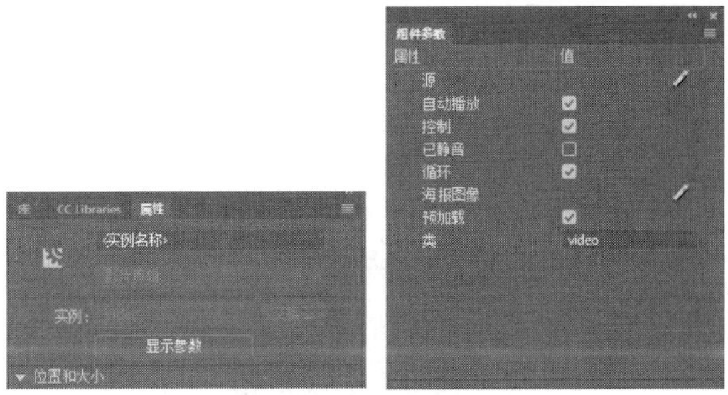

图 8-30　组件参数面板

单击“源”设置右边的笔形按钮，打开【内容路径】对话框，在其中选择要播放的视频文件，文件格式只能是 MP4 格式，如图 8-31 所示。如果不需要播放控制器，就不选中“控制”；如果取消了自动播放，就一定要选中“控制”。

图 8-31　选择要播放的视频文件

按“Ctrl＋回车”组合键进行测试，在浏览器可以看到视频开始播放，如图 8-32 所示。

图 8-32　测试视频播放

8.2.4 实战案例：模拟电视播放

这个案例中我们会做一个在电视中循环播放视频的动画，并给视频配上一段循环播放的背景音乐，动画界面如图 8-33 所示。

图 8-33 模拟电视播放动画界面

步骤 1 打开素材文件夹“电视播放”中的“电视播放. fla 文件”，在“电视”图层的上方创建一个新图层并起名为“视频”。

步骤 2 执行【文件】|【导入】|【导入视频】命令，在【导入视频】对话框中选择“在 SWF 中嵌入 FLV 并在时间轴中播放”，单击【浏览】按钮，选择素材文件夹中的“视频片头. flv”，如图 8-34 所示。

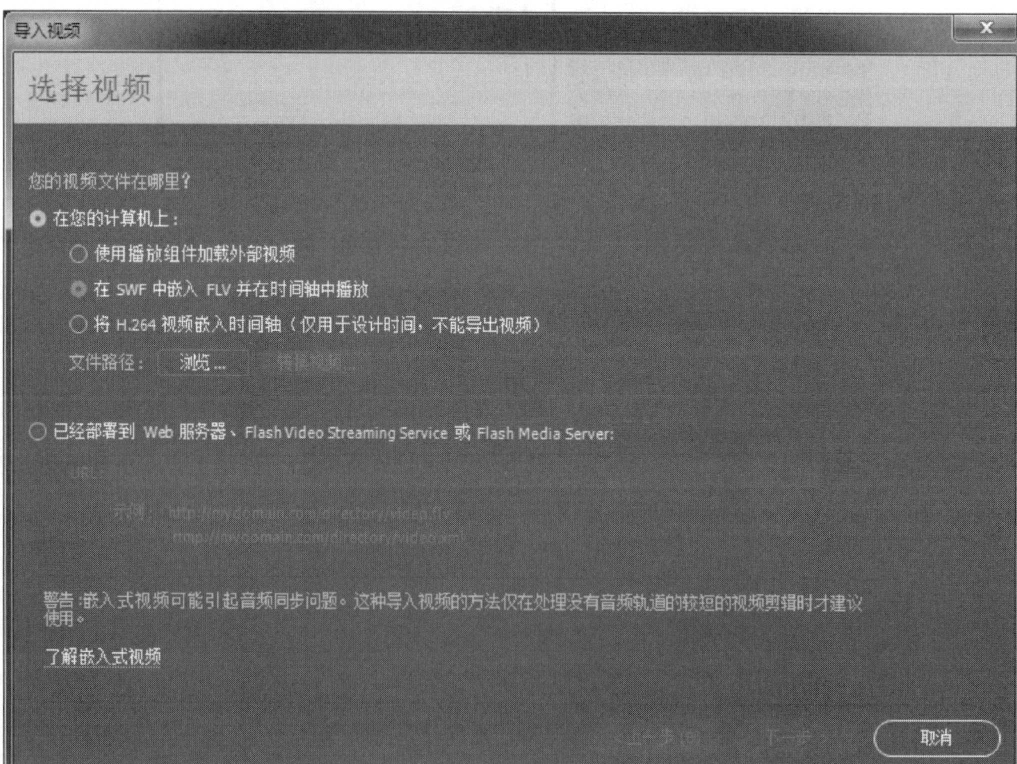

图 8-34 导入视频

图　8-34(续)

步骤 3　在【导入视频】对话框中单击【下一步】按钮,完成视频的导入,如图 8-35 所示。将"电视"和"背景"图层延长到 450 帧显示。

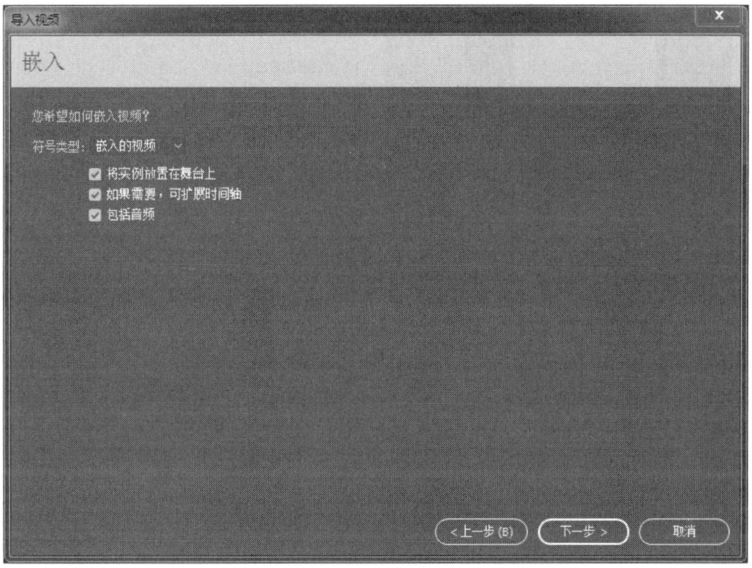

图 8-35　完成视频导入

步骤 4　使用【任意变形工具】调整导入视频的大小,使其和电视屏幕尺寸相符,如图 8-36 所示。

步骤 5　在"视频"图层的上方创建一个新图层,起名为"遮罩"。单击"视频"图层右边的第一个小黑点,将"视频"图层暂时隐藏。

步骤 6　单击电视屏幕上白色的圆角矩形,按快捷键 Ctrl+C 复制,再单击"遮罩"图层的第 1 帧,在工作区空白位置右击,在弹出的快捷菜单中选择【粘贴到当前位置】,如图 8-37 所示。

步骤 7　鼠标右击"遮罩"图层,在弹出的快捷菜单中选择【遮罩层】命令,取消"视频"图

图 8-36　调整视频大小

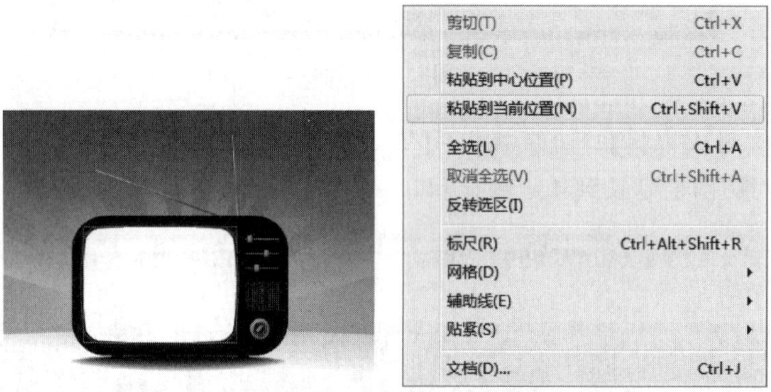

图 8-37　复制屏幕形状

层的隐藏。

步骤 8　在“遮罩”图层的上方创建一个新图层起名为“声音”，执行【文件】|【导入】|【导入到舞台】，将素材文件夹中的“背景音乐. wav”导入“声音”图层的时间轴上。

步骤 9　单击“声音”图层中有波形的任意一帧，在属性面板中设置同步类型为“开始”，循环播放，如图 8-38 所示。

图 8-38　设置声音循环播放

8.2.5　知识延伸：使用 MediaEncoder 转换视频格式

Animate 中只能直接导入 FLV、F4V 和 MP4 格式的视频文件，那么如果视频是其他格式，如 MOV 格式，就需要将其转成 Animate 支持的格式。这个转换操作可以在 MediaEncoder 软件中完成。

在 MediaEncoder 中，可以在【媒体浏览器】里选择要转换的视频文件，也可以单击【添加源】按钮 + 在打开的对话框中选择要转换的视频文件，或者直接将要转换的视频文件拖到【队列】中，如图 8-39 所示。

单击“格式”下方的下拉箭头，选择编码格式，一般使用默认的 H. 264，再单击“预设”下方的下拉箭头，基于播放平台和设备来确定视频的尺寸和质量，如图 8-40 所示。

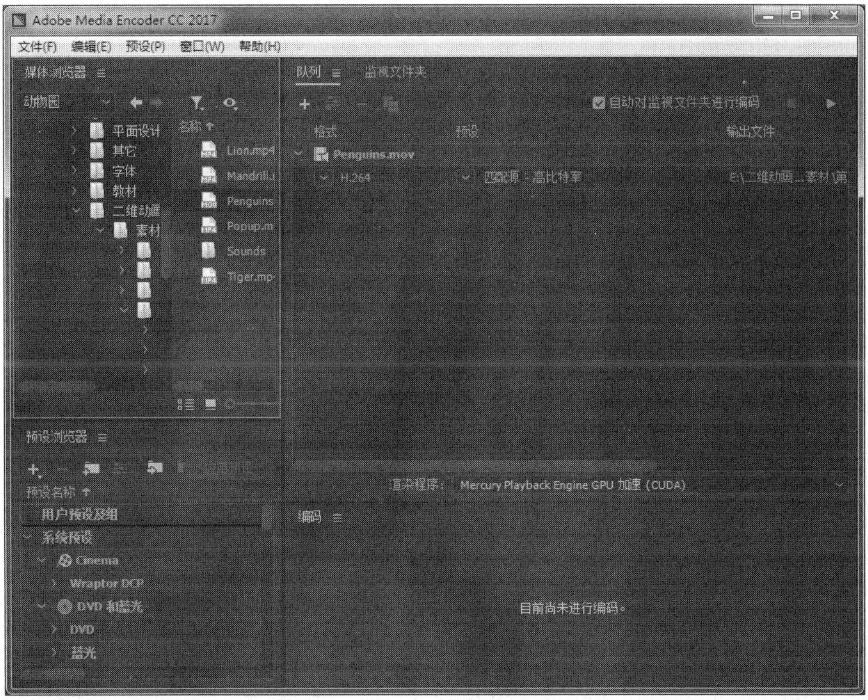

图 8-39　选择要转换的视频文件

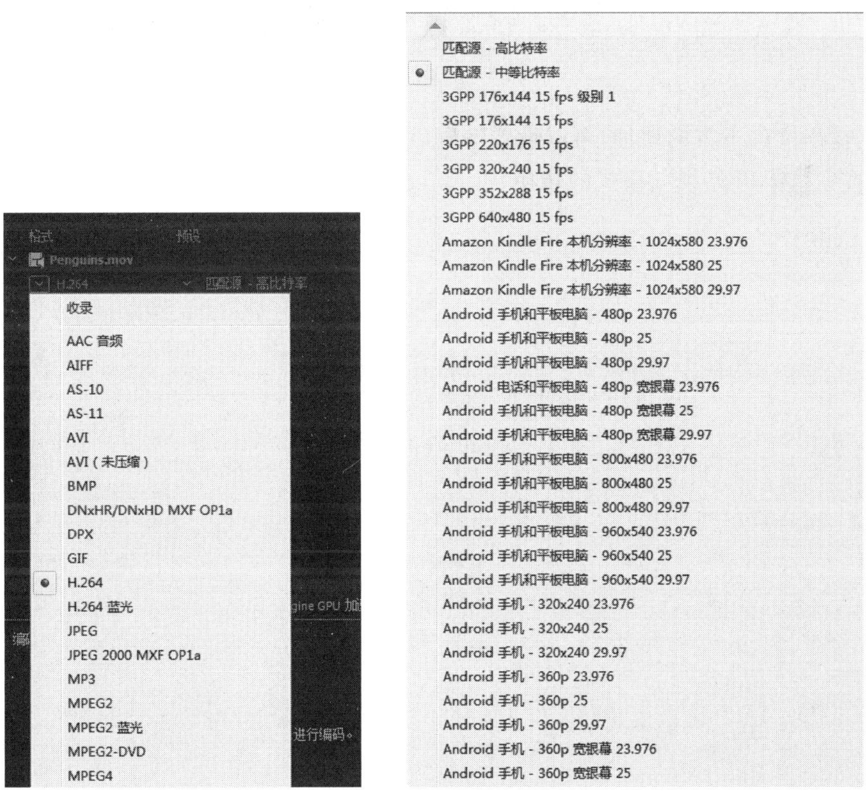

图 8-40　选择编码格式

单击选择的预设名称，会打开【导出设置】对话框，可以在其中进行裁剪、调整大小、剪切等操作，如图 8-41 所示。

图 8-41　导出设置

单击输出文件下方的地址，可以设置编码后视频的保存位置，完成所有设置后单击【启动队列】按钮 ，开始视频格式的转换。

第 9 章　交互动画制作

9.1　交互式动画

在 Animate 中制作的动画，除了可以让它像电影一般直接播放，也可以使它接受观众的指令并做出响应，这样的指令包括鼠标事件、键盘事件以及移动设备的触屏和倾斜等，这样的动画叫作交互式动画。

9.1.1　脚本语言与交互

计算机系统中的交互是指人与计算机或者与移动设备的对话过程，人发出指令，系统执行操作，人的动作触发系统响应。

Animate 中的交互式动画是指在作品播放时支持事件响应和交互功能的一种动画，也就是说，动画播放时能受到某种控制，而不是像普通动画一样从头到尾进行播放。这种控制可以是动画播放者的操作，如触发鼠标事件，也可以是在动画制作时预先设置的某种变化。它的实现往往都需要撰写脚本，而它的应用领域也很广，既包括交互性影片，也包括游戏，因为特效动画同样需要撰写脚本，所以也把它放到这部分来介绍。

Animate 中可以使用 JavaScript 和 ActionScript 两种脚本语言来添加交互性，二者都基于 ECMA 编码语言标准，使用上有相同的地方也有不同之处，具体使用哪种语言取决于所使用的文档类型。

(1) JavaScript。在 HTML5 Canvas、WebGL glTF、VR 360 和 VR Panorama 文档中使用 JavaScript。

(2) ActionScript。在 ActionScript 3.0、AIR for Desktop、AIR for IOS 和 AIR for Andriod 文档中使用 ActionScript。

9.1.2　动作面板

脚本的操作在【动作】面板中进行，【动作】面板中有一个全功能代码编辑器，其中包括代码提示和着色、代码格式设置、语法加亮显示、调试等功能，并支持 Unicode。

首先选中要书写代码的关键帧，执行【窗口】|【动作】命令，或者按 F9 键，打开【动作】面板。动作面板包含两个窗格：左边是【脚本导航器】，可以快速查看不同帧中的代码；右边是【脚本】窗格，可以在其中编辑脚本，如图 9-1 所示。

【脚本】窗格的上方有一排脚本工具，其中各个按钮的功能如下。

(1) 固定脚本 ：固定当前图层当前帧的脚本，按下这个按钮后会在【脚本】窗格上部出现一个新的标签页，单击这个标签可以随时返回查看被固定的代码，如图 9-2 所示。

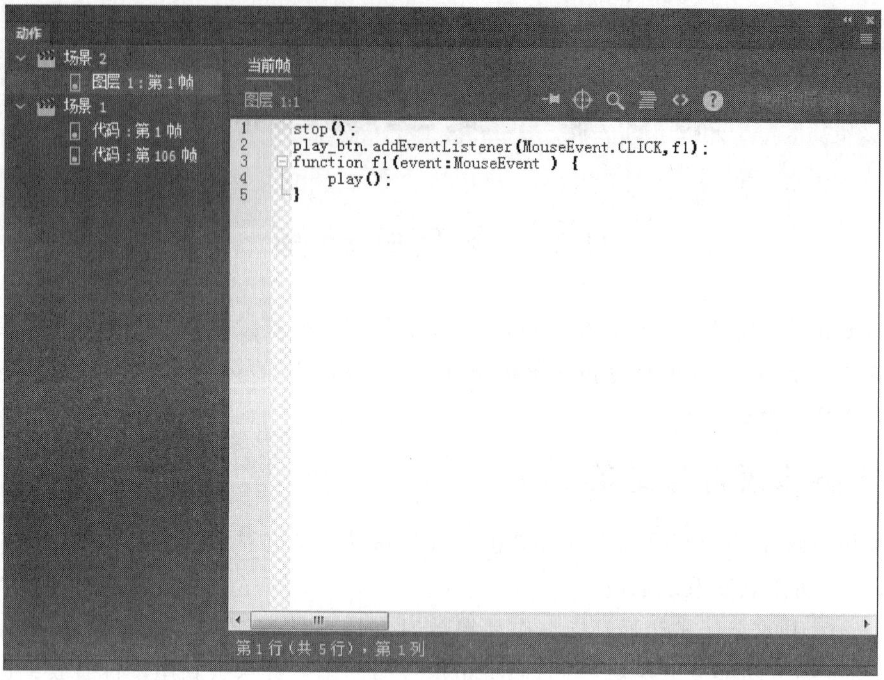

图 9-1　动作面板

（2）插入实例路径和名称 ：单击该按钮会打开【插入目标路径】对话框，可以在其中选择文档中的某个实例，查看它的相对路径和绝对路径，并插入脚本中，如图 9-3 所示。

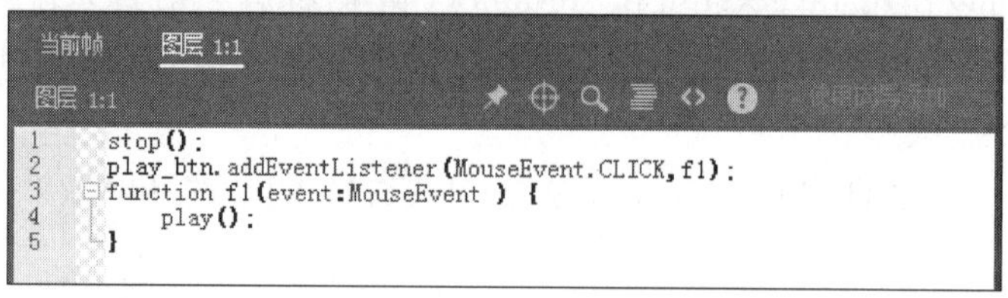

图 9-2　固定脚本

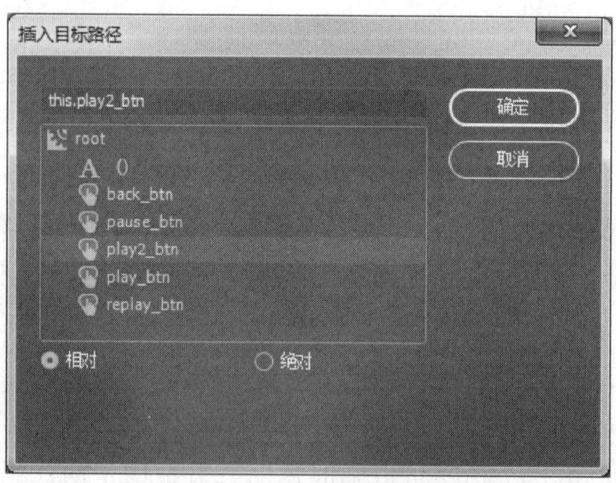

图 9-3　插入实例路径和名称

(3) 查找：单击该按钮，展开高级选项，在输入框中输入内容后可以进行查找和替换，如图 9-4 所示。

图 9-4　查找和替换

(4) 设置代码格式：单击该按钮，使当前代码按照默认的格式排版和显示。

(5) 代码片断：单击该按钮，打开【代码片段】面板，其中提供的预建代码可以直接使用，如图 9-5 所示。

图 9-5　代码片段面板

9.1.3　为实例命名

舞台中的对象，如果会在脚本中用到，那么这个对象就必须要有一个唯一的实例名称。单击选中舞台上的对象，在【属性】面板中可以看到实例名称一栏，在其中输入一个名字，即这个对象的实例名称，如图 9-6 所示。

可以给影片剪辑元件和按钮元件的实例命名，但不能给图形元件的实例命名，因为图形元件在【属性】面板中没有"实例名称"这一个输入栏，如图 9-7 所示。如果需要在脚本中使用图形元件实例，那么最好把它的实例类型先转为影片剪辑，再给它的实例命名。

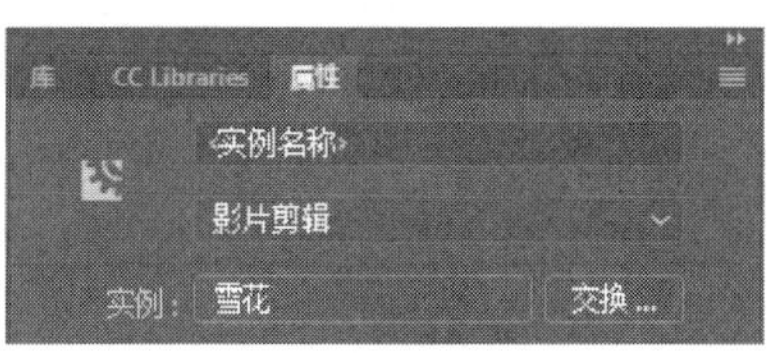

图 9-6　为实例命名

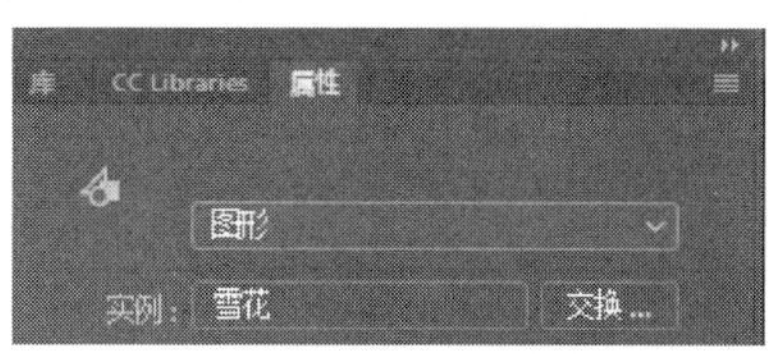

图 9-7　图形元件实例

在给实例进行命名时需要遵循下面的命名规则。

(1) 不能使用空格或特殊的标点符号，但可以使用下画线。

(2) 名称不能以数字开头。

(3) 大小写区分。

(4) 不能使用 ActionScript 或 JavaScript 语言中的保留单词。

9.1.4 编写脚本

文档中的脚本都可以在【动作】面板查看和编辑。在【动作】面板中编写脚本的方式有三种。

1. 在动作面板中直接输入脚本

可以打开【动作】面板后在脚本编辑区直接输入脚本，这种方式要求使用者有一定的语法基础，对代码掌握得比较熟练。

2. 使用代码片段来添加脚本

可以在【动作】面板中单击【代码片段】按钮，或者是执行【窗口】|【代码片段】命令来打开【代码片段】面板，其中将一些常用的代码按类别进行组织，提供给开发者直接使用。

这些代码片段针对不同脚本类型组织在 3 个文件夹中，分别为 ActionScript、HTML5 Canvas 和 WebGL，如图 9-8 所示。

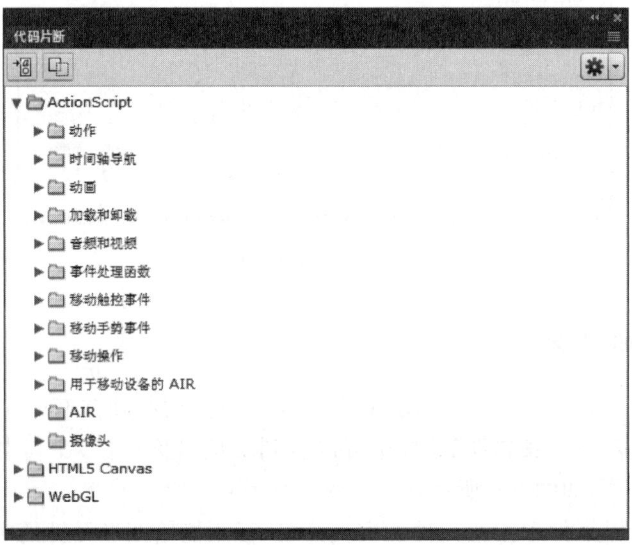

图 9-8　代码片段窗口

使用代码片段时先选中舞台上要应用代码的对象，或者是时间轴中要应用代码的帧，在【代码片段】面板中展开相应的文件夹，双击要应用的动作，这段代码就被添加到了脚本编辑区，如图 9-9 所示。

如果选中了舞台上的一个对象，但这个对象没有命名实例名称，那么在【代码片段】窗口中双击某个代码片段时，会弹出如图 9-10 所示的提示，系统会自动为这个对象起一个实例名称，然后再将该代码添加到脚本编辑区。

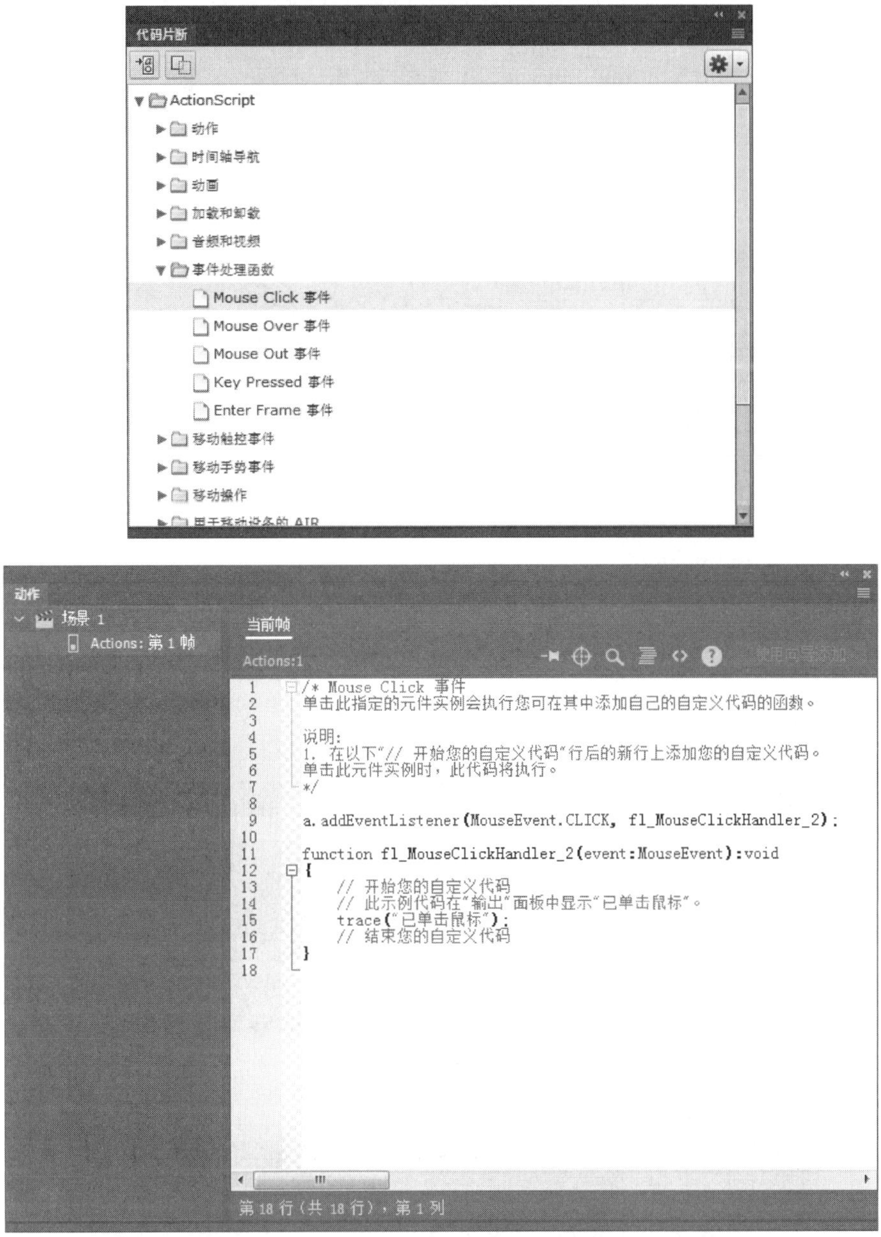

图 9-9　使用代码片段

3. 使用代码向导来添加脚本

在使用 JavaScript 脚本的文档时，包括 HTML5 Canvas、WebGL glTF、VR 360 和 VR Panorama 文档，可以使用代码向导来添加脚本，而在使用 ActionScript 的文档时则没有这一项功能。

打开【动作】面板，单击脚本编辑区右上方的【使用向导添加】按钮，代码向导会引导开发者一步步完成代码的添加，这些代码最终也会被加入脚本编辑区中，如图 9-11 所示。

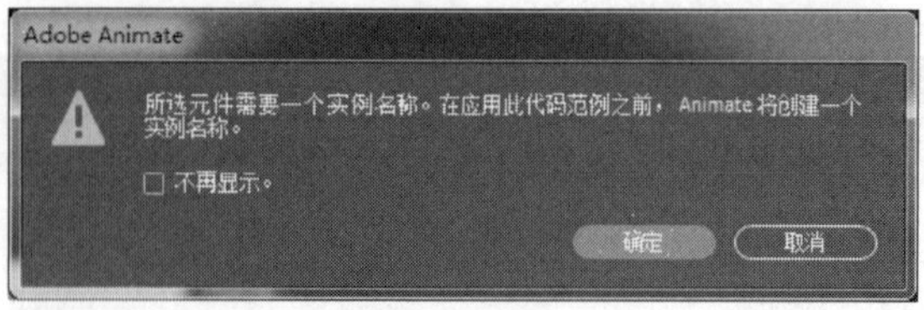

图 9-10　系统提示

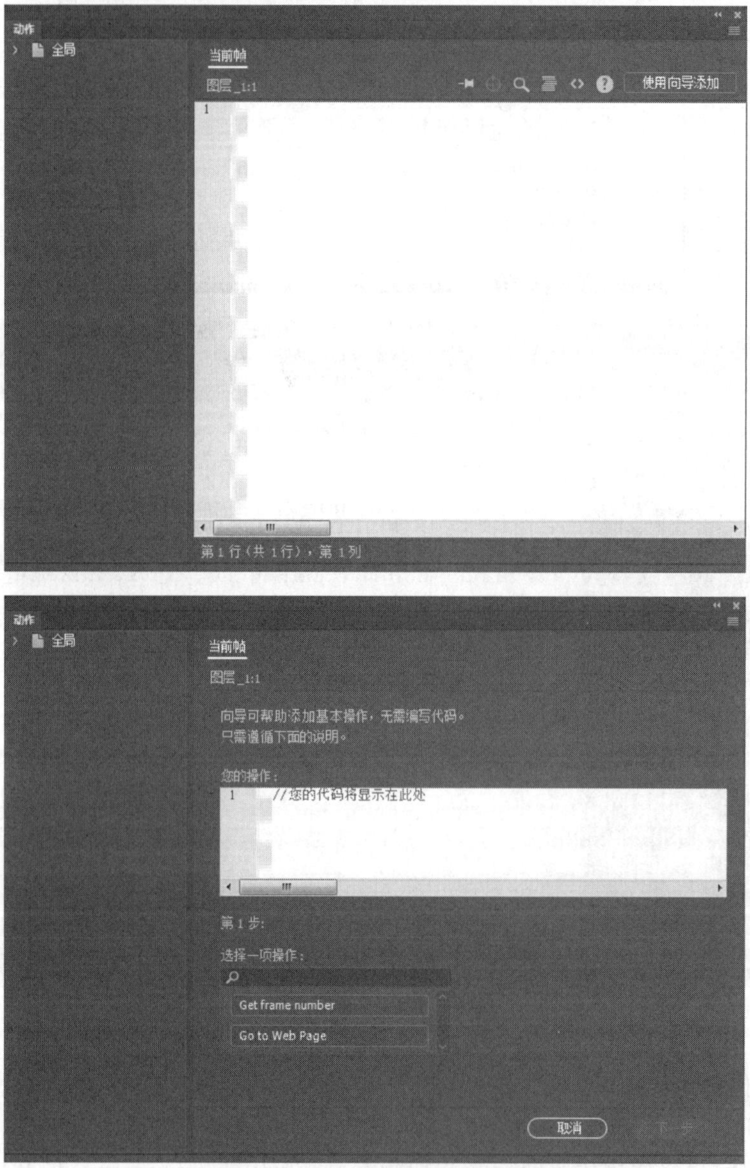

图 9-11　代码向导

9.1.5　实战案例：为卷轴展开动画加入控制按钮

交互式动画中最常见的一种应用就是在动画中加入控制按钮，使观看者可以自行控制动画的播放暂停，以及动画分支的跳转。下面就来给一段卷轴展开的动画加入一个片头和播放控制按钮，如图 9-12 所示。

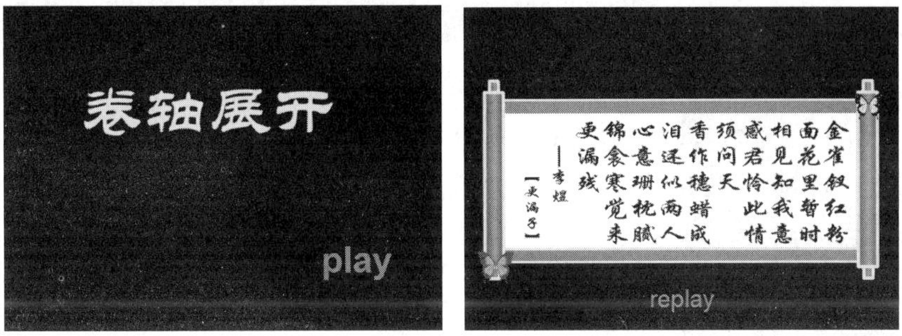

图 9-12　为卷轴展开加入控制按钮

步骤 1　打开素材文件“卷轴展开.fla”，选择【插入】|【场景】命令插入一个新场景作为片头，再按下组合键 Shift+F2 打开场景面板，将场景 2 调整到场景 1 之上，如图 9-13 所示。

步骤 2　在场景 2 的第 1 帧中的舞台上创建文字对象，并输入文字标题“卷轴展开”，将库里面的 play 按钮拖到舞台上创建实例，并在【属性】面板中命名实例名为 play_btn，如图 9-14 所示。

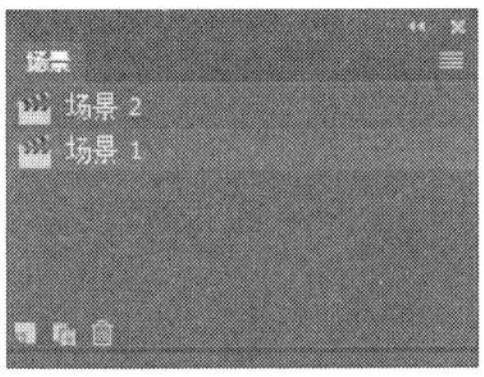

图 9-13　场景面板

图 9-14　为按钮实例命名

步骤 3　单击选中“图层_1”的第 1 帧，按 F9 键打开【动作】面板，单击【代码片段】按钮，双击 ActionScript 文件下“时间轴导航”中的“在此帧处停止”，让动画在片头处暂停播放，如图 9-15 所示。

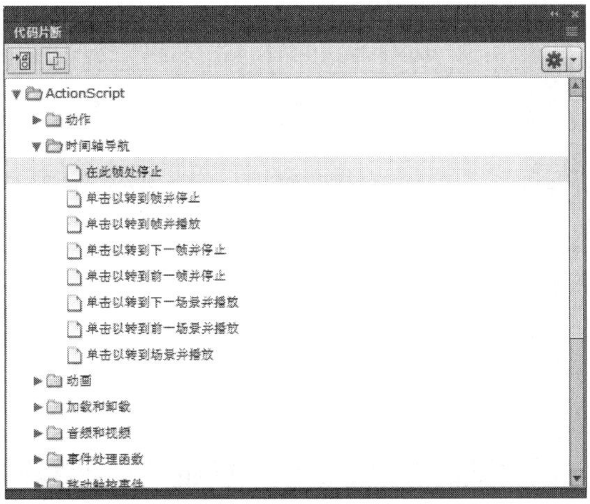

图 9-15　在片头暂停播放

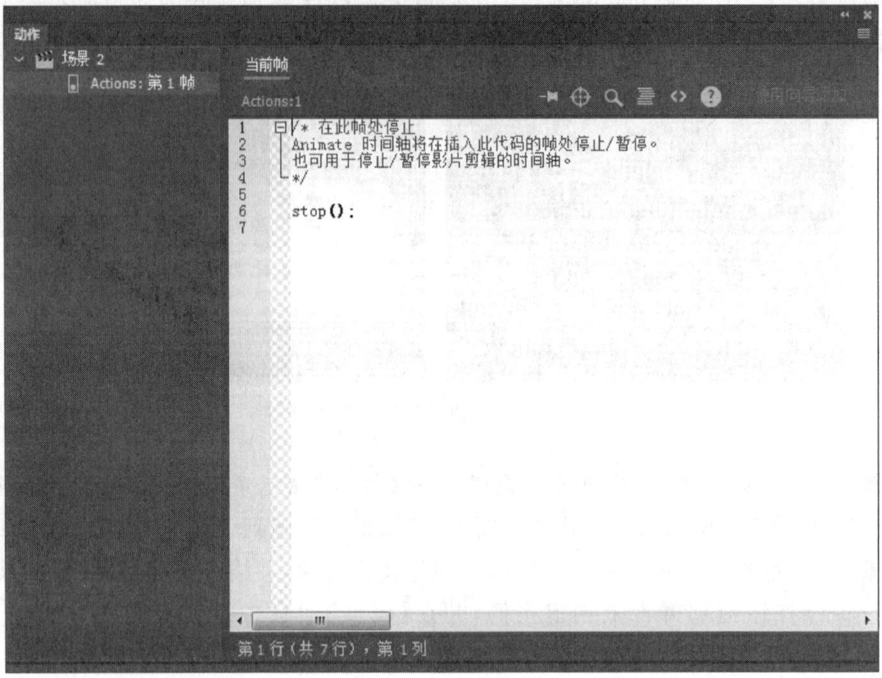

图　9-15(续)

步骤 4　选中舞台上的 play 按钮，在【代码片段】面板中双击 ActionScript 文件下“事件处理函数”中的“Mouse Click 事件”，在生成的代码中将 trace 一行代码删去，重新输入代码“play( );”，使单击 play 按钮动画继续播放。代码如图 9-16 所示。

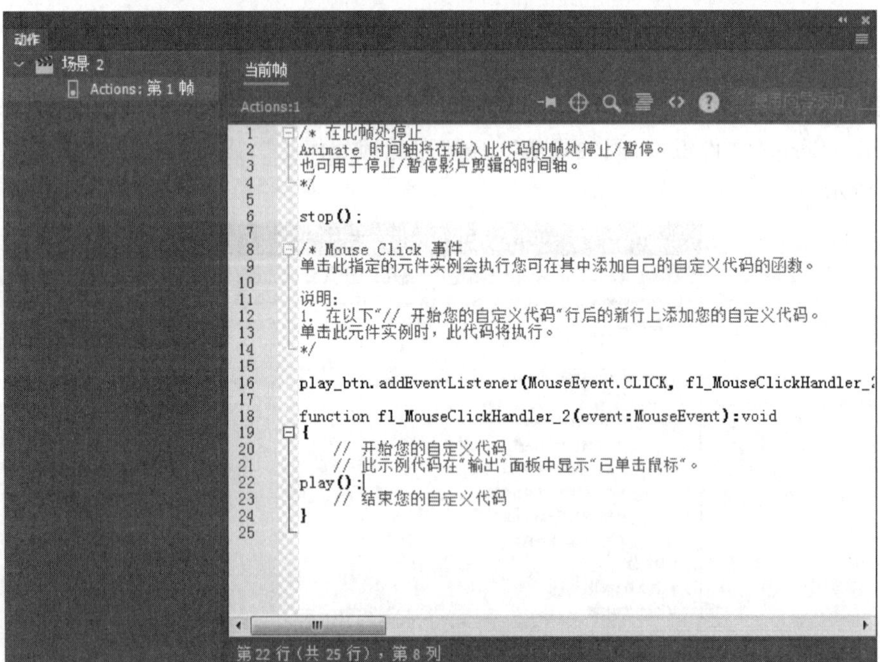

图 9-16　单击 play 按钮动画继续播放

步骤 5　单击【编辑场景】按钮切换到场景 2，在所有图层的上方创建一个新图层起名为“按钮”，在该图层的最后一帧插入关键帧，将库里面的 replay 按钮元件拖到舞台上，在【属性】面板中为它起一个实例名 replay_btn，如图 9-17 所示。

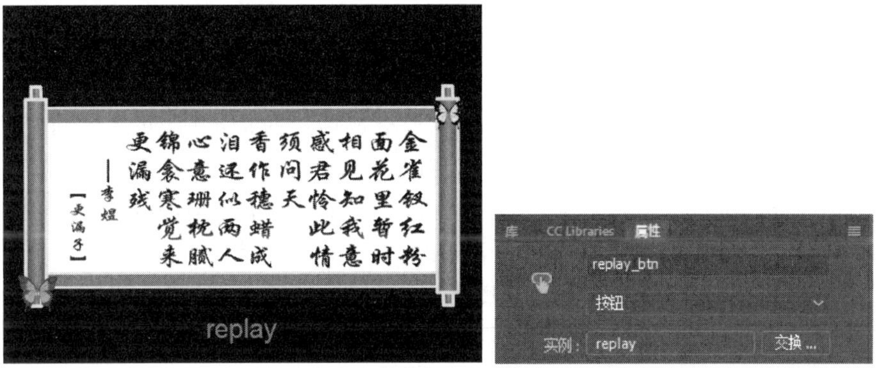

图 9-17　添加 replay 按钮

步骤 6　选中舞台上的 replay 按钮，在【代码片段】面板中双击 ActionScript 文件下“事件处理函数”中的“Mouse Click 事件”，在生成的代码中将 trace 一行代码删去，重新输入代码“gotoAndPlay(1);”，使单击 replay 按钮动画跳转到开头重新播放。在最后加入一行代码“stop( );”，使动画停止在末尾，等待单击 replay 按钮再重新播放。代码如图 9-18 所示。

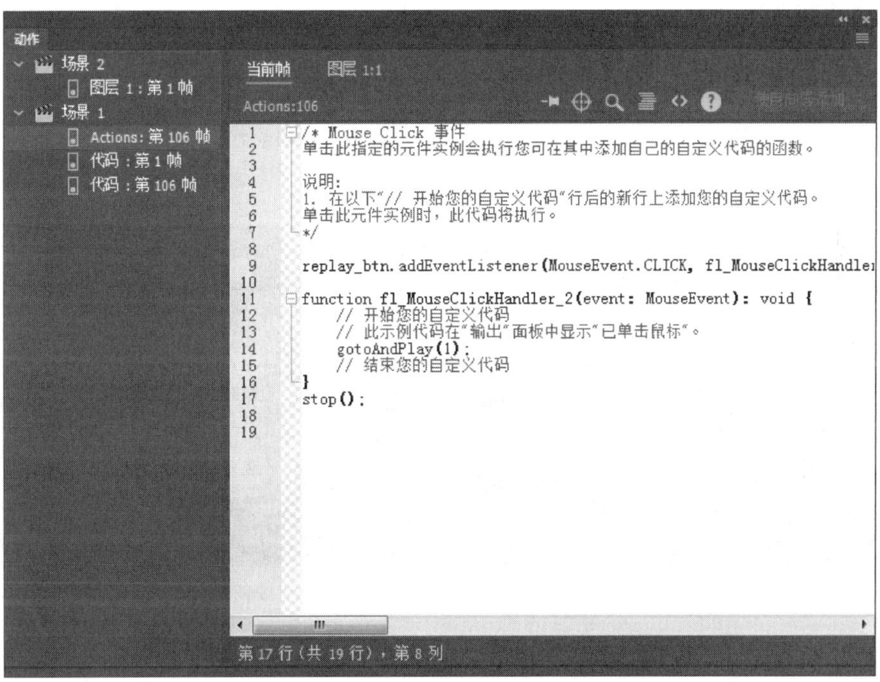

图 9-18　单击 replay 按钮跳转到开头重新播放

步骤 7　测试动画，检查按钮的控制作用是否生效。

9.1.6 知识延伸：时间轴导航函数

可以调用时间轴导航函数控制主场景或影片剪辑内部的时间轴，让它停止或者继续播放。

(1) stop()：用于停止当前正在播放的时间轴。

(2) play()：用于继续播放当前暂停的时间轴。

(3) gotoAndPlay(帧编号，场景名)：跳转到指定场景的指定帧，并从该帧开始继续播放，如果是在本场景内跳转，场景名参数可以省略。

(4) gotoAndStop(帧编号，场景名)：跳转到指定场景的指定帧，并停止在该帧，如果是在本场景内跳转，场景名参数可以省略。

(5) nextFrame()：跳转到下一帧并停止。

(6) prevFrame()：跳转到上一帧并停止。

(7) nextScene()：跳转到下一个场景并继续播放。

(8) prevScene()：跳转到上一个场景并继续播放。

9.1.7 技能拓展：为卷轴展开加入更多控制按钮

参考"卷轴展开.swf"的效果，在卷轴展开动画中加入更多的控制按钮，如图 9-19 所示。

(1) 单击从头播放动画按钮跳转到第 1 帧，单击暂停按钮动画停止播放，单击播放按钮动画继续播放。

(2) 动画播放时显示暂停按钮，动画暂停时显示播放按钮。

提示：按钮实例有一个属性叫 visible，将它的值设为 false 可以将按钮隐藏，将它的值设为 true 可以让按钮显示。例如代码 pause_btn. visile=false，可以将名为 pause_btn 的按钮隐藏起来不显示。

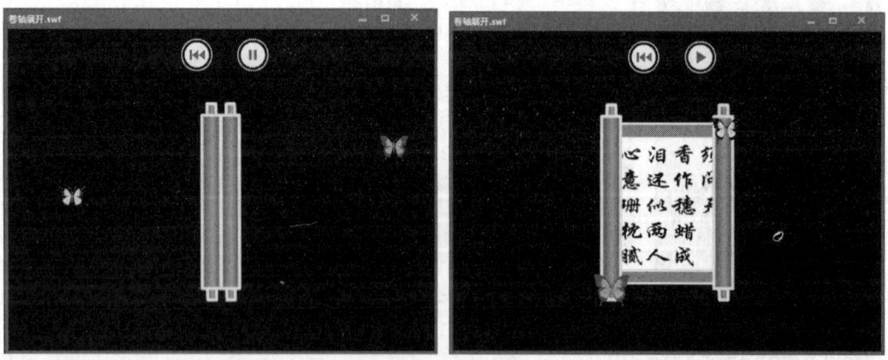

图 9-19 在卷轴展开中加入更多控制按钮

9.2 交互式 HTML5 Canvas 动画

在 HTML5 中，Canvas 指画布元素，允许 JavaScript 在上面显示图形和处理动画。在 Animate 中创建 HTML5 Canvas 文档，会把 HTML5 定义为发布的运行时环境，并输出

HTML5 和 JavaScript 文件的集合，如果要在其中实现交互功能，则使用 JavaScript 脚本语言。

9.2.1 CreateJS

Animate 依赖于 CreateJS JavaScript 库，来生成 HTML5 项目的 Canvas 元素中的图形和动画。CreatJS 是一组 JavaScript 库，可通过 HTML5 实现丰富的互动内容。CreateJS 包括 EaselJS 库、TweenJS 库、SoundJS 库和 PreloadJS 库。

（1）EaselJS 是一个提供一个显示列表的库，允许使用浏览器中画布上的对象。

（2）TweenJS 是一个提供动画功能的库。

（3）SoundJS 是一个提供在浏览器中播放音频功能的库。

（4）PreloadJS 是一个管理和协调内容加载的库。

Animate 通过使用 CreateJS 来生成所有必要的 JavaScript 代码，以在舞台上显示文档中的图形、动画和声音。

9.2.2 实战案例：翻山越岭的小鸟

这是一个 HTML5 动画，其中有滚动的群山作为背景，当鼠标指针放在小鸟上时小鸟就停止扇动翅膀，当鼠标指针离开小鸟时小鸟又继续扇动翅膀，如图 9-20 所示。这里利用代码向导来完成代码的书写。

图 9-20 翻山越岭的小鸟

步骤 1 打开素材文件"翻山越岭的小鸟. fla"，在时间轴上创建一个名为"小鸟"的新图层，使其位于所有图层之上。

步骤 2 将库里面的"小鸟"元件拖到"小鸟"图层创建实例，小鸟位置位于舞台的中间。单击小鸟实例，在【属性】面板中为它起实例名 bird，如图 9-21 所示。

步骤 3 在"小鸟"图层上方创建一个新图层起名为"代码"，按 F9 键打开【动作】面板，单击右上角的【使用向导添加】按钮，进入第 1 步界面，如图 9-22 所示。

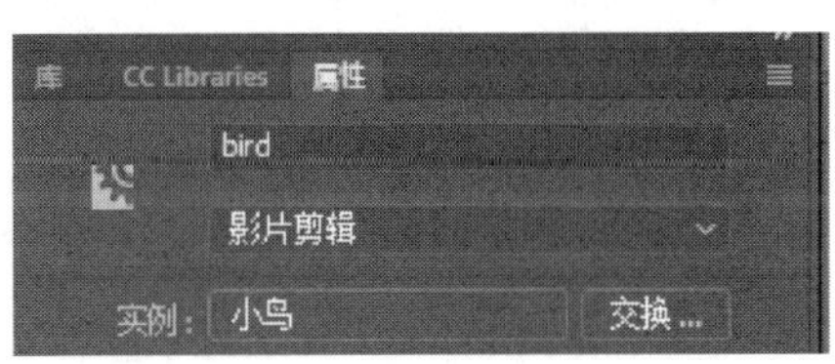

图 9-21 为小鸟实例命名

步骤 4 此处要实现当鼠标指针进入小鸟实例时小鸟暂停扇动翅膀，相关操作是 Stop，在"选择一项操作"一栏输入 Stop，在下方操作列表中双击 Stop，如图 9-23 所示。

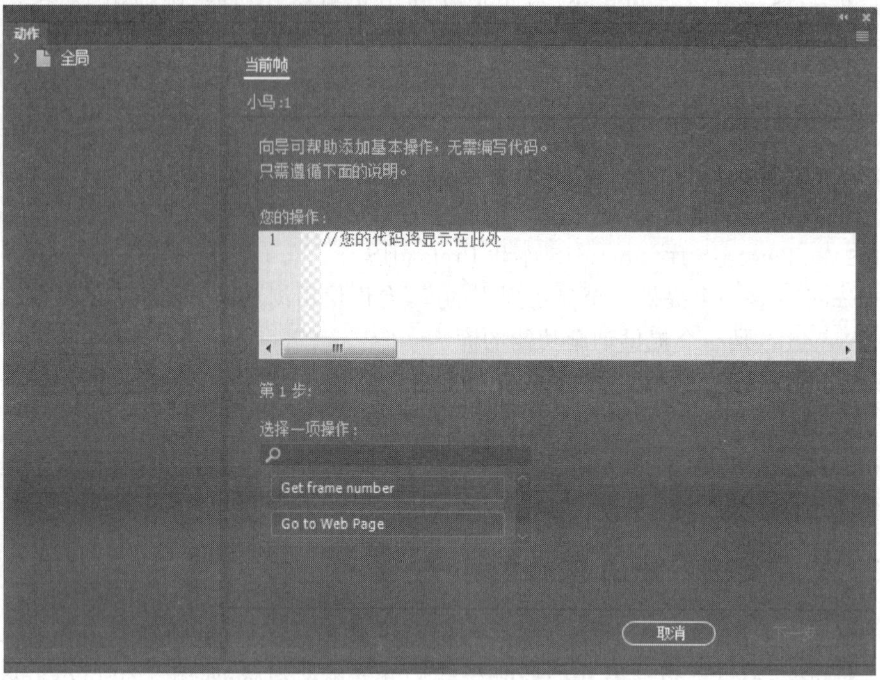

图 9-22 使用向导添加

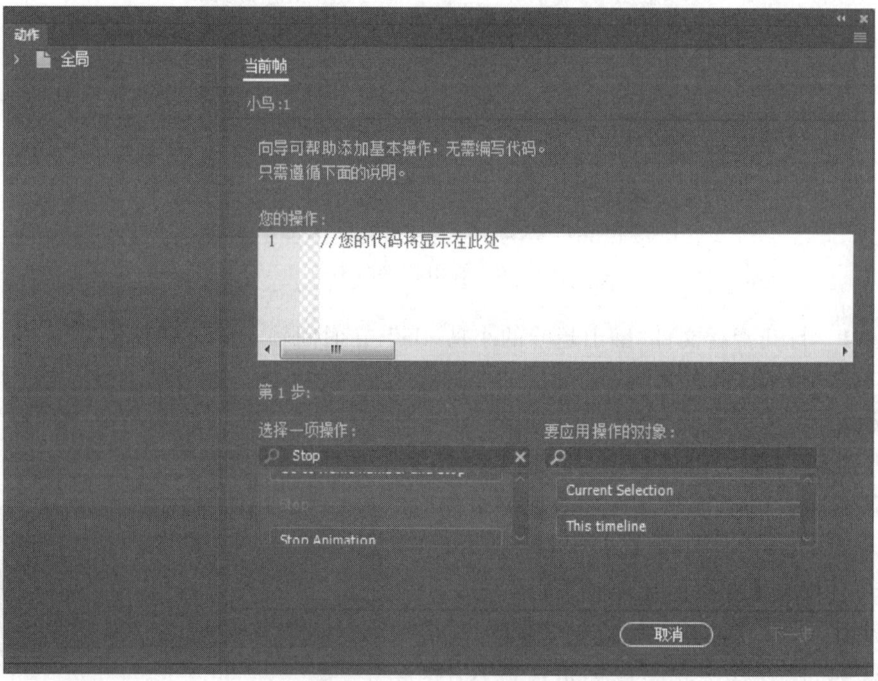

图 9-23 Stop 操作

步骤 5 接着在"要应用操作的对象"一栏选择要停止播放的对象 bird，此时在上方代码窗口中会自动生成相应的代码，单击【下一步】按钮进入第 2 步，如图 9-24 所示。

图 9-24　选择操作对象

步骤 6　在"选择一个触发事件"一栏中选择触发事件类型 On Mouse Over，再在"选择一个要触发事件的对象"一栏选择 bird 对象，此时在上方代码窗口中会自动生成相应的代码，单击【完成并添加】按钮完成此段代码的添加，代码编辑区中自动生成的代码如图 9-25 所示。

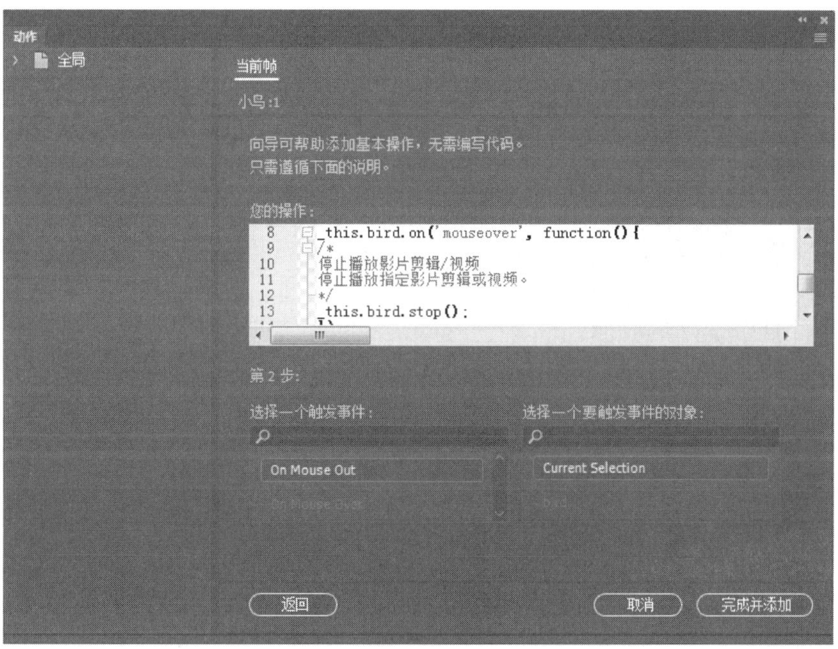

图 9-25　On Mouse Over 事件

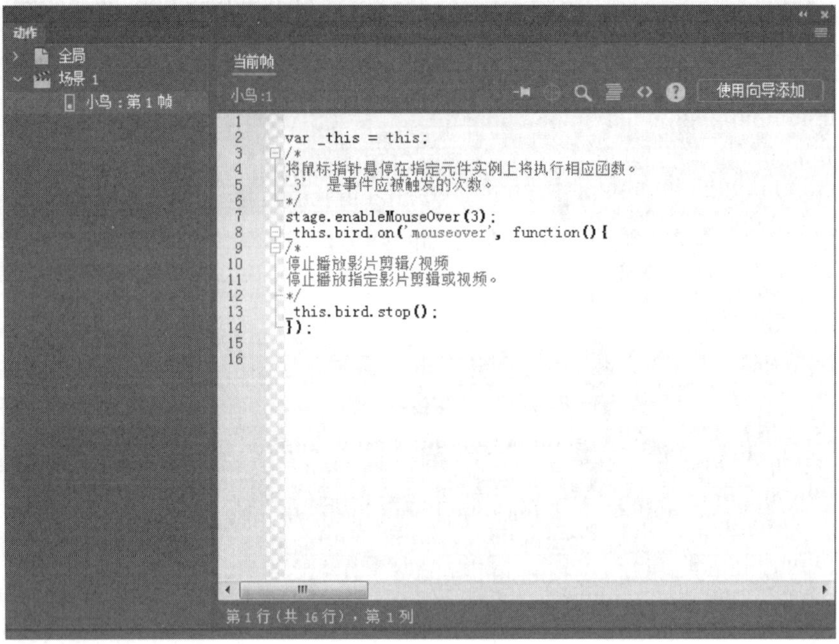

图 9-25(续)

步骤 7 按"Ctrl+回车"组合键进行测试动画，可以看到鼠标指针放在小鸟身上时小鸟停止扇动翅膀，但鼠标指针离开后小鸟不能恢复翅膀的扇动。

步骤 8 再次单击【使用向导添加】按钮，选择操作 Play，以及要应用操作的对象 bird，触发事件 On Mouse Out 和触发事件的对象 bird，如图 9-26 所示。

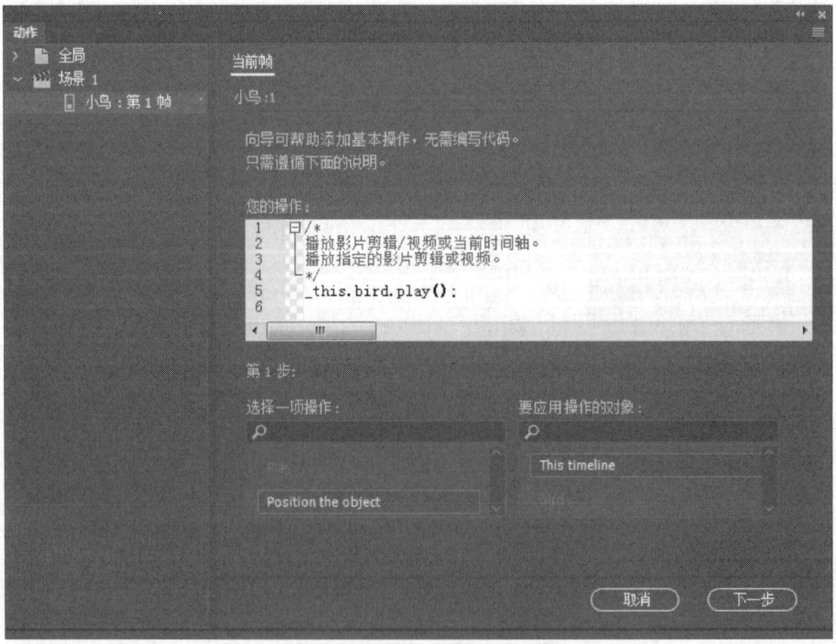

图 9-26 On Mouse Out 事件

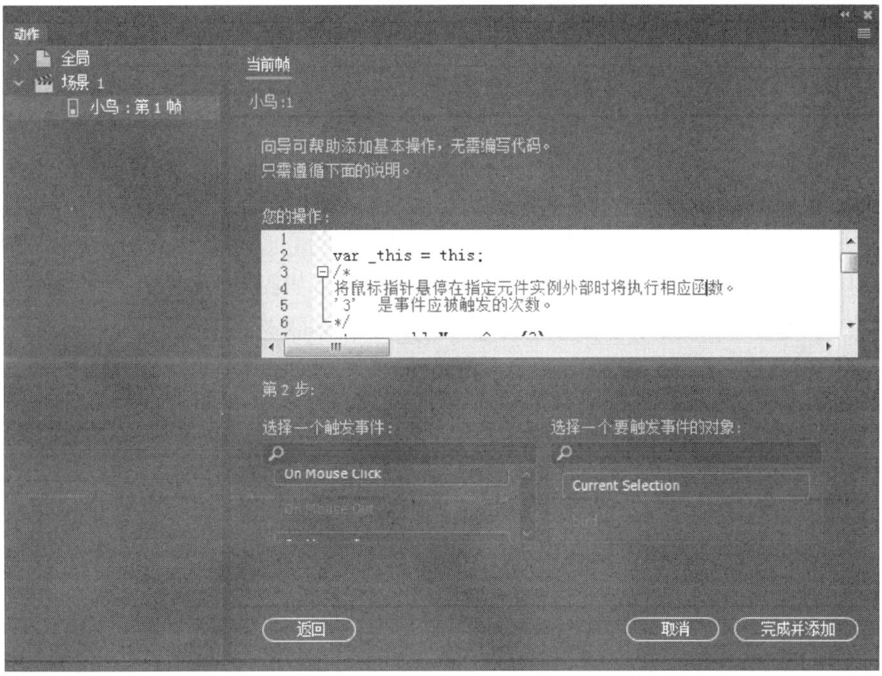

图　9-26(续)

步骤 9　最终生成代码如图 9-27 所示。测试动画，实现鼠标指针进入小鸟实例时小鸟就暂停扇动翅膀，鼠标指针离开小鸟时就继续扇动翅膀的动画效果。

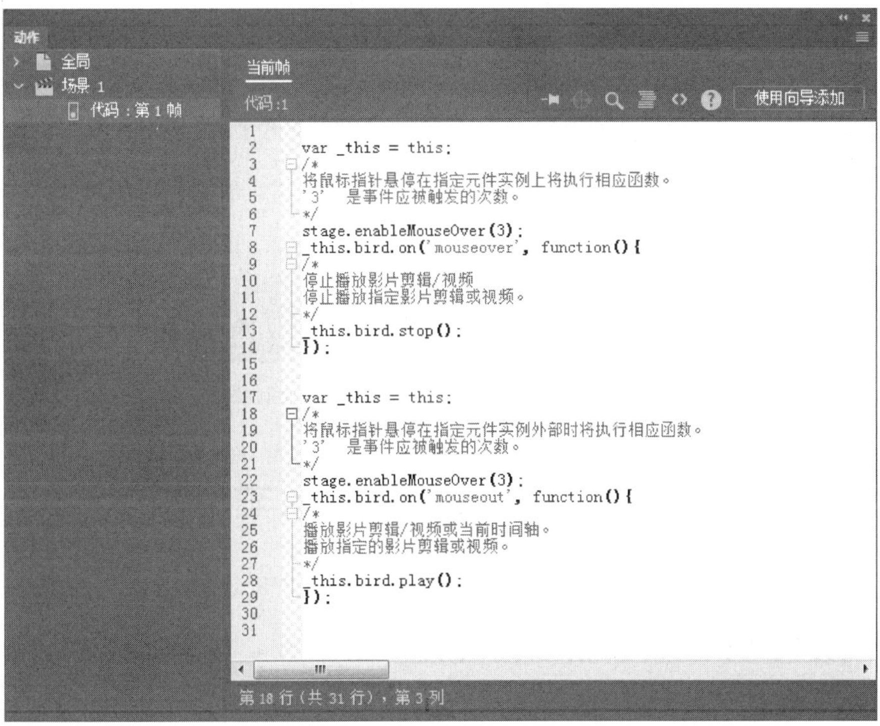

图 9-27　最终生成代码

9.2.3 知识延伸：使用帧标签

CreateJS JavaScript 库时间轴的帧编号从 0 开始，而 Animate 和 ActionScript 中的帧编号从 1 开始，因此导出的 JavaScript 代码中的帧数比 Animate 中的少 1。由于这种差异，在 HTML5 动画中进行时间轴导航时，比如使用 gotoAndPlay()和 gotoAndStop()控制时间轴播放时，尽量使用帧标签，而不是帧编号。

单击一个要设置帧标签的关键帧，在【属性】面板中为它设置标签，然后在时间轴上会看到这一帧上被插上了一个小红旗，后面是这帧的标签名，如图 9-28 所示。如果要用代码控制时间轴跳转到这一帧播放，对应的代码为 gotoAndPlay("老虎")。

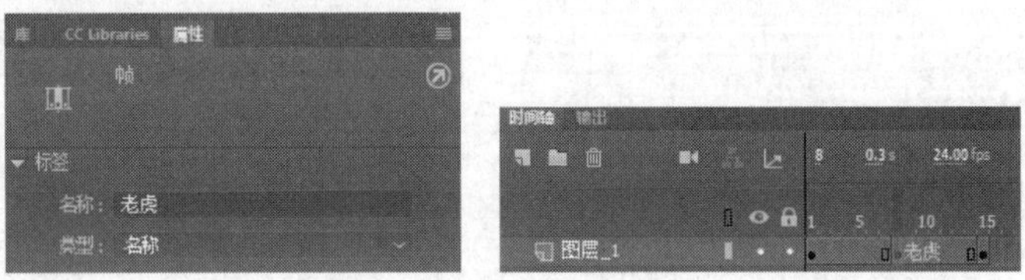

图 9-28　使用帧标签

9.2.4 技能拓展

继续在翻山越岭的小鸟案例中加入更多的控制效果，如图 9-29 所示，具体如下。

(1) 当鼠标指针进入小鸟时，背景的山脉也同时停止滚动，等鼠标指针离开小鸟后重新恢复滚动。

(2) 用鼠标指针单击小鸟，每次单击小鸟顺时针旋转 90°(提示：旋转对应的操作是 Rotate the object)。

图 9-29　为翻山越岭的小鸟加入更多控制效果

9.3 交互式 VR 动画

交互式 VR 动画主要是指具有交互功能的 VR 360 和 VR Panorama 文档类型的动画。

9.3.1 实战案例：博物馆虚拟现实导览

如图 9-30 所示，这是一个博物馆虚拟现实导览项目，观众可以环顾四周，并通过热点可以从一个展厅到另一个展厅，仿佛身临其境正在参观博物馆。这个项目使用 VR 360 文档来实现，因为 VR 360 和 VR Panorama 中不能使用按钮元件，此处用影片剪辑来作为热点，再结合代码向导书写脚本，实现从一个展厅到另一个展厅的切换。

图 9-30　博物馆导览画面

步骤 1　新建一个 VR 360 文档，设置舞台大小为 2048×1024，如图 9-31 所示。

图 9-31　新建文档

步骤 2 将素材文件夹中的图片“gallery1.jpg”导入舞台，调整图片的大小与舞台一致，并与舞台居中对齐。执行【插入】|【场景】两次，插入两个新场景，将“gallery2.jpg”导入“场景 2”的舞台中调整大小与舞台大小一致并居中对齐，将“gallery3.jpg”导入“场景 3”的舞台中调整大小与舞台大小一致并居中对齐。将这三张图片所在的图层均设为纹理图层。

步骤 3 执行【插入】|【新建元件】，新建一个名为 door 的影片剪辑元件，在其中绘制一个半透明的门形图案，如图 9-32 所示。

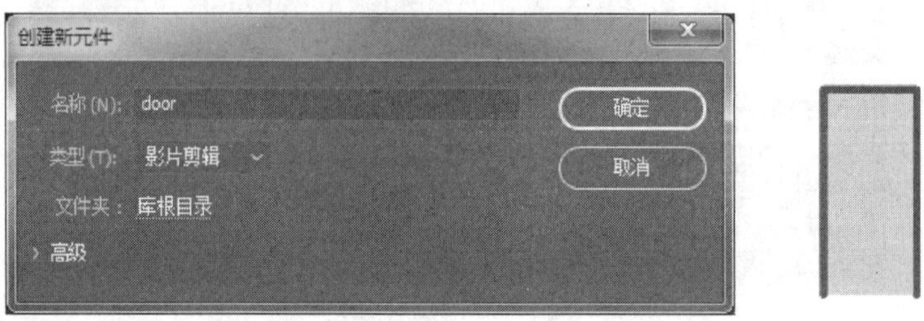

图 9-32 创建 door 影片剪辑

步骤 4 在“场景 1”中新建一个名为“门”的图层位于背景图层之上，再新建一个名为“代码”的图层位于“门”图层之上。将库里面的 door 元件拖到舞台上创建两个实例，并调整大小和位置为这两扇门的实例命名，左边的叫 door1，右边的叫 door2，如图 9-33 和图 9-34 所示。

图 9-33 door1

图 9-34 door2

步骤 5 按 F9 键打开【动作】面板，单击【使用向导添加】按钮，选择 Go to Scene 操作（跳转到场景），触发事件为 On Click，触发事件的对象为 door1，修改代码编辑区中的场景名称为“场景 2”，如图 9-35 所示。注意此处“场景”二字和 2 之间有一个空格，场景名和双引号之间没有空格。

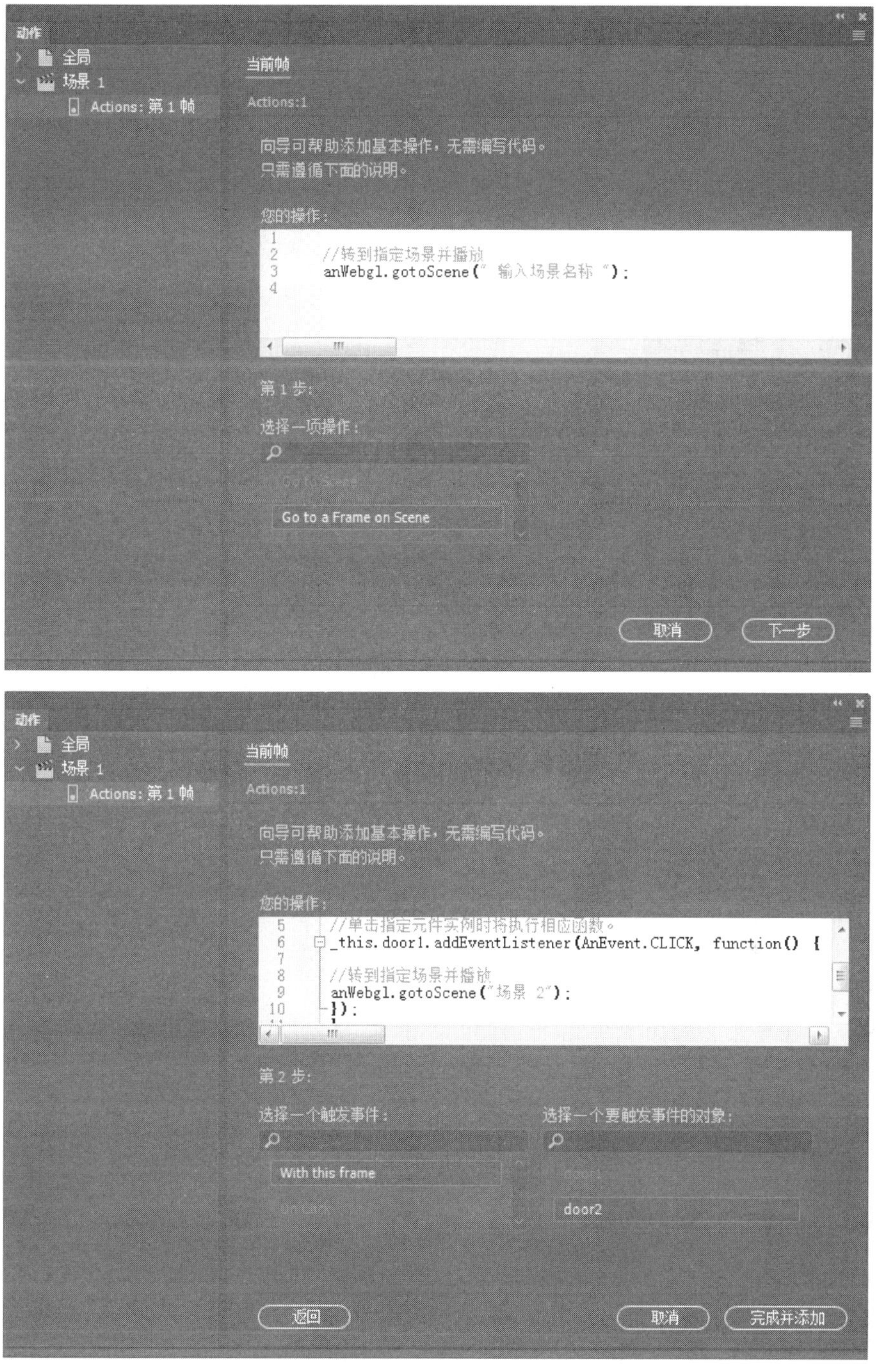

图 9-35　On Click 事件

步骤 6　单击【完成并添加】按钮，生成代码如图 9-36 所示，测试文档检查是否能正常跳转到场景 2。

步骤 7　同样的方法，使用向导生成代码实现单击 door2 跳转到“场景 3”，代码如图 9-37 所示。

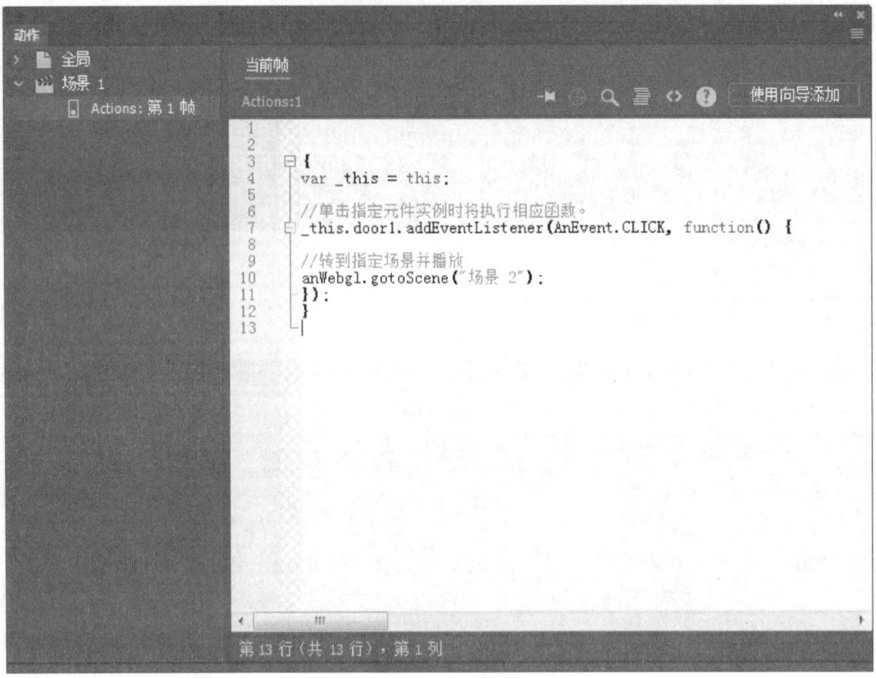

图 9-36　跳转到场景 2 的代码

```
{
    var _this = this;

    //单击指定元件实例时将执行相应函数。
    _this.door2.addEventListener(AnEvent.CLICK, function () {

        //转到指定场景并播放
        anWebgl.gotoScene("场景 3");
    });
}
```

图 9-37　跳转到场景 3 的代码

步骤 8　在场景 2 的如图 9-38 所示位置添加 door 元件实例，并命名为 door3，使用向导生成代码实现单击 door3 跳转到“场景 1”。

```
{
    var _this = this;

    //单击指定元件实例时将执行相应函数。
    _this.door3.addEventListener(AnEvent.CLICK, function () {

        //转到指定场景并播放
        anWebgl.gotoScene("场景 1");
    });
```

图 9-38　场景 2 跳转到场景 1

步骤 9　在场景 3 的如图 9-39 所示位置添加 door 元件实例，并命名为 door4，使用向导生成代码实现单击 door4 跳转到“场景 1”。

步骤 10　继续在场景 3 中使用代码向导，选择 Set Camera Position 操作（设置摄像头位置），触发事件 With this frame，修改摄像头坐标为（x：120，y：－10，z：30），使进入这个场景时首先看到的是墙上的许多幅画，而不是一道门，如图 9-40 所示。

```
{
    var _this = this;

    //单击指定元件实例时将执行相应函数。
    _this.door4.addEventListener(AnEvent.CLICK, function () {

        //转到指定场景并播放
        anWebgl.gotoScene("场景 1");
    });
}
```

图 9-39　场景 3 跳转到场景 1

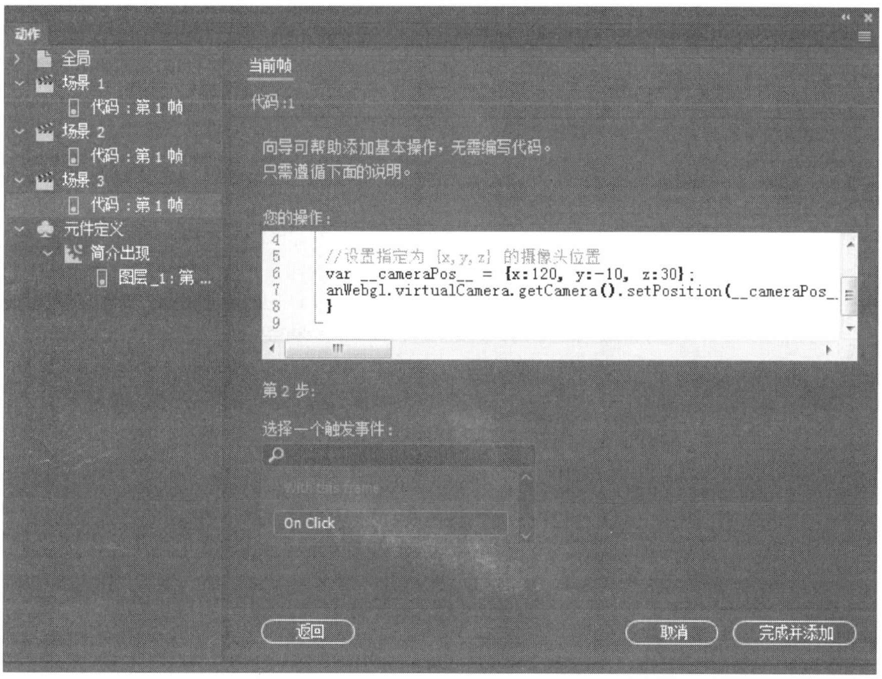

图 9-40　修改摄像头位置

步骤 11　单击【完成并添加】按钮，生成如图 9-41 所示代码，测试文档可以见到进入场景 3 时看到如图 9-41 所示角度。

```
{
var _this = this;

//设置指定为度数 {x,y,z} 的摄像头旋转
//请在调用摄像头旋转 API 之前禁用摄像头平移。取消注释下列命令行以禁用摄像头平移。
//anWebgl.virtualCamera.getCamera().panEnabled = false;
var __rotation__ = {x:120, y:-10, z:30};
anWebgl.virtualCamera.getCamera().setRotation(__rotation__);
}
```

图 9-41　修改摄像头位置后的代码和效果

9.3.2 知识延伸：确保浏览器可以正常测试 VR 动画

Animate 中的 VR 文档在测试的时候会自动打开默认的浏览器，因此你需要确保默认浏览器已经升级到最高版本。如果还是无法在浏览器中正常测试，可能是由下面两个原因引起的。

(1) 浏览器未启用 WebGL。某些浏览器默认情况下是禁用 WebGL 的，下面以火狐浏览器为例来说明 WebGL 的启用方法。

步骤 1 在火狐浏览器的地址栏输入“about:config”，然后在过滤器(filter)中搜索“webgl”，将 webgl. force-enabled 设置为 true，将 webgl. disabled 设置为 false，如图 9-42 所示。

图 9-42 打开浏览器设置

步骤 2　再在过滤器(filter)中搜索"security. fileuri. strict_origin_policy",将 security. fileuri. strict_origin_policy 设置为 false,如图 9-43 所示。

图 9-43　启用 WebGL

步骤 3　关闭目前开启的所有 Firefox 窗口,然后重新启动 Firefox。

(2) 下载工具下载页面文件。也有一种情况是测试 VR 文档时动画没在浏览器中打开,而是自动启动下载工具下载数据,这时只需要打开下载工具的设置中心,在"接管设置"这个地方将 Firefox 的接管取消即可,如图 9-44 所示。

图 9-44　取消下载接管

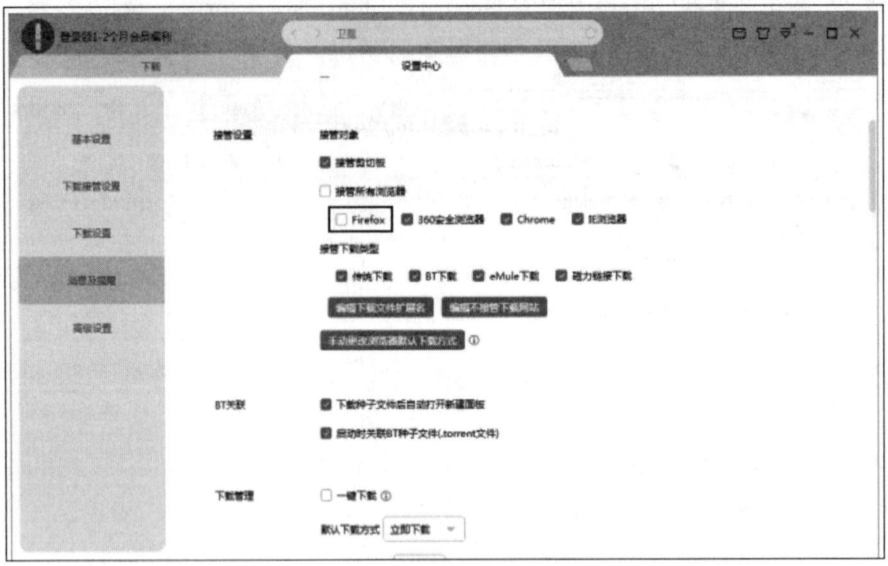

图 9-44(续)

9.3.3 技能拓展：在虚拟博物馆中加入展品文字介绍

继续在虚拟博物馆动画中加入展品信息提示牌，单击信息提示牌出现相应的展品文字介绍，同时信息提示牌隐藏。再次单击展品文字介绍时，文字介绍隐藏，同时信息提示牌出现，如图 9-45 所示。

图 9-45 加入展品文字介绍

提示：在代码向导中设置某个对象隐藏或者显示的操作是 Set Visibility。将对象的 visible 属性值设为 true，则对象显示；将对象的 visible 属性值设为 false，则对象隐藏。例如代码“infl. visible = false;”，即将名为 infl 的对象隐藏。

9.4 移动设备手势响应动画

Animate 文档的内容可以发布运行在 IOS 或者 Android 系统上的移动设备中。而在移动设备上进行交互，更多的是在触屏上使用手势动作，包括手指点击触屏、滑动等操作事件。

9.4.1 移动设备可以响应的事件

在【代码片段】面板中，“ActionScript”文件夹下提供了两类移动设备可以响应的事件，分别是移动触控事件和移动手势事件，如图 9-46 所示。

图 9-46　移动设备可以响应的事件

移动触控事件主要是指通过触碰触屏而触发的事件，如图 9-47 所示，包括：

(1) 点击事件。在触屏上单击某个对象时触发；

(2) 触控和拖动事件。在触屏上按住并拖动某个对象时触发；

(3) 长按事件。在触屏上长按某个对象 1 秒钟触发。

移动手势事件主要处理作用在触屏上的手势事件，如图 9-48 所示，包括：

(1) 二指点击事件。在触屏上用两个指头点击舞台时触发，它会将指定对象放大；

(2) 夹捏以缩放事件。在触屏上用指头夹捏舞台时触发，它会将指定对象按比例放大；

(3) 平移事件。如果对象太大无法在舞台上看到完整内容，可以在触屏上平移这个对象，触发平移事件；

(4) 旋转事件。可以通过顺时针或者逆时针移动两根手指来旋转所选对象，触发旋转事件；

(5) 滑动事件。可以在触屏上用手指滑动舞台,触发滑动事件。

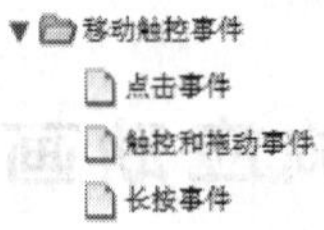

图 9-47　移动触控事件

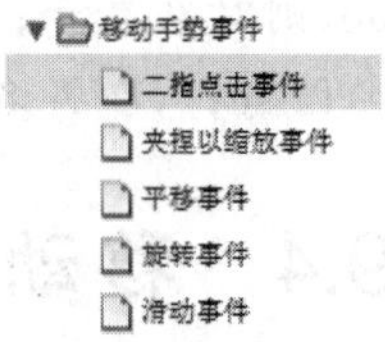

图 9-48　移动手势事件

9.4.2　移动设备模拟器

虽然在 Animate 中可以创建计划发布于移动设备的文档,也能为移动设备的事件响应编写代码,但测试和调试的时候不太方便,因为桌面计算机一般不具备触屏功能,无法测试代码中与触屏相关的事件。

可以使用 Animate 中提供的移动设备模拟器 AIR Debug Launcher 来测试移动交互,与 AIR Debug Launcher 配套的 SimController 可以模拟设备倾斜(使用加速度计)、触摸姿势(如拖动与缩放)甚至地理定位功能。

对要进行移动设备模拟测试的文档,需要先在【属性】面板中修改发布设置,如果准备发布于使用 Android 系统的移动设备中,那么将其发布目标改为 AIR 30.0 for Andriod,如图 9-49 所示。

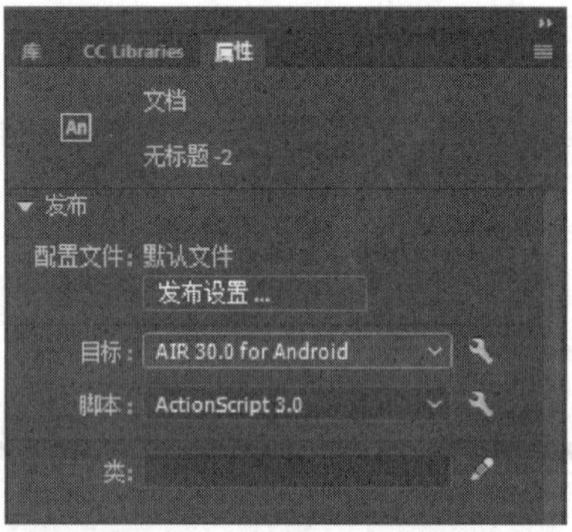

图 9-49　设置发布目标

然后执行【控制】|【测试影片】|【在 AIR Debug Launcher(移动设备)中】命令,或者按"Ctrl+回车"组合键进行测试,这时系统会自动启动打开【Simulator】面板。在【Simulator】中可以进行三类模拟,分别展开对应的区域来进行设置。

(1) ACCELEROMETER。模拟机身倾斜,从 x,y,z 三个角度设置机身的倾斜方向,如图 9-50 所示。

(2) TOUCH AND GESTURE。模拟屏幕触碰和手势,将 Touch layer 一项选中,模拟器会在动画内容上覆盖一个灰色的透明层,以模拟移动设备的触屏,如图 9-51 所示。其中,Touch 选择触碰动作,Gesture 选择手势动作,Width 和 Height 设置响应区域大小,Pressure 设置手指压力的大小。

(3) GEOLOCATION。设置地理定位，包括经纬度、海拔等的设置，如图 9-52 所示。

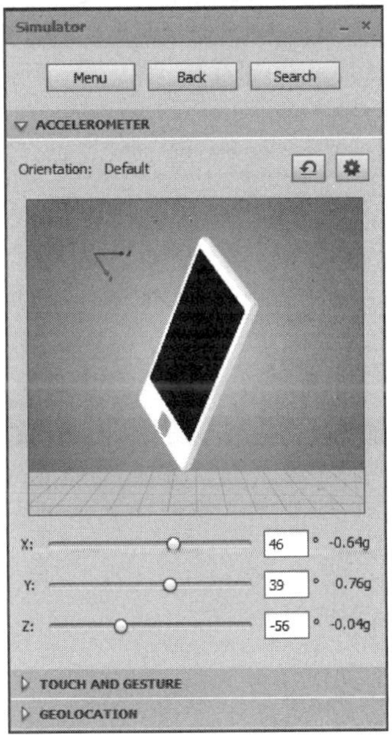

图 9-50　模拟机身倾斜

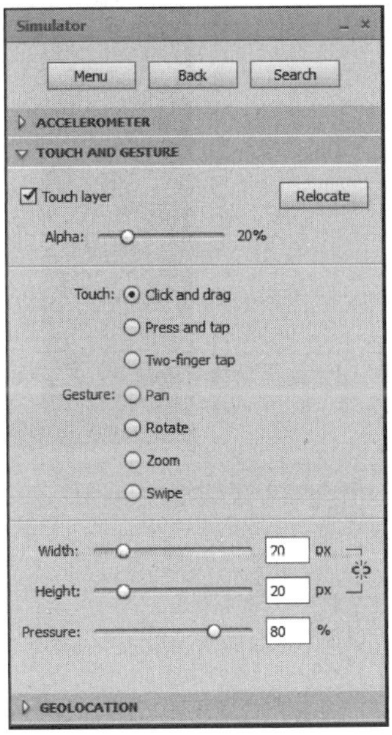

图 9-51　模拟屏幕触碰和手势

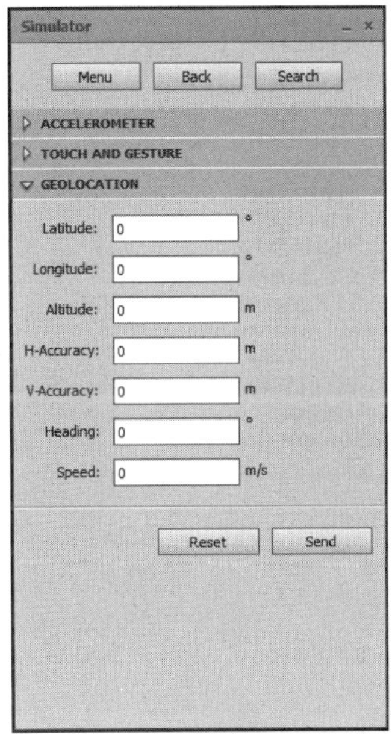

图 9-52　设置地理定位

9.4.3　实战案例：体育赛事宣传动画

这是一个很简单的应用程序，用来宣布在 Meridien 城市举行的一项体育赛事，如图 9-53 所示。

图 9-53　体育赛事宣传动画

步骤 1　打开素材“体育赛事宣传. fla”，主场景时间轴已经包含四个关键帧，分别对应动画的四个页面。

步骤 2　执行【窗口】|【代码片段】命令，在【代码片段】面板中展开 ActionScript 文件夹，选择“移动手势事件”中的“滑动事件”并双击，之后脚本编辑器里会自动生成一段很长的代码，如图 9-54 所示。

步骤 3　在这个案例中只需要左右滑动屏幕，找到上下滑动屏幕的代码，如图 9-55 所示，将它们删除。

步骤 4　将向右滑动代码中的原来语句“movieClip_1. x += 20;”删除，重新输入代码“prevFrame();”，实现往前翻页效果；将向左滑动代码中原来的语句“movieClip_1. x -= 20;”删除，重新输入代码“nextFrame();”，实现往后翻页效果。

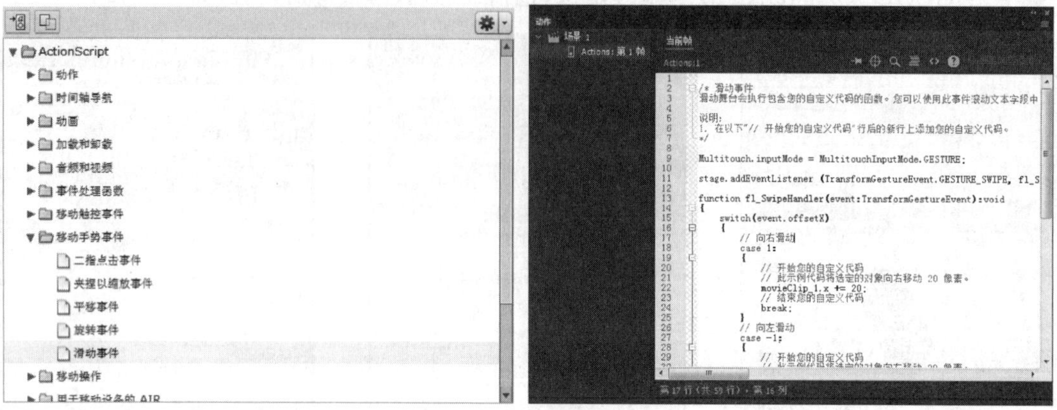

图 9-54　生成滑动事件代码

```
switch(event.offsetY)
    {
        // 向下滑动
        case 1:
        {
            // 开始您的自定义代码
            // 此示例代码将选定的对象向下移动 20 像素。
            movieClip_1.y += 20;
            // 结束您的自定义代码
            break;
        }
        // 向上滑动
        case -1:
        {
            // 开始您的自定义代码
            // 此示例代码将选定的对象向上移动 20 像素。
            movieClip_1.y -= 20;
            // 结束您的自定义代码
            break;
        }
    }
}
```

图 9-55　上下滑动屏幕的代码

步骤 5　在所有代码上方输入语句“stop();”,使动画一开始便停留在第一页的画面,如图 9-56 所示。

```
stop();
Multitouch.inputMode = MultitouchInputMode.GESTURE;
stage.addEventListener(TransformGestureEvent.GESTURE_SWIPE, fl_SwipeHandler);
function fl_SwipeHandler(event: TransformGestureEvent): void {
    switch (event.offsetX) {
        // 向右滑动
        case 1:
            {
                // 开始您的自定义代码
                prevFrame();
                // 结束您的自定义代码
                break;
            }
            // 向左滑动
        case -1:
            {
                // 开始您的自定义代码
                nextFrame();
                // 结束您的自定义代码
                break;
            }
    }
}
```

图 9-56　最终代码

步骤 6　在【属性】面板中修改文档的发布设置，将发布目标改为 AIR 30.0 for Andriod，如图 9-57 所示。

图 9-57　修改发布目标

步骤 7　按"Ctrl＋回车"组合键进行测试，在【Simulator】面板中单击 TOUCH AND GESTURE 并展开，将 Touch layer 选中，再选择 Gesture 中的 Swipe，Swipe 是滑动的意思。将鼠标指针移动到动画内容上方，鼠标指针变成一个黄色的点，表示移动设备触摸层上的接触点，按住鼠标往左或者往右滑动，就实现了模拟触屏滑动翻页的效果，如图 9-58 所示。

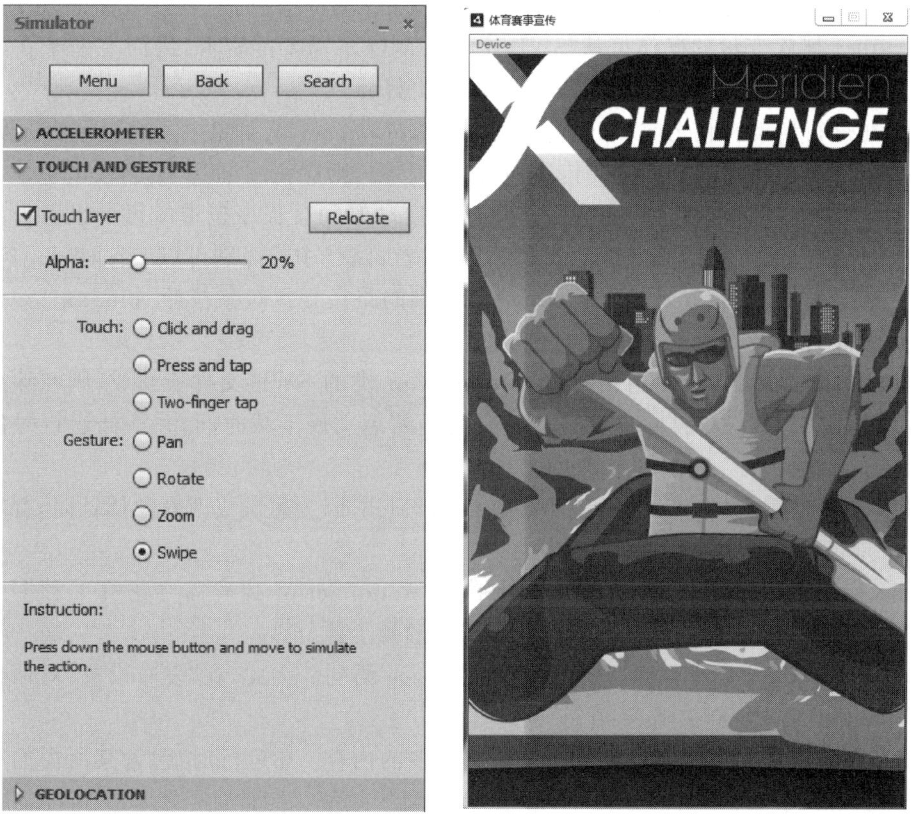

图 9-58　模拟触屏滑动翻页

9.4.4 知识延伸：为移动设备上的应用开发优化 ActionScript

由于大多数移动设备上都存在处理速度和内存的限制，因此开发移动设备上使用的 ActionScript for Flash Lite 内容时应遵循下列准则。

(1) 使文件及其代码要尽可能简单。删除未使用的影片剪辑、删除不必要的帧和代码循环，并避免使用过多或无关紧要的帧。

(2) 使用 FOR 循环的成本可能很高，因为在每次迭代检查条件时，都会产生开销。如果迭代成本与循环开销不相上下，则应分别执行多次运算，而不是使用循环。代码可能较长，但性能会得到一定改善。

(3) 一旦不再需要基于帧的循环，应立即将其停止。

(4) 尽量避免字符串和数组处理，因为这类处理会占用大量 CPU 处理时间。

(5) 始终尝试直接访问属性，而不要使用 ActionScript getter 和 setter 方法(使用这两种方法比使用其他方法的开销更大)。

(6) 合理地管理事件，在调用侦听器之前，通过使用条件来检查侦听器是否存在(不为 null)，从而保持事件侦听器数组的紧凑性。通过调用 clearInterval 来清除任何活动间隔，并通过调用 removeListener 来删除任何活动侦听器之后又使用 unloadapplication 或 removeapplicationClip 删除内容。在卸载影片剪辑时，如果有任何仍引用 SWF 数据的 ActionScript 函数，则 Animate 不会回收 SWF 数据内存(例如从间隔和侦听器回收)。

(7) 当不再需要变量时，请将其删除或将其设置为 null，这时对其进行标记以便进行垃圾回收。由于删除变量的操作可从 SWF 文件中删除不需要的资源，因而有助于在运行时优化内存使用。删除变量比将变量设置为 null 更好。

(8) 在进行垃圾回收之前，可通过调用 removeListener 从对象中显式删除侦听器。

(9) 如果动态调用某个函数并传递一组固定参数，则应使用 call 来代替 apply。

(10) 使名称空间(如路径)更为紧凑以缩短启动时间。程序包中的每个级别将编译为一个 IF 语句并导致一个新的 Object 调用，因此减少路径中的级别可以节省时间。例如，具有 com. xxx. yyy. aaa. bbb. ccc. funtionName 级别的路径导致对象按照 com. xxx. yyy. aaa. bbb. ccc 进行实例化。

(11) 如果文件由多个使用相同的 ActionScript 类的 SWF 文件所组成，则在编译期间将从所选的 SWF 文件中排除这些类。这有助于缩短文件下载时间，并降低运行时的内存需求。

(12) 避免使用 Object. watch 和 Object. unwatch，因为每次更改对象属性时，都要求播放器确定是否必须发送更改通知。

(13) 如果在时间轴中的某个关键帧上执行 ActionScript 代码需要花费 1 秒多的时间才能完成，则可以考虑拆分此代码以便在多个关键帧上执行。

(14) 在发布 SWF 文件时，从代码中删除 trace 语句。为此，在"发布设置"对话框中的 Flash 选项卡上选中"省略 trace 语句"复选框。

(15) 继承会增加方法调用的次数并使用更多的内存：在运行时，包含其所需的所有功能的类，比从超类中继承其部分功能的类具有更高的效率。因此，在设计时，可能需要在类的可扩展性和代码的效率之间找到一个平衡点。

(16) 如果一个 SWF 文件载入另一个包含自定义 ActionScript 类(例如,foo. bar. CustomClass)的 SWF 文件,并在稍后卸载该 SWF 文件,那么相应的类定义将保留在内存中。要节省内存,可显式删除已卸载的 SWF 文件中的任何自定类。请使用 delete 语句并指定完全限定的类名称,如:delete foo. bar. CustomClass。

(17) 限制对全局变量的使用,原因是在删除定义全局变量的影片剪辑之后,不会对这些全局变量进行标记以进行垃圾回收。

(18) 避免使用标准用户界面组件。因为这些组件是为在桌面计算机上运行而设计的,并未针对在移动设备上运行而进行优化。

(19) 尽量避免将函数嵌套太深。

(20) 避免引用不存在的变量、对象或函数。与 Flash Player 的桌面版本相比,Flash Lite 2 查找对不存在变量的引用速度较慢,这可能会对性能产生显著影响。

(21) 避免使用匿名语法定义函数。例如,

```
myObj.eventName = function{...}
```

显式定义的函数具有更高的效率,例如,

```
function myFunc { ...}; my Obj.eventName = myFunc;
```

(22) 最大程度减少对 Math 函数和浮点数的使用。计算这些值会降低性能。如果必须使用 Math 例程,可以考虑预先计算这些值,并将其存储在变量数组中。在运行时,从数据表中检索这些值比让 Animate 计算这些值的速度要快得多。

9.5　特效动画

有一些动画效果直接用基本的动作制作方法是很难实现的,比如动画中出现了数量巨大的对象,或者是动画中有无规律的随机动画效果,这时往往需要用代码的方式去制作,这种动画也叫作特效动画。

特效动画中常使用到的技术包括动态创建对象、定时器控制时间等,此外特效动画也较难用代码片段去生成。这一节我们用手动输入的方法来创建代码,会涉及 ActionScript 中的编程基础。

9.5.1　ActionScript 编程基础

ActionScript 是一种面向对象的编程语言,语法类似 JavaScript,可以帮助开发者灵活地实现 Animate 中内容与内容、内容与用户之间的交互,也可以让动画以非线性方式播放。

ActionScript 经历了 1.0 到 2.0 再到 3.0 版本,目前在 Animate CC 2019 中使用的是 ActionScript 3.0 版本,该版本具备核心语言功能,并且能够更好地控制低级对象的改进 API。

ActionScript 3.0 的代码编写有下面两种选择:

(1) 写在单独的 AS 类文件中,再与 Animate 中的库元件进行绑定,或者直接与 Animate 文件绑定;

(2) 直接在关键帧上编写代码。

这一节中所有的代码都采用直接在关键帧上编写的方式来书写。

1. 基本语法

ActionScript 脚本语言的语法是指在编写与执行 ActionScript 语句时必须遵循的规则。

(1) 点语法。点语法是基于面向对象的语法形式，在点语法中左边是对象名，右边是属性、方法或对象的目标路径。

例如，myClip. alpha＝50 这条语句中，点后面的 alpha 就是对象 myClip 的属性；而 myClip. play()这条语句中，点后面的 play()就是对象 myClip 的方法。

(2) 分号。在 ActionScript 中，分号(;)用于表示一段语句的结束。

(3) 大括号。在 ActionScript 中，使用大括号{}将事件、类定义和函数组合成块。在包、类、方法中，均以大括号作为开始和结束的标记。控制语句中利用大括号区分不同条件的代码块，例如下面的脚本使用大括号为 if 语句区别代码块，避免发生歧义。

```
var num:Number;
if (num = = 0)
{
  trace("输出为 0");
}
```

(4) 区分大小写。ActionScript 是一种区分大小写的语言。例如，gotoAndPlay()拼写正确，而 gotoAndplay()则会因为拼写错误而无法正常执行；再例如，name 和 Name 会被认为是两个不同的变量。

(5) 注释。注释是指在脚本中添加的说明，以便于代码的理解，它在编译过程中不会进行运算，对代码执行没有影响。ActionScript 中的注释语句有两种，单行注释和多行注释。

单行注释以两个单斜杠//开始，之后的该行内容均为注释。例如：

```
//这个是注释,但是只能有一行
stop();        //停止播放
```

多行注释又称块注释，使用/ * 开始，之后是注释内容，以 * /结束，通常用于长度为多行的注释。例如：

```
/ * 这个也是注释,可以写很多行 * /
/ * 单击以转到帧并播放

单击指定的元件实例会将播放头移动到时间轴中的指定帧并继续从该帧回放。
可在时间轴或影片剪辑时间轴上使用。

 * /
gotoAndPlay(1);
```

2. 变量

变量就像一个容器，用于存储数据，对变量进行操作，变量的值就会发生改变。变量在使用之前必须先定义，定义时要使用关键字 var，例如：

```
var x:Number;                //定义了数值型的变量 x
var Name:String = "Betty";   //定义了字符串类型的变量 Name,并给它赋了初始值"Betty"
```

3. 数据类型

在定义变量时需要指定它的数据类型，ActionScript 中的数据类型分为两类，基元型数据和引用型数据。

(1) 基元型数据。这是一种简单的数据类型，变量中直接存储数据，具体的数据类型包括 int(整数型)、Number(数值型)、String(字符串型)和 Boolean(布尔型，取值只有两个，true 和 false)。

(2) 引用型数据。这是一种复杂的数据类型。引用类型指向要操作的对象，另一个变量引用这个变量之后，若另一变量发生改变，则原有的变量也会随之发生改变。最常见的引用型数据就是影片剪辑对象。

引用型数据在使用时和基元型数据有很大的不同，引用型数据在定义完之后还要用 new 关键字来创建，同时还可以使用点符号来调用引用型数据的属性和方法。例如：

```
var datetime:Date = new Date();     //定义了一个日期类型的变量名为 datetime
datetime.getHours();                //获取 datetime 变量中小时属性的值
```

4. 运算符

运算符是能够对常量和变量进行运算的符号，包括算术运算符、比较运算符、逻辑运算符、等于运算符和赋值运算符等。

(1) 算术运算符。算术运算符是我们最熟悉的运算符，包括+(加)、-(减)、*(乘)、/(除)、%(求模，也叫取余)、++(递增)和--(递减)。

(2) 比较运算符。用于比较数值的大小，返回 Boolean 类型的数值(true 或 false)。比较运算符通常用于 if 语句或者循环语句中进行判断和控制。比较运算符包括<(小于)、>(大于)、<=(小于等于)和>=(大于等于)。

(3) 逻辑运算符。逻辑运算符用于连接布尔变量，返回一个布尔值。逻辑运算符包括&&(逻辑与)、||(逻辑或)和!(逻辑非)三种。

(4) 等于运算符。等于运算符用于判断两个运算数的值是否相等，判断结果会返回一个布尔值。等于运算符包括==(等于)、===(全等)、!=(不等于)和!==(不全等)。

(5) 赋值运算符。赋值运算符可以为一个变量进行赋值，包括=(赋值)、+=(相加并赋值)、-=(相减并赋值)、*=(相乘并赋值)、/=(相除并赋值)等。

5. 函数

函数简单地说就是一段代码，这段代码可以实现某种特定的功能，并且将其使用特殊的方式进行定义、封装和命名。函数在程序中可以重复使用，这样就大大减少了代码的数量，增加了效率，同时通过传递参数的方法，还可以让函数处理不同的数据，从而返回不同的值。

ActionScript 允许用户自己定义函数来满足程序设计的需要，同内置的函数一样，自定义函数可以返回值、传递参数，也可以在定义后被任意调用。

使用关键字 function 来进行函数定义，例如：

```
function doubleNum(baseNum:int):int
{
  return(baseNum * 2);
}
```

这段代码定义了一个名为 doubleNum 的函数。该函数有一个整数类型的参数，返回一个整数类型的值，实现的功能是做乘 2 运算，比如函数运算 doubleNum(4)会得到返回值 8。

9.5.2 ActionScript 常用语句

常见的程序结构主要有顺序结构、选择结构和循环结构三种。其中，选择结构和循环结构需要用到条件判断语句和循环语句。

1. 条件判断语句

选择结构程序就是利用不同的条件去判断，之后执行不同的语句或者代码。ActionScript 3.0 有四个用于控制程序流的条件判断语句，分别是 if 条件语句、if..else 条件语句、if..else if..else 条件语句和 switch 条件语句。

(1) if 语句。

```
if (条件) {
  程序块;
}
```

如果括号内的条件表达式返回值为 true，则执行大括号内的语句，否则不执行。

(2) if..else 语句。

```
if (条件)
{
  程序块 1;
}else
{
  程序块 2;
}
```

如果括号内的条件表达式返回值为 true，则执行程序块 1，否则执行程序块 2。

(3) if..else if..else 语句。

```
if (表达式 1)
{
  程序块 1;
}else if (条件 2)
{
  程序块 2;
}
…
}else if(条件 n)
{
  程序块 n;
}else
{
  程序块 n+1;
}
```

先执行条件 1 判断，如果为真则执行条件块 1，如果为假则跳过程序块 1，进行条件 2 的判断。其他的以此类推，最终执行多段程序中的一段。

(4) switch 语句。

```
switch(表达式)
{
  case 值 1:
    程序块 1;
  case 值 2:
    程序块 2;
  …
  case 表达式 n:
    程序块 n;
  default:
    程序块 n + 1;
}
```

switch 语句属于条件分支语句,相当于一系列的 if..else if..语句,但是要比 if 语句更加符合逻辑而且更加简洁。switch 语句不是对条件进行测试以获得布尔值,而是对表达式进行求值,并根据计算结果来确定要执行的代码块。

2. 循环语句

循环语句是根据指定的条件反复执行一段代码的脚本控制,其中重复执行的代码成为循环体。能否重复执行,则取决于循环的控制条件。

循环语句可分为两类。一类是先进行条件判断,若条件不成立就退出循环;若条件成立,就执行循环体代码,执行完之后再进行条件判断。第二类则反过来,先执行循环体代码,再判断条件是否成立,若不成立就退出循环,若成立则循环继续。

常用的循环语句有 for 循环、for..in 循环、while 循环和 do..while 循环。

(1) for 循环。

```
for (初始化语句;循环条件;步进表达式)
{
  循环体;
}
```

初始化语句用来设置循环变量的初始值,这个语句只会执行一次;条件表达式对循环变量的值进行判断,决定循环是否继续;步进表达式在每次执行完循环体之后就会执行一次,改变循环变量的值。例如,下面一段循环程序执行从 1 到 100 的求和运算。

```
var sum:int;
for (var i:int = 1;i <= 100;i++)
{
  sum = sum + i;
}
```

(2) for...in 循环。

```
for (变量 in 对象或数组)
{
  循环体;
}
```

for...in 循环主要用于枚举一个集合中的所有元素，遍历对象内部的键值。

（3）while 循环。

```
while (循环条件)
{
  循环体;
}
```

while 循环先判断循环条件是否满足，不满足就退出循环，满足则执行循环体，然后再次判断循环条件。

（4）do...while 循环。

```
do {
  循环体;
}while (循环条件);
```

do...while 循环与 while 循环基本相同，只不过 do...while 是先执行循环体，再判断循环条件是否成立，所以 do...while 至少循环一次。

9.5.3 动态创建影片剪辑对象实例

在前面章节中制作动画时，都是手动从库里面拖动元件到舞台来创建实例的。但如果动画效果比较特殊，例如要创建的实例数量比较多，甚至可能达到成千上万个，手动一个个去创建实例就不太现实，这时就需要完全用代码的方式去创建实例。用代码的好处是，创建实例的代码就一段，需要创建多少个实例，就将这段代码重复执行多少次就可以了。

对于需要动态创建实例的影片剪辑元件，需要有一个链接类名，也就是这一类实例的数据类型。在【库】面板中鼠标右击这个元件，在弹出的快捷菜单中选择【属性】命令，在【元件属性】对话框中展开“高级”项目，选中“为 ActionScript 导出”，并在“类”后面的输入框中给元件起一个类名，如图 9-59 所示。这个类名会在代码中成为一个可以使用的数据类型。

设置完成单击【确定】按钮退出，系统会弹出一个警告对话框，提示这不是系统自建类，单击【确定】按钮，如图 9-60 所示。

打开【动作】面板，在其中按引用型数据的定义方法“var 实例名:类名＝new 类名()”的格式来输入如下代码，就动态创建了一个小球。

```
var myball:ball = new ball();
```

但这时测试动画，却会发现舞台上依然是空白，并未出现小球。这是因为动态创建的对象没有在某个可视对象的显示列表中，所以在舞台上不能显示，需要把它加入某个可显示的容器中。这个容器可以是主时间轴 this，也可以是舞台 stage，还可以是某个可视影片剪辑，调用它们的 addChild 方法，就可以将实例加入它们的显示列表中，例如：

```
this.addChild(myball);
```

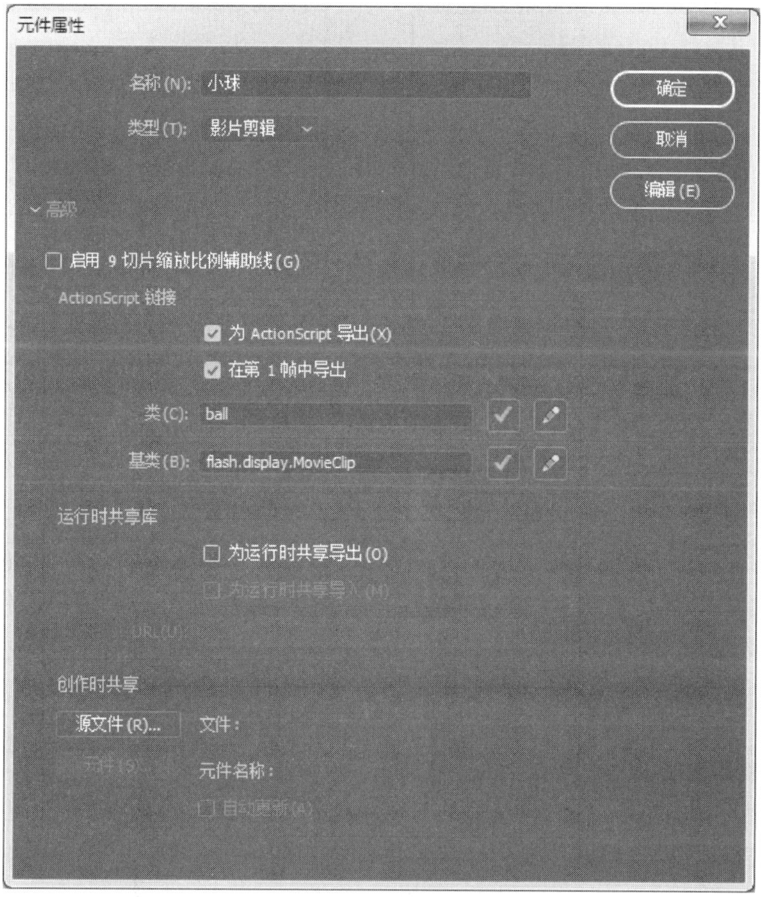

图 9-59　设置链接类名

图 9-60　非系统自建类警告

再次测试，就能看到小球出现在舞台上，但却位于舞台的左上角，如图 9-61 所示。

这是因为动态创建的实例默认位于坐标原点，也就是 x 轴和 y 轴坐标均为 0，而舞台坐标系统中原点在舞台的左上角，往右 x 轴坐标值增大，往下 y 轴坐标值增大。修改小球的坐标，就能将小球放到舞台的中间，如图 9-62 所示。

```
myball.x = 275;
myball.y = 200;
```

图 9-61　小球出现在舞台左上角

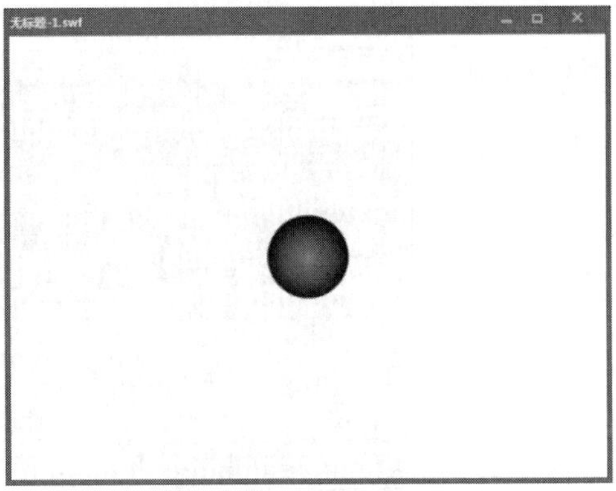

图 9-62　调整小球到舞台中间

9.5.4　事件处理

ActionScript 语言支持各种类型的交互操作，能够接受各种不同的事件，包括响应鼠标单击、按键、文本框输入、触屏、手势这样的用户交互事件，以及不需要用户操作也可能发生的事件，比如数据加载、定时事件等。

对于各个需要进行响应的事件，必须建立相应的事件处理机制，才能获取这个事件并完成响应动作。

1. 注册事件侦听

对于事件的响应和处理，接收事件的对象也就是事件目标对象，需要注册事件侦听，以对这个事件进行侦听，并在事件发生时转去执行相应的处理函数。注册事件侦听的代码格式如下：

```
事件目标.addEventListener(事件名,事件响应函数);
function 事件响应函数(参数变量:事件类型)
{
  函数体;
}
```

下面来给一个名为 a 的影片剪辑注册事件侦听，使它对发生在自己之上的鼠标单击事件做出响应：当单击鼠标的时候在【输出】面板显示 Mouse Click 这行字。

```
a. addEventListener(MouseEvent.CLICK,f1);
function f1(e:MouseEvent)
{
  trace("Mouse Click ");
}
```

其中 a 是事件目标，由它调用自己的 addEventListener 方法来进行事件侦听。侦听的事件类是 MouseEvent 也就是鼠标事件类。鼠标事件类中有很多不同的鼠标事件，比如鼠标单击、鼠标滚轮等。CLICK 是鼠标事件类中具体的事件名。f1 是事件响应函数的名称，这个名称由用户来命名，不同事件的响应函数不能同名。e 是函数的参数变量，是在调用函数时传递给函数的参数，这个参数变量的名称也是由用户来命名的。trace 是在【输出】面板显示一行文字的语句，这是最常用的测试代码输出值的方法。

将小球的实例名设为a，在【动作】面板中输入这段代码并执行。之后，在小球上单击鼠标就会在【输出】面板中看到如图9-63的文字信息。

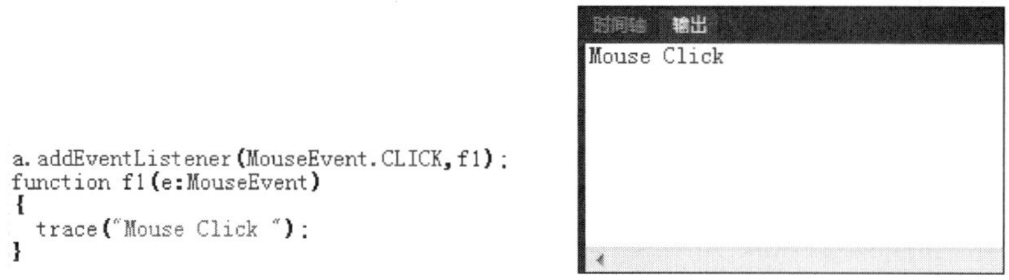

图9-63 测试效果

2. 注销事件侦听

当事件目标不再需要对某个事件继续侦听并做出响应时，可以将这个事件侦听注销，注销的方法就是将注册侦听时的addEventListener方法改为removeEventListener。

```
事件目标.removeEventListener(事件名,事件响应函数);
```

如上一节中对鼠标单击事件进行侦听的小球a，在执行下面这行代码后就不再侦听这个事件。

```
a.removeEventListener(MouseEvent.CLICK,f1);
```

3. 常用事件类型

ActionScript支持的交互类型很多，它们对应着不同的事件类型，这里列出几种常用的事件类型。

(1) 鼠标事件类MouseEvent。鼠标事件中包括10个具体的事件名，分别是CLICK(鼠标单击事件)、DOUBLE_CLICK(鼠标双击事件)、MOUSE_DOWN(鼠标按下事件)、MOUSE_MOVE(鼠标移动事件)、MOUSE_OUT(鼠标移出事件)、MOUSE_OVER(鼠标移入事件)、MOUSE_UP(鼠标释放事件)、MOUSE_WHEEL(鼠标滚轮事件)、ROLL_OUT(鼠标滚出事件)和ROLL_OVER(鼠标滚入事件)。

其中影片剪辑对象对于鼠标双击事件(DOUBLE_CLICK)默认是不响应的，在使用双击事件之前，要加上一句：影片剪辑名.doubleClickEnabled = true;来启用双击事件。

对于鼠标滚轮事件(MOUSE_WHEEL)，可以通过MouseEvent类的delta属性来判断是上滚还是下滚，delta中保存滑轮滑动的行数，向上滚动行数为正数，向下滚动行数为负数。下面这段代码会对鼠标滚轮事件做出响应，在【输出】面板显示相应的滚动信息，如图9-64所示。

(2) 键盘事件类KeyboardEvent。键盘事件KeyboardEvent类只有两个具体的事件名，KEY_DOWN和KEY_UP，分别代表按下按键和释放按键。

KeyboardEvent类有两个常用属性：charCode和KeyCode。charCode保存当前按键的ASCII码，能识别大小写；KeyCode保存当前按键的键控码。

舞台上的可视对象只有在获得了焦点时才能响应键盘事件，要使程序在任何时刻都能响应键盘事件，最简单的方法就是在舞台对象stage上注册此类事件。下面这段代码在

【输出】面板显示按键的信息，如图 9-65 所示。

图 9-64　鼠标滚轮响应

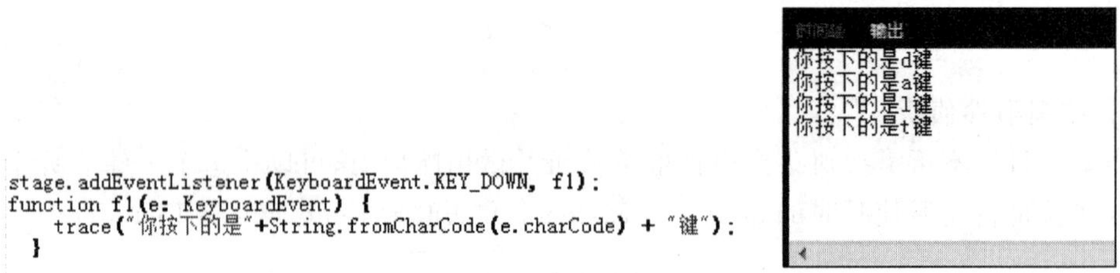

图 9-65　按键响应

(3) Event 事件类。Event 事件类中主要是一些由系统触发的事件，包括 ACTIVATE(激活事件)、DEACTIVATE(对象休眠事件)、ADDED(可视对象添加事件)、ADDED_TO_STAGE(可视对象添加到舞台事件)、REMOVED(可视对象移除事件)、REMOVED_FROM_STAGE(可视对象从舞台移除事件)、ENTER_FRAME(进入帧事件)。

其中 ENTER_FRAME 事件是 ActionScript 中最常用的事件，当动画播放头进入一个新帧时就会触发此事件，如果动画只有一帧，也会以帧频的速度持续触发此事件，是制作运动效果的较佳选择。下面这段代码使原本静止的小球 a 从舞台左边往右边运动。

```
a.addEventListener(Event.ENTER_FRAME, f1);
function f1(e: Event) {
    a.x += 5;
}
```

9.5.5　定时器对象

动画中如果想要循环完成一定的操作，可以有几种选择：一是用循环语句，因为系统的执行速度很快，所以循环语句基本都是在一瞬间完成多次循环，之间没有明显的间隔；二是用 ENTER_FRAME 事件，以帧频间隔来循环。但如果我们需要以更灵活的时间间隔来做循环，这就要使用到定时器 Timer 类，它是制作时间间隔效果的首选。

1. 创建定时器

创建定时器的语句如下：

```
var 计时器名:Timer;
计时器名 = new Timer(时间间隔,重复次数);
```

其中，第一个参数是时间间隔，单位是毫秒，创建的计时器将以此值为间隔不断触发执行(即触发一次 TIMER 事件);第二个参数为执行次数,即定时器重复执行该次数后停止计时,默认值为 0,表示计时器永不停止,直到调用该对象的 stop()或者 reset()方法为止。

下面创建两个定时器:

```
var t1:Timer = new Timer(1000,10);
//定义了一个名为 t1 的定时器,每隔 1 秒触发一次,一共触发 10 次
var t2:Timer = new Timer(500,0);
//定义了一个名为 t2 的定时器,每隔 0.5 秒触发一次,持续触发,永不停止
```

2. 定时器的属性

Timer 类有 4 个属性,其中 2 个为只读属性,2 个为读写属性。

(1) running:只读属性,表示定时器是否处于启用状态,若是,这个属性的值为 true,否则为 false。

(2) currentCount:只读属性,代表当前触发的次数。

(3) delay:读写属性,代表触发间隔时间。

(4) repeatCount:读写属性,代表设置的总触发次数。

3. 定时器的方法

Timer 类有 3 种方法可以调用。

(1) start():启用定时器开始工作。新建的定时器默认处于停止状态,需要调用该方法启动工作。

(2) stop():停止定时器。

(3) reset():重置启用,currentCount 属性重新开始计数。

4. 定时器的事件

当创建了一个定时器类的对象后,同时就指定了两个数值:时间间隔和执行次数,之后可以注册一个事件侦听器,让处理函数按设定的时间间隔执行相应的代码。

Timer 类有两个事件可以侦听。

(1) TIMER 事件:定时器对象每隔设置的间隔时间触发一次。

(2) TIMER_COMPLETE:定时器在完成指定的运行次数后触发的事件。

为 Timer 对象注册事件侦听的代码如下。

```
定时器名.addEventListener (TimerEvent.TIMER,f1);
function f1(e:TimerEvent){
    函数体
};
```

下面这段代码在一个名为 now_txt 的动态文本框中每隔 1 秒刷新一次当前的系统时间。

```
var myTime:Timer = new Timer(1000,0);
myTime.start();
myTime.addEventListener (TimerEvent.TIMER,f1);
function f1(e:TimerEvent){
```

```
    nowtime = new Date();
    now_txt.text = nowtime.getHours() + ":" + nowtime.getMinutes() + ":" + nowtime.getSeconds();
};
```

9.5.6 实战案例：源源不断掉落的星星

这是一个源源不断掉落的特效动画，从舞台上方不停有图案掉下来，图案种类有 4 种，随机掉落，同时图案掉落的大小、透明度、速度都具有随机效果，且掉落永不停止，即只要动画不关闭，它就会一直持续掉落，如图 9-66 所示。

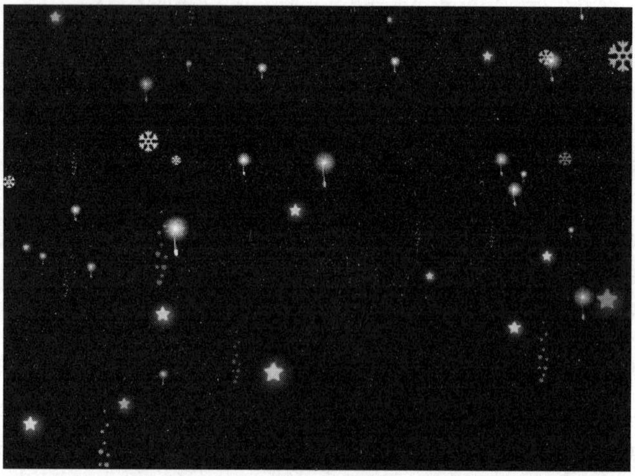

图 9-66 源源不断掉落的星星动画界面

打开素材文件“源源不断掉落的星星.fla”，其中已有雪花、蒲公英、星星 1 和星星 2 四个图案。接下来的操作会把制作过程分解成几个子步骤来完成。

1. 动态创建一个星星图案

因为掉落的星星图案数量巨大且有随机性，所以用动态的方法来创建，而不是手动拖到舞台来创建。

步骤 1 因为几个图案都是白色的，而素材文件中的舞台背景颜色也是白色的，故先在【属性】面板中将舞台背景颜色改为黑色，便于观察测试的效果。

步骤 2 双击“星星 1”元件，调整星星图案的位置，使得十字注册点位于星星图案的中间，如图 9-67 所示。

步骤 3 在弹出的快捷菜单中选择【属性】命令，在“类型”一栏的下拉列表中将元件类型改为“影片剪辑”，展开“高级”标签，选中“为 ActionScript 导出”，并为它起一个链接类名 star，如图 9-68 所示。

图 9-67 调整十字注册点的位置

步骤 4 按 F9 键打开【动作】面板，在其中输入如下代码，测试程序可以看到动态生成的星星位于舞台的左上角，也就是舞台的原点位置，如图 9-69 所示。

```
var mystar:star = new star();        //动态创建星星实例
this.addChild(mystar);               //添加到主时间轴的显示列表显示
```

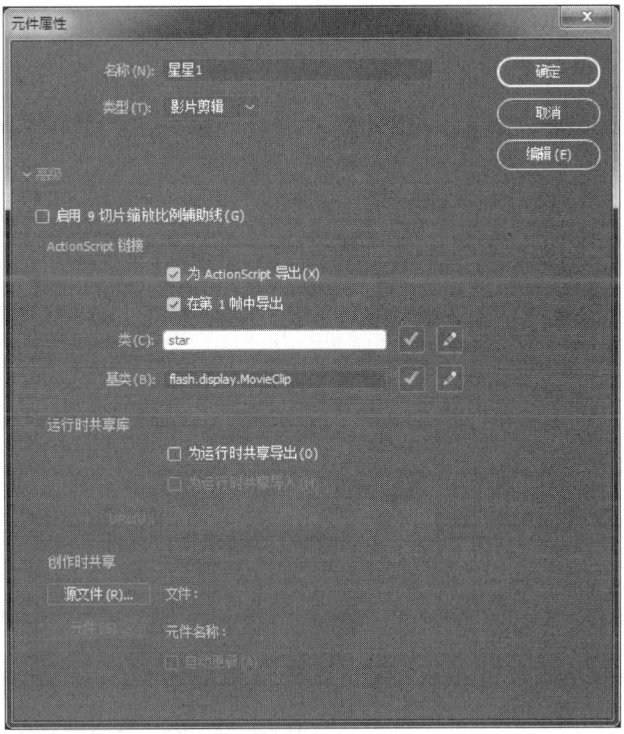

图 9-68　设置链接类名

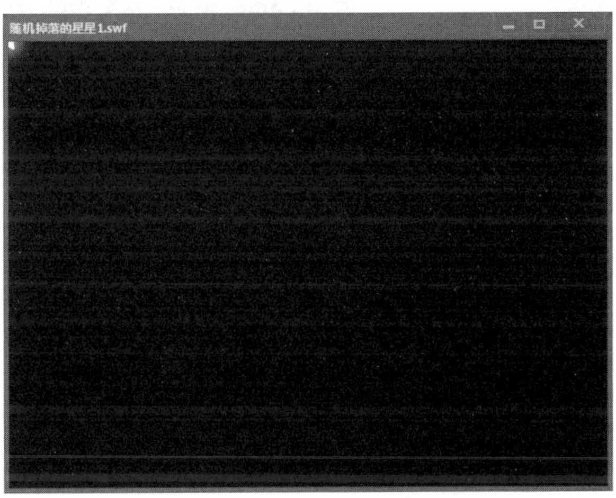

图 9-69　动态创建星星对象

2. 设置星星的位置、大小、透明度随机

掉落下来的这些星星，我们希望其位置随机，也就是从舞台上方的某个随机位置掉下来；大小随机，但又不希望它太小而看不到，希望它的大小介于原始大小的 0.25～1 倍之间；透明度随机，但又不希望它太透明不容易被发现，希望它的透明度介于 0.5～1 之间。

步骤 1　继续输入如下代码，设置星星的位置，此处 Math. random()是随机数函数。

```
mystar.x = 550 * Math.random();      //舞台宽度为 550,星星会出现在舞台上方的一个随机位置
```

步骤 2　继续输入如下代码，设置星星的大小随机，此处 scaleX 和 scaleY 这两个属性分别代表水平缩放比例和垂直缩放比例，如果这个属性的值为 1，则代表原始大小。

```
mystar.scaleX = 0.25 + 0.75 * Math.random();
//设置星星的水平缩放比例取值为介于 0.25～1 之间的随机数
mystar.scaleY = mystar.scaleX;
//星星的垂直缩放比例和水平缩放比例一致,避免图案长宽比不一致产生变形
```

步骤 3　继续输入如下代码，设置星星的透明度随机。

```
步骤 228mystar.alpha = 0.5 + 0.5 * Math.random();
//设置星星的透明度取值为介于 0.5～1 之间的随机数
```

步骤 4　此时动作面板中的代码如图 9-70 所示，测试程序，会看到每次测试星星出现的位置、大小和透明度都有所不同。

图 9-70　代码和测试效果

3. 星星掉落速度和星星大小成正比

动态创建的星星目前停在舞台的上方，我们希望它从上往下掉，而掉落的过程为什么不提前做成补间动画呢？这是因为我们对速度还有特殊的要求，即希望速度和星星的大小呈正比，星星越大，掉得越快，星星越小，掉得越慢。如果提前做成补间动画，它的速度就固定了，无法让速度和大小关联起来，

步骤 1　继续输入如下代码，让星星的 Y 坐标以帧频变化，而变化的值与星星的大小有关。

```
mystar.addEventListener(Event.ENTER_FRAME, f1);
function f1(e: Event) {
    mystar.y = mystar.y + 5 * mystar.scaleX;
    //让星星每播放一帧就往下掉自身缩放比例 5 倍的距离,如果觉得星星掉落速度太慢或者太快,
    //可以通过修改这个倍数来调节
};
```

步骤 2　测试程序，如图 9-71 所示，会看到每次测试星星出现的位置、大小和透明度都

有所不同，且掉落的速度也不同。

图 9-71　测试效果

4. 星星源源不断掉下来

目前每次测试只掉一颗星星下来，接下来加入定时器控制，使星星以一定的时间间隔，源源不断地从舞台上方掉下来。

步骤 1　继续输入如下代码，位于前面已经输入的所有代码之上，这段代码定义了一个定时器。

```
var t1: Timer = new Timer(500, 0);
//定义一个名为 t1 的定时器，每隔 0.5 秒触发一次，永不停止
t1.start();
//启动定时器工作
```

步骤 2　继续输入如下代码，为定时器 t1 的 TIMER 事件注册事件侦听，每次触发就创建一颗新的星星。代码中的函数体部分就是前面步骤中已经写好的所有代码，那段代码已经实现了动态创建具有随机属性的星星效果，将它们整个搬到函数内部来作为函数体。

```
t1.addEventListener(TimerEvent.TIMER, f2);
function f2(e: TimerEvent) {
  函数体;
}
```

步骤 3　此时动作面板中的代码如图，测试程序，会看到从舞台上方源源不断掉下具有随机属性的星星，如图 9-72 所示。

5. 删除已经掉出舞台之外的星星

星星往下掉出舞台之后，从画面中已经看不到，但它们的 ENTER_FRAME 事件还在不停触发，非常耗费内存。我们希望星星一掉出舞台就消失，同时注销对 ENTER_FRAME 事件的侦听。

步骤　修改代码，在星星的 ENTER_FRAME 事件响应函数中加入如下代码。

```
var t1: Timer = new Timer(500, 0);
t1.start();
t1.addEventListener(TimerEvent.TIMER, f2);
function f2(e: TimerEvent) {
    var mystar: star = new star();
    this.addChild(mystar);
    mystar.x = 550 * Math.random();
    mystar.scaleX = 0.25 + 0.75 * Math.random();
    mystar.scaleY = mystar.scaleX;
    mystar.alpha = 0.5 + 0.5 * Math.random();
    mystar.addEventListener(Event.ENTER_FRAME, f1);
    function f1(e: Event) {
        mystar.y = mystar.y + 5 * mystar.scaleX;
    };
}
```

图 9-72　代码和测试效果

```
if (mystar.y > 400) {                                        //判断星星是否掉出舞台
    mystar.removeEventListener(Event.ENTER_FRAME, f1);  //注销事件侦听
    removeChild(mystar);                                     //从显示列表删除
}
```

6. 增加掉落图案品种

目前掉落下来的只有星星一种图案，我们希望掉落下来的图案种类更多，并随机出现。

步骤 1　双击库里面的“星星 1”影片剪辑元件，在时间轴上插入 3 个空白关键帧，将“雪花”“蒲公英”“星星 2”依次插入这 3 个空白关键帧中，1 个帧中放 1 个新图案，且大小位置与第 1 帧中的星星图案一致。

步骤 2　继续在原有代码中加入如下 3 行，代码插入位置如图 9-73 所示。

```
var n:int;
//定义一个整数变量 n,用来保存播放 4 个图案中的第几个
n = Math.floor(Math.random() * 4) + 1;
//生成一个随机整数,取值为 1、2、3、4 中的一个
mystar.gotoAndStop(n);
//根据 n 的值使星星显示对应帧的内容,也就是 4 个图案中的一个
```

```
var n:int;
var t1: Timer = new Timer(500, 0);
t1.start();
t1.addEventListener(TimerEvent.TIMER, f2);
function f2(e: TimerEvent) {
    var mystar: star = new star();
    n = Math.floor(Math.random() * 4) + 1;
    mystar.gotoAndStop(n);
    this.addChild(mystar);
    mystar.x = 550 * Math.random();
    mystar.scaleX = 0.25 + 0.75 * Math.random();
    mystar.scaleY = mystar.scaleX;
    mystar.alpha = 0.5 + 0.5 * Math.random();
    mystar.addEventListener(Event.ENTER_FRAME, f1);
    function f1(e: Event) {
        mystar.y = mystar.y + 5 * mystar.scaleX;
        if (mystar.y > 400) {
            mystar.removeEventListener(Event.ENTER_FRAME, f1);
            removeChild(mystar);
        }
    };
}
```

图 9-73　完整代码

步骤 3　测试程序，如图 9-74 所示，可以看到掉落的图案变成 4 种，且随机出现。如果对掉落图案的频率和密度不满意，可以修改定时器的触发时间间隔来调整。

图 9-74　测试效果

对这个案例进行修改，可以得到很多不同效果的特效动画，比如漫天飞舞的雪花、树叶等。再对这个案例做进一步的扩展，甚至可以将其修改为游戏，因为对于游戏来说最重要的一个要求就是具有可玩性，而可玩性往往是通过随机效果来实现的，无法预知，才会使这个游戏好玩。所以对这个案例稍作修改，加入碰撞测试操作，可以将它改成打飞机、敲地鼠、接星星等游戏。

9.5.7　知识延伸：随机数函数与碰撞测试

随机数函数和碰撞测试方法是在制作游戏时最常使用的两个操作，一个使动画具有随机性，另一个能检测一个对象是否和另一个对象接触。

1. 随机数函数

Math 类是 ActionScript 中的数学类，包含了很多的数学运算方法，包括 random（生成随机数）、floor（取整数）、round（四舍五入）、max（取最大值）、min（取最小值）、abs（取绝对值）等。

其中 random 这个方法是在游戏中用得最多的，它生成一个 0～1 之间的小数，可以无限接近于 1，但是永远到不了 1。那么如果想要生成一个介于任意取值区间的随机数，应该如何来写这个表达式呢？例如想要生成一个随机数，大于 a 小于 b，这个表达式可以写为 a＋(b－a) * Math.random()。

将这个表达式套用到所有的取值区间。例如想要一个大于等于 0、小于 550 的随机数，可写成 550 * Math.random()，这就是星星案例中星星的 x 坐标值；如果想要一个大于 0.25 小于 1 的随机数，就写成 0.25＋0.75 * Math.random()，这就是星星案例中星星的随机大小。

2. 碰撞测试

在用 Animate 制作动画时经常用到的一个操作，就是需要去判断一个物体是否和另一个物体产生接触，比如子弹是否打到了士兵身上，比如锤子是否敲到了地鼠身上，需要用到对象的碰撞测试方法。

Animate 中的显示对象都具有两种方法，hitTestObject()和 hittestPoint()，用来检测对象之间的接触或者说碰撞。

(1) hitTestObject()。判断一个对象是否和另一个对象相交，如果是则返回 true，否则返回 false。判断相交的范围是两个对象的外接矩形，而不是对象的实际形状。

语句格式：对象 1. hitTestObject(对象 2)；

(2) hittestPoint()。判断一个对象是否和某个点相交，如果是则返回 true，否则返回 false。

语句格式：对象 1. hitTestPoint(x 坐标值，y 坐标值，参数 3)；

参数说明：参数 1 和参数 2 分别为判断碰撞点的坐标值，参数 3 是一个布尔类型的值，当为 true 时判断碰撞以对象的实际内容为准，为 false 时以对象的外接矩形的范围为准。

9.5.8 技能拓展：接水果游戏

如图 9-75 所示，参考动画“接水果. swf”，对本节中的源源不断掉星星的案例进行修改，将它扩展为一个游戏：从舞台上方源源不断掉下各种水果，玩家移动下方的篮子去接这些水果，接到不同的水果会有不同的得分，接到炸弹会扣分，时间到游戏就结束。

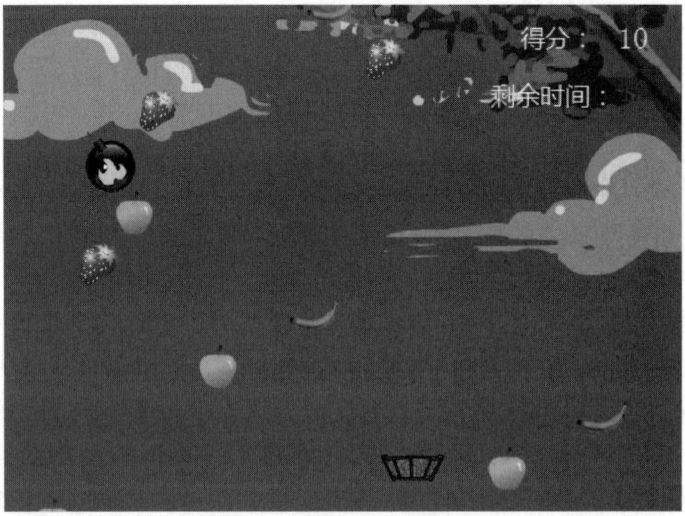

图 9-75 接水果游戏界面

第 10 章　动画的导出与发布

10.1　导 出 动 画

Animate 软件制作的动画源文件为 fla 格式，它只能在 Animate 中打开，如果想将制作的动画供别人观看欣赏，或者供其他应用程序所使用，就需要将其导出。导出的格式可以为图像、动画影片和视频格式。

10.1.1　导出动画影片

导出动画影片可以把当前动画的全部内容导出为 Animate 支持的文件格式。选择【文件】|【导出】|【导出影片】命令，打开【导出影片】对话框，选择导出影片的文件格式，可以是 SWF 影片、JPEG 序列、GIF 序列或者 PNG 序列，此处一般采用 SWF 影片格式进行导出，它会将动画导出成为一个 SWF 文件，如图 10-1 所示。

图 10-1　导出动画影片

而如果选择后 3 种文件格式，会将影片导出成许多幅序列图片，每个图片文件对应动画中的一帧，导出时需要对图片的默认参数进行设置，如图 10-2 所示。

10.1.2　导出图像

可以将当前帧中的内容以静态图形文件的格式输出，将一个图形导出为 GIF、JPEG 或 PNG 格式的文件时，图形将丢失其中有关矢量的信息，仅以像素信息的格式保存，可以在诸如 Photoshop 之类的图形编辑器中进行编辑。

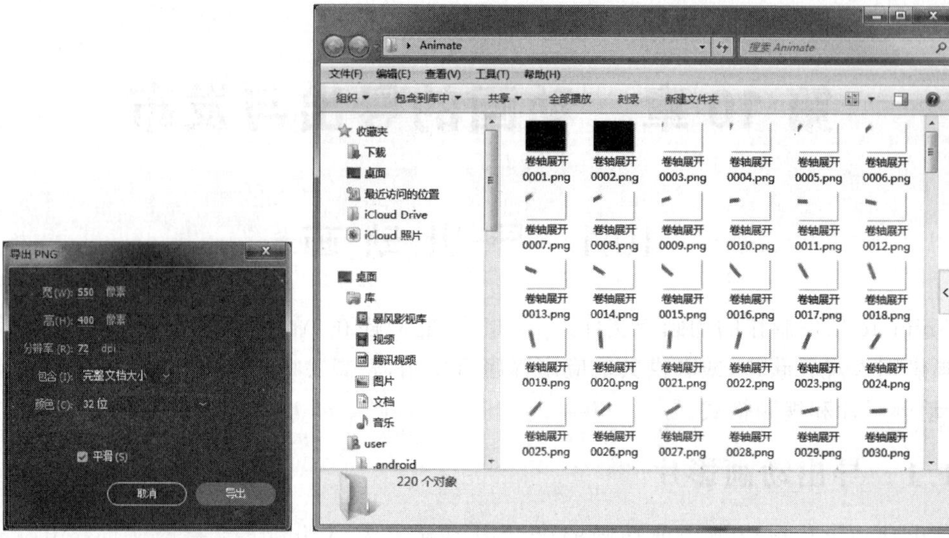

图 10-2　导出序列图片

Animate 在导出图像的时候可以同时查看图像的多个版本以选择最佳设置组合，可以指定透明度和杂边，设置仿色选项，还可以按指定尺寸调整图像大小。

选择【文件】|【导出图像】命令，打开【导出图像】对话框，对话框左侧显示以 GIF 格式优化后的图像预览图，下方显示优化的格式和优化后的文件大小，右侧显示优化设置和图像尺寸，可以更改文件格式为 JPEG 或 PNG，如图 10-3 所示。

图 10-3　导出图像

10.1.3　导出视频

可以将动画导出为 MOV 格式的视频文件，选择【文件】|【导出视频】命令，打开【导出视频】对话框，通过“渲染大小”设置导出的视频尺寸，并选择是否启动 Adobe Media Encoder 转换视频格式，通过“停止导出”设置导出的视频范围，如图 10-4 所示。

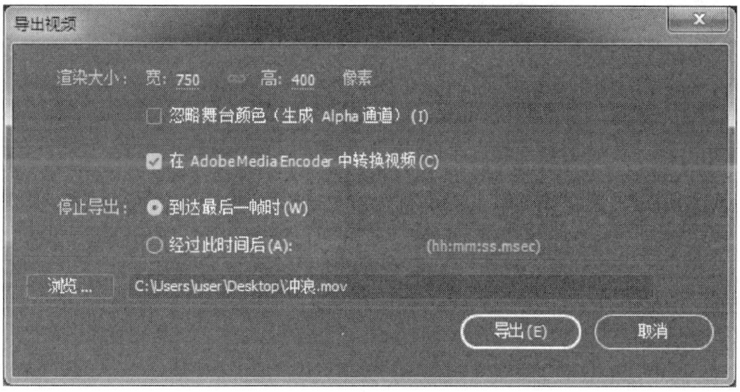

图 10-4　导出视频

10.2　发布动画

发布操作可以为动画配置全套所需的文件，也就是说，“发布”命令不仅能在网络上发布动画，而且能根据动画内容生成用于未安装 Flash 播放器的浏览器中的图形，创建用于播放 Flash 动画的 HTML 文档并控制浏览器的相应设置，同时还能创建独立运行的小程序。

10.2.1　理解发布

发布指的是为观众创建一个或多个文件，以播放最终的动画项目的过程。这里需要注意，Animate CC 是用户进行创作时使用的应用程序，它与观众体验动画时的环境不同。用户在 Animate CC 中创作内容，观众在目标环境中观看内容的播放，因此需要区别开发时环境和运行时环境，例如如果将 ActionScript 3.0 文档发布到 SWF 并在桌面使用 Flash Player 播放，则 Flash Player 是该 ActionScript 3.0 文档的运行时环境。

Animate 可以将内容发布到各种运行时环境，而用户的运行时环境决定了首次开始项目时选择的 Animate 文档类型。单个文档也可以为多个运行时环境发布内容，例如 ActionScript 3.0 文档可以导出 SWF 影片文件，也可以导出高清视频，还可以发布为桌面播放的放映文件或用于社交媒体的动画 git。

10.2.2　ActionScript 3.0 文档发布设置

完成动画并测试无误后就可以发布动画，通过【文件】|【发布】命令来进行。但在使用【发布】命令之前，一般还要对发布文件的格式等属性进行相应设置。

执行【文件】|【发布设置】命令打开【发布设置】对话框，不同类型文档的【发布设置】对话框界面会有所不同，在左侧选择发布文件的格式，在右侧进行相关参数的设置，完成设置后

可以单击【发布】按钮进行发布,如图 10-5 所示。

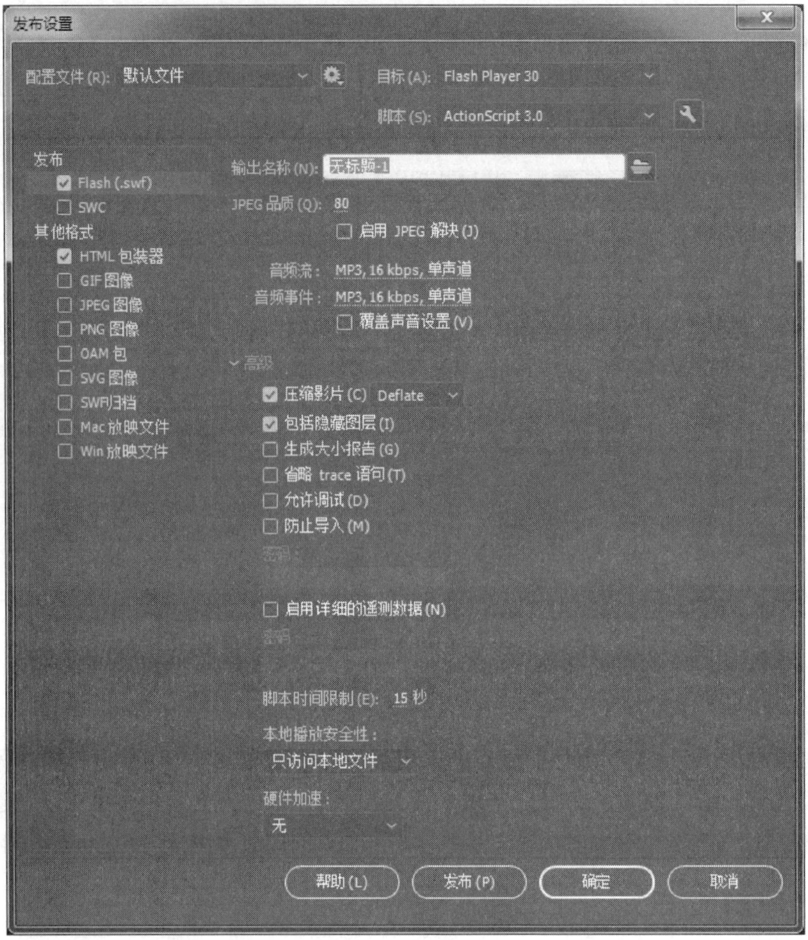

图 10-5 发布设置

1. 发布为 SWF 影片

SWF 格式是 ActionScript 3.0 文档默认的发布格式,在不做任何发布设置的情况下,Animate 会自动发布生成 SWF 格式的文件。

在【发布设置】对话框中,单击左边的“Flash(.swf)”发布格式,右侧各项设置功能如下。

(1) 目标:设置播放器的版本,可以从 Flash Player 10.3 到 Flash Player 30.0,或者 AIR 各个版本选择,但高版本的文件不能用在低版本的应用程序中。

(2) 脚本:设置脚本的版本为 ActionScript 3.0。

(3) 输出名称:发布文件的名字和保存路径。

(4) JPEG 品质:该选项用于确定动画中所有位图以 JPEG 格式压缩保存时的压缩比,该选项设置较低有助于减小文件所占空间,设置较高可得到较好的画质。用户可以根据动画的用途在文件大小和画面质量之间选择一个折中的方案。

(5) 启用 JPEG 解决:选中该选项可以减少低品质设置的失真。

(6) 音频流和音频事件:这两个选项分别用于对导出的音频流和事件声音的取样率和

压缩比等方面进行设置。

(7) 压缩影片：该选项可以压缩动画，从而减小文件的大小和下载时间。

(8) 包括隐藏图层：如果有图层被隐藏，该选项可以选择发布时是否包含隐藏图层的内容。

(9) 生成大小报告：选择该选项将生成一个文本文件，内容是以字节为单位的动画的各个部分所占空间的列表，可作为缩小文件体积的参考。

(10) 省略 trace 语句：选择该选项可以使 Animate 忽略当前动画中的 Trace 语句。

(11) 允许调试：选择该选项后，将允许远程调试动画，如果需要，可以在下面的“密码”文本框中输入一个密码，用来保护作品不被他人随意调试。

(12) 防止导入：选择该选项后，发布的 SWF 文件将无法导入其他文件中。

(13) 启用详细的遥测数据：选中该选项，可以查看详细的遥测数据，并根据这些数据对应用程序进行性能分析。用户还可以选择提供密码来保护应用程序的详细遥测数据的访问。

(14) 脚本时间限制：设置脚本在 SWF 文件中执行时可占用的最大时间量，在“脚本时间限制”中输入一个数值，Flash Player 将取消执行超出此限制的任何脚本。

(15) 本地播放安全性：选择要使用的安全模型，即授予已发布的 SWF 文件本地安全访问权，或网络安全访问权。

2. 发布为 HTML 包装器

如果要在 Web 浏览器中放映动画，需要创建一个用来启动该动画并对浏览器进行有关设置的 HTML 文档。在发布设置中使用 HTML 包装器可以自动创建所需的 HTML 文档，如图 10-6 所示。

其中各个选项的功能如下。

(1) 模板：使用指定的模板。选择一种模板，单击右侧的【信息】按钮，将弹出介绍模板信息的对话框。

(2) 检测 Flash 版本：对文档进行配置，以检测用户拥有的 Flash Player 的版本，并在用户没有指定播放器时向用户发送替代 HTML 页。该选项只在“模板”是“Flash HTTPS”“仅 Flash”和“仅 Flash-允许全屏”时才可选择。

(3) 大小：该选项用于设置在生成文档的 OBJECT 或 EMBED 标签中的宽度和高度值。

(4) 播放：该选项组用于设置在生成文档的 OBJECT 或 EMBED 标签中的循环、播放、菜单和设备字体等方面的参数。

- 开始时暂停：页面一旦载入就暂停动画的播放，直到用户在动画区域内单击鼠标或从快捷菜单中选择播放为止。默认情况下该选项被关闭，这可使动画一旦载入就开始播放。
- 循环：选中该选项，将使动画反复播放。如果取消对该选项的选择，则动画播放到最后一帧时就停止播放。默认情况下该选项被选中。
- 显示菜单：选中该选项，在 SWF 动画文件上右击时将弹出快捷菜单。
- 设备字体：该选项只适用于 Windows，选中该项，将用系统中的反锯齿字体代替动画中指定但本机中未安装的字体。

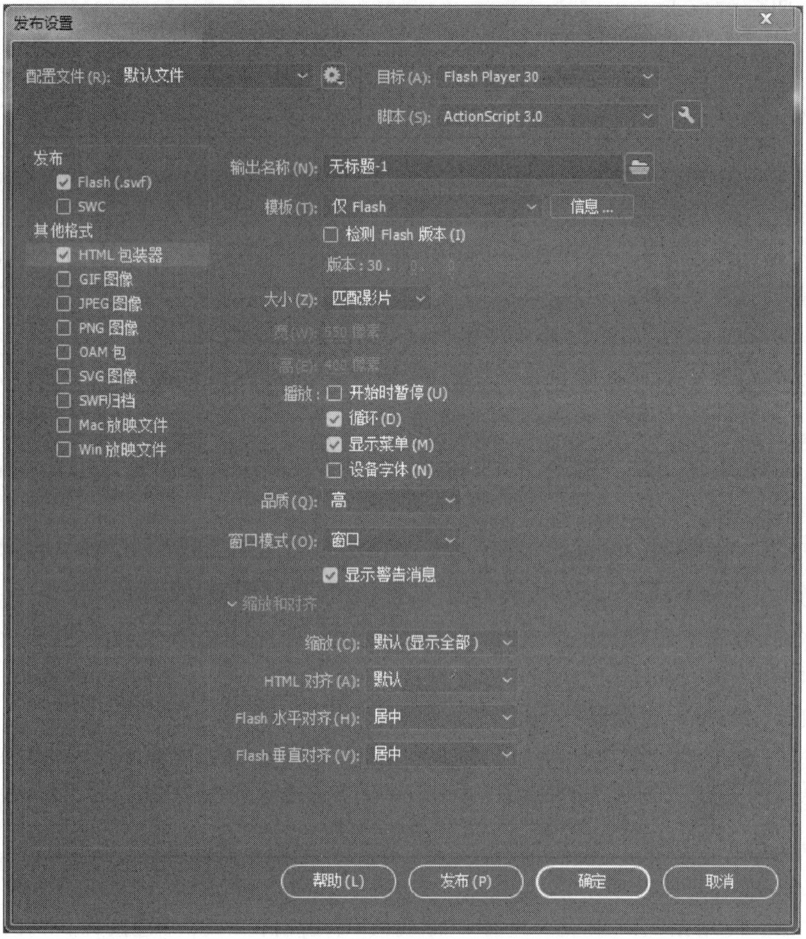

图 10-6　发布为 HTML 包装器

(5) 窗口模式：仅在安装了 Flash ActiveX 控件的 IE 浏览器中设置动画播放时的透明模式和位置。

(6) 缩放：确定动画如何被放置在指定长宽尺寸的区域中，该设置只有在输入的长宽尺寸与原动画尺寸不符时才起作用。

(7) HTML 对齐：指定动画在浏览器窗口中的位置。

(8) Flash 水平对齐和 Flash 垂直对齐：指定动画在动画窗口中的位置，以及如有必要，如何对动画的尺寸进行裁剪。

10.2.3　发布 HTML5 Canvas 文档

HTML5 Canvas 文档发布的 HTML5 输出包含 HTML 文件和 JavaScript 文件，其中 HTML 文件用于包含 Canvas 元素中的所有形状、对象以及图稿的定义；JavaScript 文件用于包含动画所有交互元素的专用定义和代码，以及所有补间类型的代码。

HTML5 的发布设置分为几个页面，分别为基本页面、HTML/JS 页面、图像设置页面和 Web 字体页面。

1. 设置基本选项

如图 10-7 所示,“基本”选项卡中各项设置功能如下(在 ActionScript 文档发布设置中也有的设置在这里就略过,只介绍 HTML5 文档特有的发布设置)。

(1) 舞台居中：设置是否将动画显示在浏览器窗口的中央。

(2) 使得可响应：设置动画是否响应尺寸的变化,根据不同的比例因子调整输出文件的大小。

(3) 缩放以填充可见区域：设置是在全屏模式下查看动画,还是拉伸动画以适合屏幕。

(4) 包括预加载器：设置是使用默认的预加载器,还是从文档库中自行选择加载器。

(5) 导出图像资源：指定存放或从中引用图像资源的文件夹。

(6) 合并到 Sprite 表中：选择是否将所有图像资源合并到一个 Sprite 表中。

(7) 导出声音资源：指定存放或从中引用声音资源的文件夹。

(8) 导出 CreatJS 资源：指定存放或从中引用 CreateJS 库的文件夹。

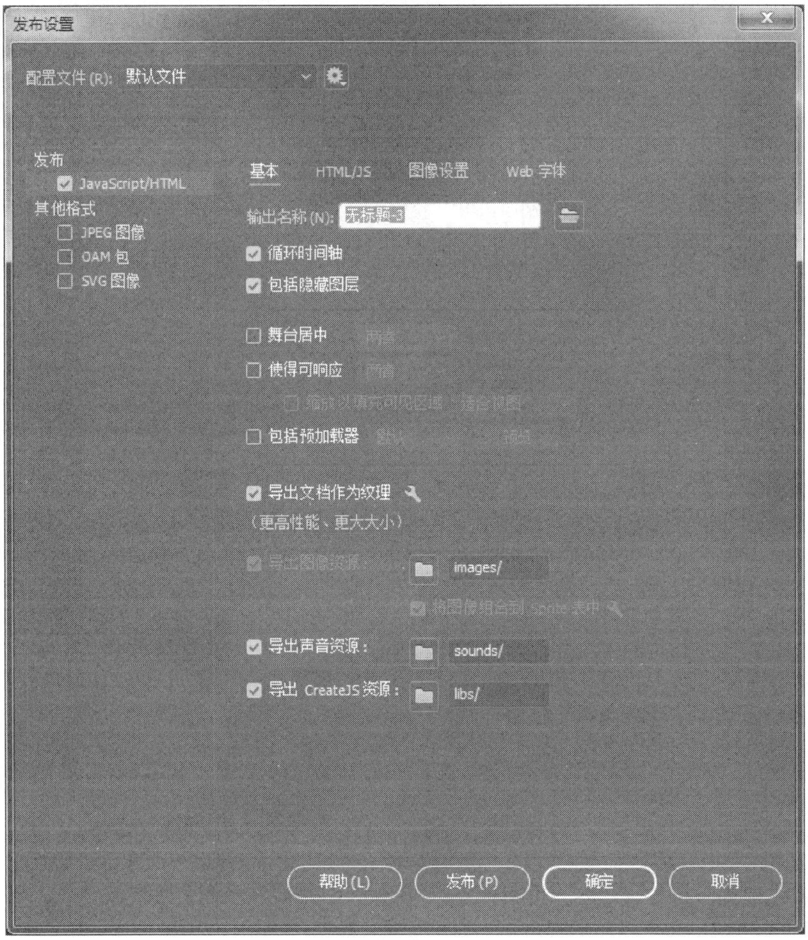

图 10-7 设置基本选项

2. 设置 HTML/JS 选项

如图 10-8 所示,HTML/JS 选项卡中各项设置功能如下。

（1）使用默认值/导入新模板：选择默认的或自定义的模板发布 HTML5 输出。

（2）导出：将当前的 HTML5 文档导出为模板。

（3）发布时覆盖 HTML 文件：在 HTML 文件中包含 JavaScript 时，Animate 将在每次发布 HTML 文件时覆盖该文件。

（4）托管的库：设置是否使用在 CreateJS CDN 上托管的库的副本。如果选中，则允许对库进行缓存，并在各个站点之间实现共享。

（5）压缩形状：设置是否以精简格式输出矢量说明。

（6）多帧边界：设置输出时间轴元件时，是否包括一个对应于时间轴中每个帧的边界的 Rectangle 数组。选中该项会大幅增加发布时间。

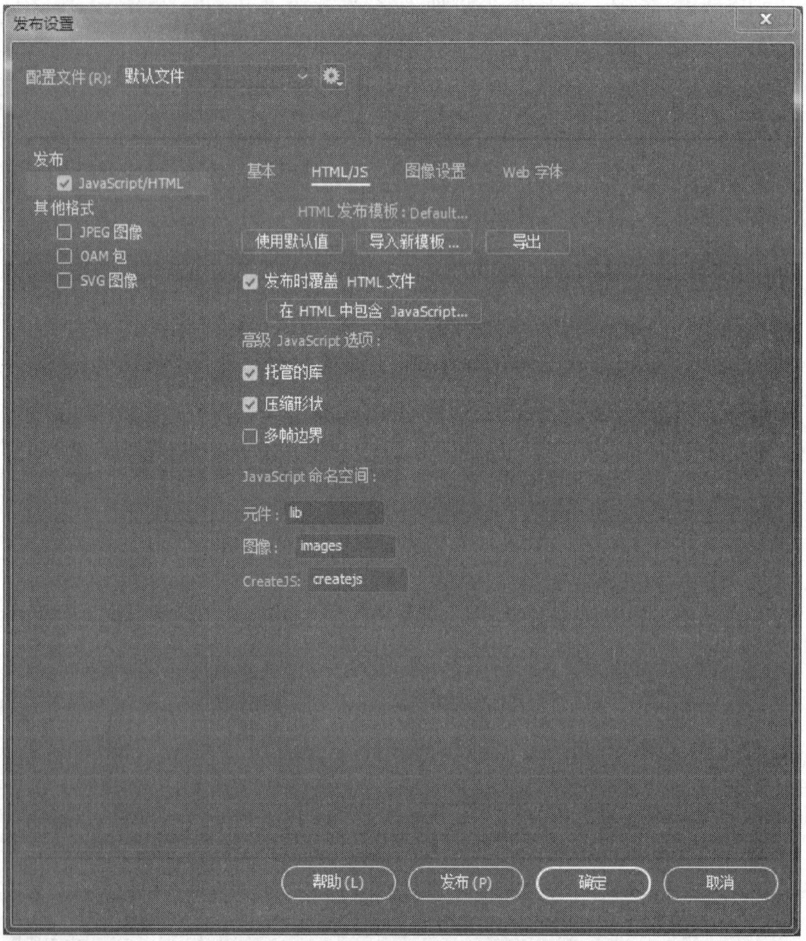

图 10-8 设置 HTML/JS 选项

3. 图像设置选项

如图 10-9 所示，“图像设置”选项卡中各项设置功能如下。

（1）导出文件作为纹理：为导入库中的所有位图创建一个单独的图像文件（纹理图集），这样 HTML5 Web 页面可以载入单个图像文件，并且在检索图像的特定部分时，速度远快于载入多个更小的图像。

（2）导出图像资源：指定存放或从中引用图像资源的文件夹。如果在“基本”选项卡中选择了“导出图像资源”下的“将图像组合到 Sprite 表中”，此处的选项也会被选中，反之亦然。

（3）纹理发布选项：设置图像的质量和大小，如果选择的尺寸太小，无法适应库中的图像，则 Animate 会根据需要发布多个 Sprite 表单。

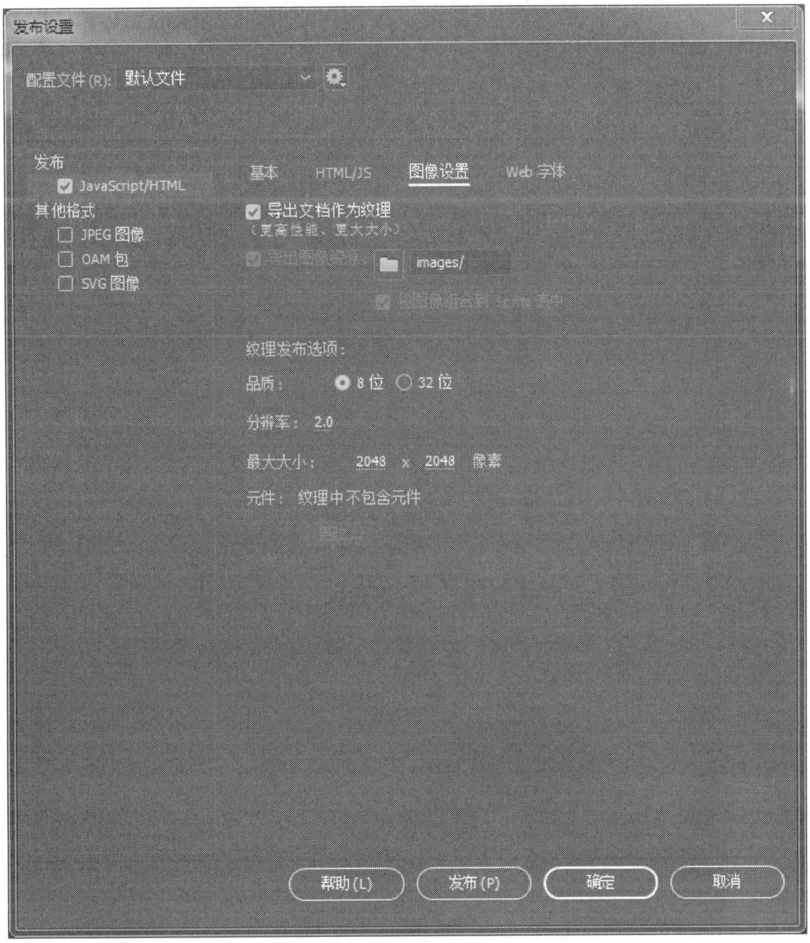

图 10-9　图像设置选项

4. 设置 Web 字体选项

如图 10-10 所示，Animate 为 HTML5 Canvas 文档中的动态文本类型提供 Typekit Web 字体。Typekit 可以对数千种高品质字体提供直接访问。只要拥有 Creative Cloud 会员资格，即可访问 Typekit 字体，并将其无缝用于针对现代浏览器和移动设备的 HTML5 输出。

在文本框中输入要发布 HTML5 内容的页面 URL，多个 URL 之间以逗号分隔，该设置仅对指定的 URL 加载 Typekit Web 字体。

10.2.4　发布 VR 文档

VR 360 和 VR Panorama 文档在发布时会被发布为 Webgl VR，发布的文件包括 HTML 和 JavaScript 文件，它的发布设置非常简单，如图 10-11 所示。

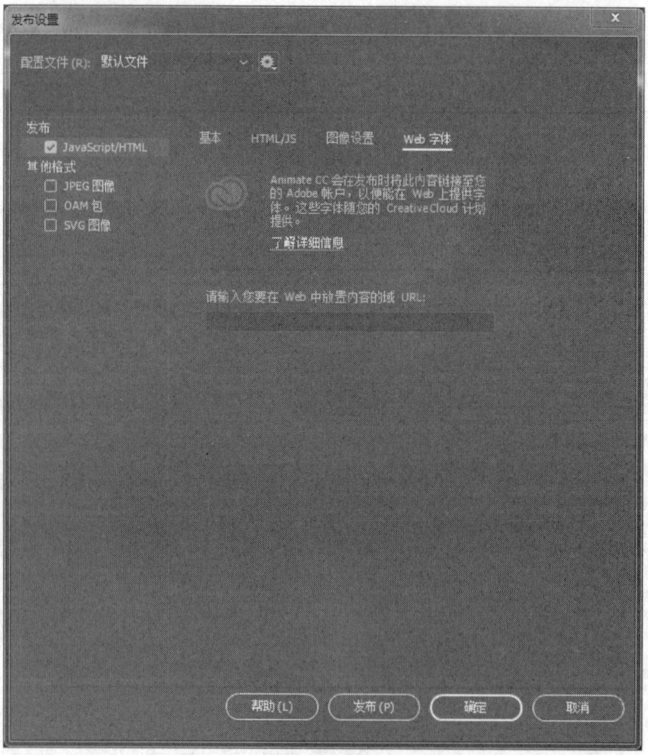

图 10-10　设置 Web 字体选项

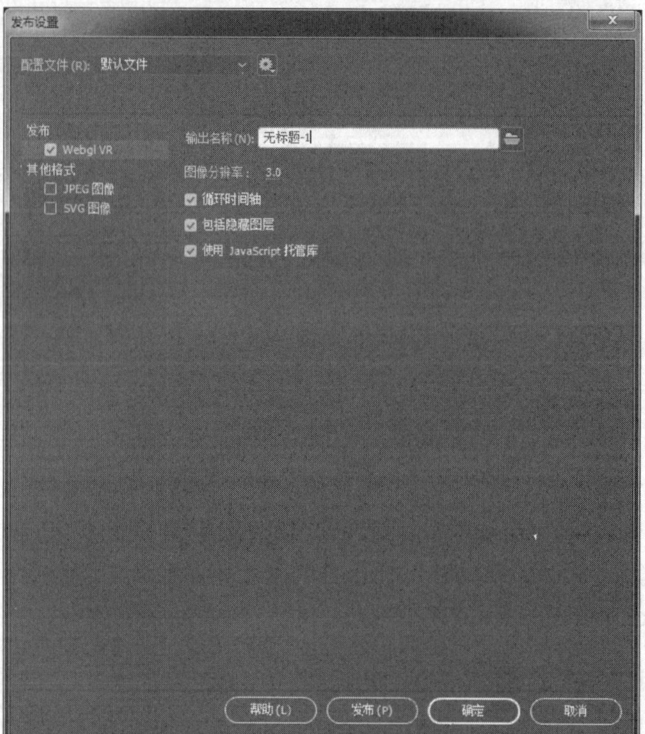

图 10-11　VR 文档发布设置

10.2.5　发布 AIR 应用程序

如果用户希望发布的影片无须浏览器也能运行，可以将影片作为 AIR 文件输出，该文件会在用户的桌面端上安装一个应用程序。Adobe AIR 是一个健壮的运行时环境，支持的技术范围比较广泛。

如果要将动画发布为 AIR 应用程序，在【属性】面板的“发布”区域，将“目标”一项设置为对应的 AIR 硬件平台、Android 桌面、Windows 界面、Mac 桌面或者 IOS 桌面，如图 10-12 所示。

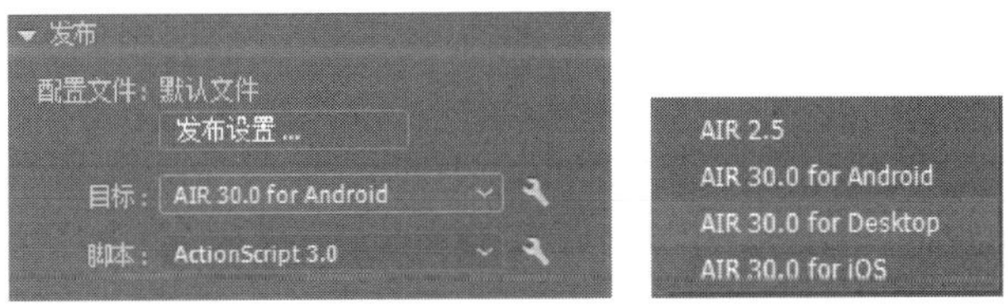

图 10-12　设置发布平台

单击“目标”设置后面的【编辑应用程序设置】按钮，打开【AIR 设置】对话框，可以在其中进行 AIR 发布的相关设置，如图 10-13 所示。

图 10-13　AIR 发布设置

(1) 输出文件：设置发布的 AIR 安装程序的文件名。

(2) 输出为：提供了创建 AIR 应用程序的 3 种方式，可以要求观看影片的观众必须从 Adobe 网站上下载免费的 Adobe AIR 运行时，也可以使用“运行时绑定”输出 AIR 项目。“运行时绑定”选项包含了 AIR 运行时，这样观众就不需要下载任何插件了。

- AIR 包。创建独立于平台的 AIR 安装程序。
- Windows 安装程序。创建特定于平台的 AIR 安装程序。
- 嵌入了运行时的应用程序。创建不需要安装程序的应用程序，或者不需要在终端用户的桌面上安装 AIR 运行时的应用程序。

(3) 窗口样式：可以将应用程序窗口设为系统镶边、不透明的自定义镶边和透明的自定义镶边三种效果。

对话框中的其他设置在下面的实战案例中具体介绍。

10.2.6 实战案例：发布互动餐厅手册桌面应用程序

如图 10-14 所示，这个案例中的互动餐厅手册已经实现交互功能，点击对应的项目能浏览相关的餐厅信息，要做的是将它发布为桌面应用程序，以应用于特定的导览设备。

图 10-14 互动餐厅手册

步骤 1 打开素材文件夹中的“互动餐厅手册.fla”文件，单击工作区的空白区域，在【属性】面板中“发布”一栏，设置“目标”为 AIR 30 for Desktop，如图 10-15 所示。

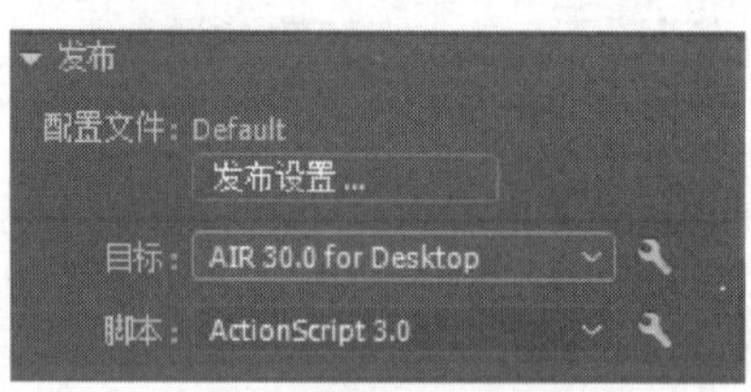

图 10-15 设置发布目标

步骤 2 单击【编辑应用程序设置】按钮，打开【AIR 设置】对话框，将窗口样式设为“自定义镶边(透明)”，之后会创建一个没有界面或框架元素的背景透明的应用程序，如图 10-16 所示。

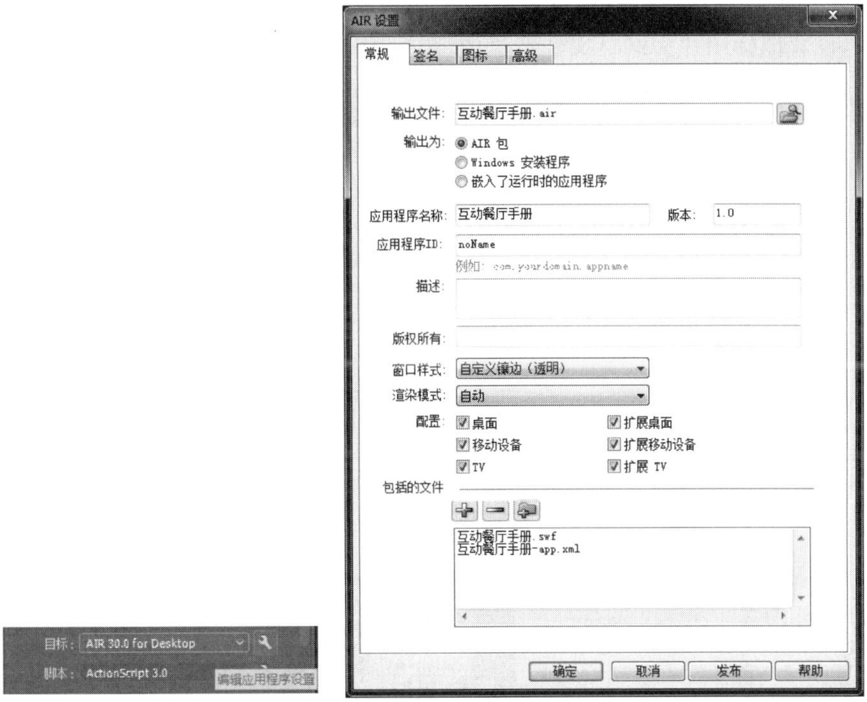

图 10-16　设置窗口样式

步骤 3　单击“签名”选项卡，打开“签名”设置页面。创建 AIR 应用程序需要使用到证书，以便用户能够识别并信任 Animate 内容的开发人员，这里创建一个自签名的证书。单击证书后方的【创建】按钮，打开【创建自签名的数字证书】对话框，在其中输入发布者名称、组织单位和组织名称，设置密码，然后设置证书的保存地址，如图 10-17 所示。证书是一个后缀为 p12 的文件。设置好证书信息后单击【确认】按钮，就创建了一个自签名证书。

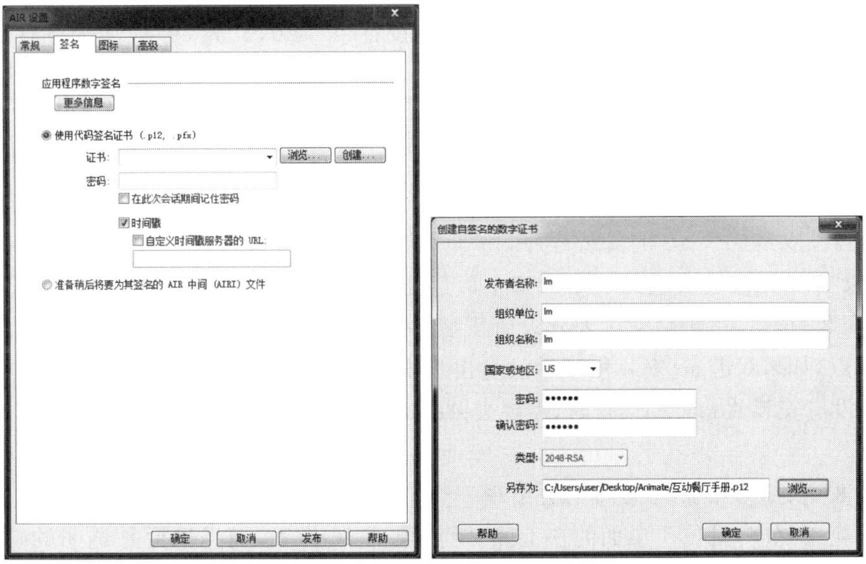

图 10-17　创建自签名证书

步骤 4 单击"图标"选项卡，设置发布的应用程序在桌面上的图标。选择图标大小为128×128，设置图标图片为素材文件夹里的"图标.png"，如图 10-18 所示。

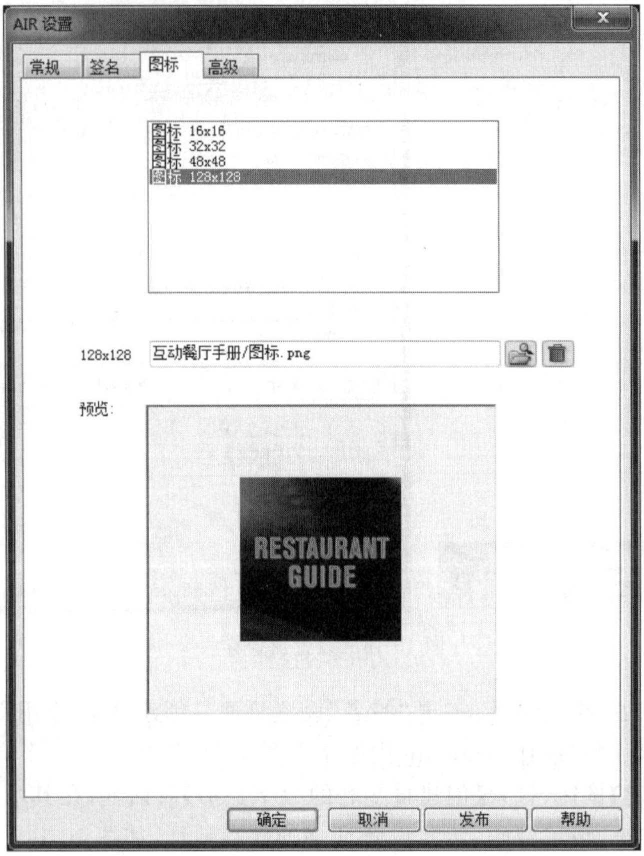

图 10-18 设置图标

步骤 5 单击"高级"选项卡，进行初始窗口设置，X 为 0，Y 为 50，应用程序在启动后将出现在屏幕左侧且距离顶部 50 像素的位置。

步骤 6 完成所有 AIR 设置，在"签名"选项卡页面输入证书密码，单击【发布】按钮进行发布，发布完成后源文件所在的文件夹中出现一个 AIR 安装程序，后缀为.air，如图 10-19 所示。

步骤 7 双击这个 air 的安装程序，由于我们在创建 AIR 安装程序时使用的是自签名证书，所以 Adobe 会警告这是一个未知不可信任的开发程序，可能存在潜在的安全威胁，此处单击【安装】按钮，系统会继续要求设置安装参数和安装位置，如图 10-20 所示。这一步需要说明一点，如果双击 air 安装程序后没有出现安装警告，而是打开了压缩软件，那是因为你的系统中没有安装 Adobe 的运行时，需要去 Adobe 官网下载一个叫 AdobeAIRInstaller 的文件并安装。

步骤 8 完成安装后在桌面上会出现一个应用程序图标，双击它就能打开这个互动餐厅手册的应用程序，且位于桌面的左上侧，距离顶部 50 像素，而且舞台是透明的，图形元素漂浮在桌面上，如图 10-21 所示。

图 10-19　发布安装程序

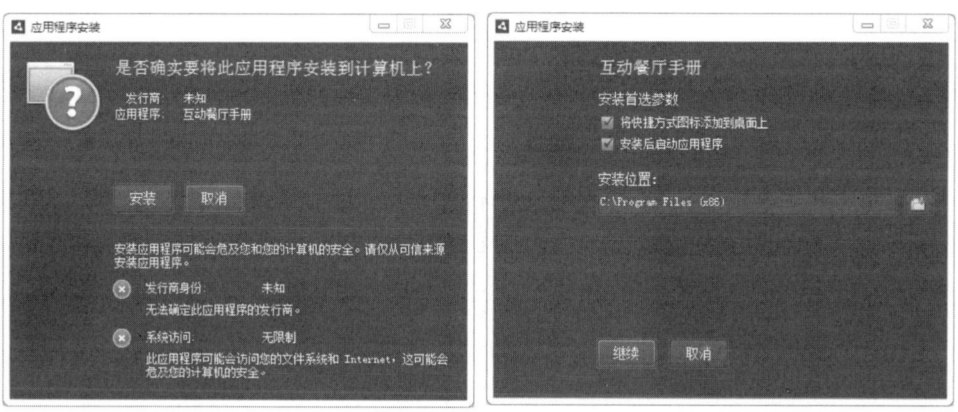

图 10-20　安装应用程序

10.2.7　知识延伸：发布手机应用

可以将动画发布为手机中的应用，可以是 IOS 手机应用，也可以是 Android 手机应用。下面就以 IOS 应用为例介绍它的发布设置。

图 10-21　打开应用程序

新建一个文档，类型为 AIR for IOS，它默认的舞台大小为 640×900。单击【属性】面板中"目标"旁的【编辑应用程序设置】按钮，打开【AIR for IOS 设置】对话框，如图 10-22 所示。

"常规"选项卡包含了关于输出文件和常规设置的信息，发布的文件扩展名为. ipa。其中，可以选择不同的宽高比、设备和分辨率。

"部署"选项卡中包含了测试发布的信息。"证书"和"供给配置文件"是作为一个签名授权的 Apple 开发人员所必需的文档。它将授权已知可信任的开发人员，以便 Apple 和其他潜在客户可以信任、购买和下载所开发的应用，如图 10-23 所示。

图 10-22　AIR for IOS 设置

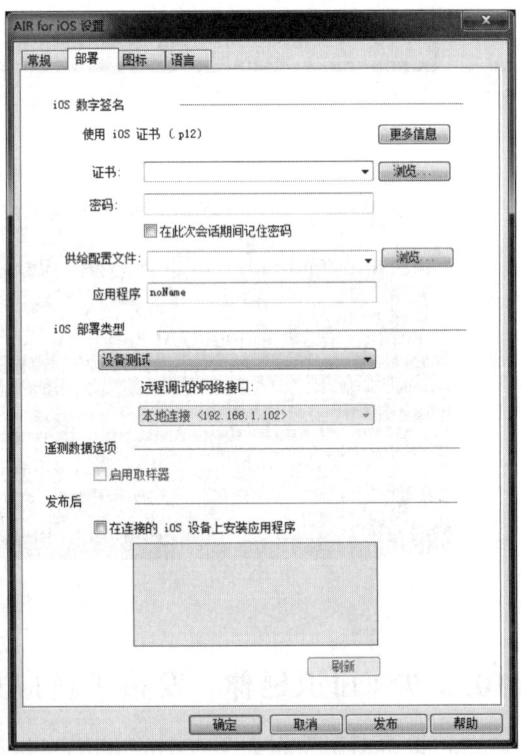

图 10-23　部署设置

IOS 的“部署”类型表示发布应用的多种方式，如可以通过连接的 USB 设备进行测试，可以通过各种设备(无线网)进行测试，也可以最终将应用发布到 iTunes 商店。整个开发过程的每个阶段都需要不同的证书和发布过程。

“图标”选项卡中的设置，可以指示 Animate 在移动设备上表示应用时，使用哪幅图像作为图标，根据不同的目标设备来采用不同分辨率的图标，如图 10-24 所示。

“语言”选项卡中列出了发布的应用可以支持的语言，如图 10-25 所示。

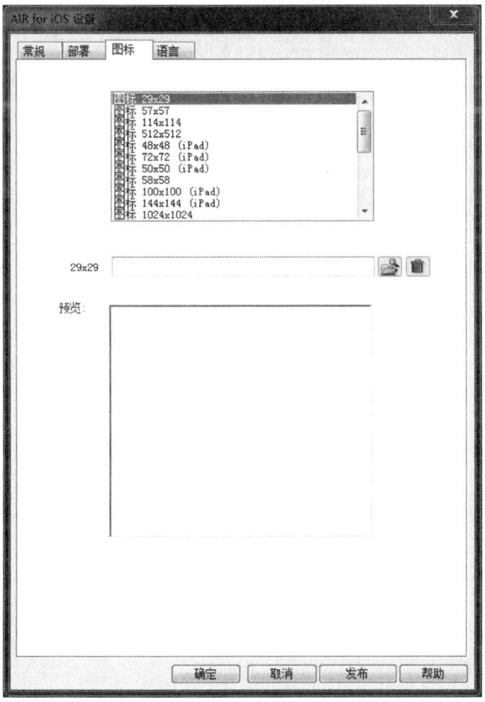

图 10-24　图标设置

图 10-25　语言设置

参 考 文 献

[1] Russel Chun. Adobe Animate CC 2017 中文版经典教程[M]. 杨煜泳，译. 北京：人民邮电出版社，2017.
[2] Russel Chun. Adobe Animate CC 2019 经典教程[M]. 肖岳，译. 北京：人民邮电出版社，2020.
[3] 熊晓磊. Animate CC 2019 动画制作入门与进阶[M]. 北京：清华大学出版社，2018.
[4] 赵一丽. Animate CC 动画设计案例教程[M]. 北京：中国青年出版社，2018.
[5] 刘莹. Animate CC 2017 中文版入门与提高实例教程[M]. 北京：机械工业出版社，2017.
[6] 赵林. 中文版 Flash CC 动画制作完全自学教程[M]. 北京：人民邮电出版社，2015.
[7] 王智强. 中文版 Flash CS6 标准教程[M]. 北京：中国电力出版社，2014.